鄭裕彤傳

——勤、誠、義的人生實踐

王惠玲、莫健偉——

著

守信用，重諾言，做事勤懇，

處世謹慎，飲水思源，不應見利忘義。

這二十四字真言是一個整體，缺一不可。

—— 鄭裕彤

序一

黃紹倫教授
香港大學社會學榮休教授

今年1月中旬，王惠玲給我電郵，邀請我為本書作序。那時我身在日本京都，打算靜度農曆新年，心中掛念武漢和香港的疫情。我考慮了幾天，看過電郵附上的作者前言，便在除夕早上回覆惠玲，答應寫一篇短序。

王惠玲及莫健偉的前言，有兩處觸動我的地方。第一是作傳的難處。兩位作者提及鄭家成員委託他們為鄭裕彤作傳的時候，要求他們不要歌功頌德，不要炫耀個人成就或家族財富。這個要求令我想起在我開始做社會學研究的年代，流傳甚廣的一本書名：《我們現在讚揚名人吧》（*Let Us Now Praise Famous Men*）。這本書記錄在經濟大蕭條期間美國南部赤貧農民的生活，書名是一個反諷：蒼生困頓如此，還是讚美貴冑巨賈去吧。唸社會學的一群，大多傾向以蒼生為念，不願頌揚精英。選擇以傳記形式來反映社會變遷的話，也應該以農民或黃包車夫等為素材。王惠玲及莫健偉，一個唸社會學，另一個唸歷史學，都未曾撰寫過個人傳記，雖然他們已經有不少著作。為黎民或精英作傳的矛盾，有沒有困擾他們呢？作為普羅大眾，我們得承認，帝王將相、富商大賈的故事，總是引人入勝，牽動人心的。革命樣板戲《沙家浜》或《白毛女》，總沒有《雍正王朝》或《延禧攻略》好看吧。原因是帝王或巨賈，往往具備過人的魅力（charisma）。

鄭裕彤在書中，便有魅力沒法擋的一幕。他在北京重建舊區，紅筆一揮，便把崇文門大街擴闊拉直，為常人所不能，因為他積聚了財富、人脈、眼界等各項資本。不過常人亦有可觀的地方。書中以外篇故事形式，記錄了何伯陶的學徒生涯，反映出他如何學曉人情世故，令我們對傳統學徒制度，另眼相看。富商與常人，牡丹與綠葉，在書中互相輝映。

作者前言觸動我的第二點，是搶救記憶的急切。王惠玲與莫健偉接受委任時，鄭裕彤已經臥病在床，不能接受訪問，未幾便與世長辭，故此書中沒有主人翁自己的聲音，細說平生。這是一項遺憾，令我想起兩段往事。在 2014 年，本書還未起步，我和朋友往潮州旅行，住在一幢舊宅改建而成的旅館內。晚上夢迴，和逝去多年的姨丈打個照面，但見他面上披著薄薄的「蟎蟧絲網」，真個是「塵滿面、鬢如霜」。他靜靜的看著我，沒有說話。我醒過來，只記得他送我的純鋼墨盒，是他在飛機維修廠工餘之間造的，我在小學時經常攜帶在藤書籃裡面。除此之外，我對他幾乎一無所知。隨著這段記憶再往前推，回到我中學會考那年，在粉嶺田心村的木屋裡，一個晚上醒來，聽到母親飲泣的聲音。她從來不在我們兄弟面前落淚，總要我們逆境自強。但那個晚上她如泣如訴，訴說她的哀思，訴說她內疚之情。翌日我和大哥才知道是外婆在南海鄉下去世，母親未能奔喪，只能遙遙哭別。我們兄弟自小沒有見過外婆，只知道外公在解放前帶同大部分家人來港定居，外婆則留在南海鄉間，從此兩地分隔。外婆去世後，母親不再提起，我們兩兄弟亦沒有追問，任憑記憶消

逝。我們只知奮力向上，父母的陳年往事，可說是舊夢不須記了。

看過前言，觸動以上感想，便向王惠玲要來全書書稿，瀏覽一遍。瀏覽過程中，頗有意想不到的發現，例如鄭裕彤的鑽石情緣。他在戰後便開展鑽石生意，眼光獨到。但他是怎樣和以色列猶太商人搭上關係的呢？這些商人和香港猶太教堂或者沙宣家族有沒有關連？再如鄭裕彤的早茶聚會。他和冼為堅、楊志雲在中環金城茶樓每天飲早茶，十多年如一日，其間他們地產生意的運籌帷幄，都在一盅兩件之間進行。茶樓的經濟樞紐作用，不可小覷。無怪乎我們這些偶然生客，往往在舊式茶樓受到冷待，因為我們闖進熾熱商戰陣地之中而不自知，弄得礙手礙腳。又如鄭裕彤的政治智慧，以一個笑話來婉拒政協常委職位，恰當地和政治廟堂保持距離。驚喜發現之外，書中一些內容亦令人聯想翩翩。好像它為我再次印證創意無關學歷，企業精神往往激發於遷徙流離之中的道理。又好像它重展華資家族企業的活力，顯示鄭裕彤如何善用現代股票市場，創立新世界發展，上市融資，使周大福這老字號脫胎換骨。這些聯想，在他人看來，可能是老生常談，書生之見。不過沒有問題，我們展書而讀，各自領悟，希望各有所得便好了。

序二 李兆基博士
恒基兆業地產集團創辦人

我與彤哥（鄭裕彤博士）相交相知數十載，情同手足，要為這位摯友寫一篇序文，百般思緒湧上心頭，倍感憶念故人。

我倆識於微時，大家年紀相若，且喜好相近，非常投契，在故鄉順德之時已經常相約一起遊玩，多年以來，不時把臂同遊，稱兄道弟，無分彼此，有好些年時，更經常相約一起打高爾夫球，每星期總會打一、兩次之多，要數難忘之事，真是太多！如今友人已逝，惦念手足情深，倍感孤單。

幾十年以來，我和彤哥可謂「同撈同煲」，無論做生意，還是做慈善都會一起行動。彤哥也是我的良師益友，眾所周知，彤哥交遊廣闊，生平結交良朋好友甚多，這跟他樂於助人、有情有義的性格不無關係，在朋友有難之時，總義不容辭，伸出援手，因此廣受尊崇，令人敬重。

彤哥一生英明軼事多如星數，今其兒孫為他立傳，望能將他一生好事鋪陳，讓大眾尤其是年輕人，得以學習到彤哥待人和善、對朋友交心、處事公正持平等優點，以德處世，貢獻社會。

序三　　　　　　　　　　　　　李嘉誠博士
　　　　　　　　　　　　　　　　長和系創辦人、李嘉誠基金會主席

友誼是世界上最難解釋的事情，要擁有一個朋友，先要知道如何成為一個朋友。

彤哥與我 40 載友情，性格相差，雖不至於天地之大，卻有極多不同之處，奇妙的是我們在迥異的事業間結誼，在不同的軌跡上相知，見證人世的緣份，樂在不同中。彤哥與我的友誼，始於合作，我和他俱行穩重諾之心，反而至終未嘗稍有爭執。

彤哥待人誠懇、寬和、豪爽、不計較。一眾朋友聚首，常常見證彤哥能設身處地，如何以好朋友立場論事釋理，一件複雜的事情經他條分縷析，他必竭其所能，調停說項，奔走化解，當真情深義重。

彤哥常笑我是個傻熱心人。猶記得 40 年前，我們相遇於一次賣地會，毗鄰而坐，我早已停投，卻見他還一直積極舉手叫價。眼見價位節節攀升，遠高於合理回報，我急按其手，低聲問他：「這樣的呎價，為什麼你還要追下去？」他低聲叫我別擔心，說有幕後大合作方想投此地建酒店，買家有長期投資打算的計劃，讓新世界負責興建以及管理。我恍然大悟，舒一口氣，替他焦急而出手相勸，原來他早有運籌用謀之遠。雖然那次投地終未成功，亦見交情坦率無隔之處，真樸難忘。

故人已遠，腦海裡不時泛起片段回憶。有一事令我啼笑皆非：有一天在辦公室聽聞他急病入院，我立即放下工作，趕赴養和醫院探望，豈料推門進病房，見穿上病袍的他，竟與幾位牌友興高采烈地在麻將桌上打撲克，我放下心頭大石，笑說：「見你這模樣，替你高興，證明你沒事，那我先走了。」彤哥率真、開朗，人前不事矯飾，更且為人樂觀，無論何時，遇事均能以簡馭繁，冷靜沉著，其樂天智慧過人。

彤哥與我皆是兩心自閒的人。他喜歡廣交朋友，活力充沛，不拘於一格一端，我則較喜往尋平處，但我們經年週末牌戲相逢，世事人生，見最終都化作一抹青山夕陽，都能盡付笑談中。彤哥對人能默然體諒，他是著名夜神仙，我是習慣日出打哥爾夫球，他知道我總得日入前離席。後與友人閒聊始悉，彤哥愛與友儕晚上繼續談天耍樂，興之所至，通宵達旦，週六下午與我共聚，於我的作息程序，實為刻意相就，得悉後我深深感動。

彤哥愛與親友一起邀遊名山大川，盡嚐佳餚美酒。今彤哥先往仙遊，牌局不再，點點往事只能留在記憶中。

感謝彤哥家人，讓我在他離去前和他道別。我走進房間，腦海泛起他在病房牌局消閒的那幕快樂，而離別在眼前，相視竟而無語。佛教於往生無懼，境界所在，坦然相忘，然而彤哥處世之道，待人之專，日落江湖白，潮來天地青，珍友寶誼，永藏心臆。謹以此序，遙送故人。

序四

冼為堅博士

萬雅珠寶有限公司董事長、
協興建築有限公司榮譽主席

我和彤哥相識70載，識於微時，兩個年輕小伙子，很奇妙，好像心有靈犀般，很快便成為非常投契的好朋友。

我們於1946年結識，當時我是大行珠寶公司的職員，大行入口鑽石，彤哥來買鑽石，我們就這樣認識的。後來我夾份入彤哥的地產投資，我只佔一個小股份，5%、10%，之後成立協興建築公司，再下來成立新世界發展，並將公司上市。我們一直是合作無間的夥伴，那時彤哥太太亦曾開玩笑說：「你們兩個好像車頭燈一樣。」意思是我們兩個經常走在一起。

為何我們會形影不離？由周大福投資地產起，至新世界成立，我們每天都到金城茶樓飲茶傾生意。那個時候，我住大坑道宏豐臺，彤哥住渣甸山，他駕車出門，一定到樓下接我一起去金城。楊志雲長期在金城留一張枱飲早茶，這是專門用來傾生意的「茶檔」，方便接收市場消息，於是，楊志雲、彤哥、我、鄭家純，後來楊志雲的大公子楊秉正亦加入，十幾年來每天如是，新世界發展就是這樣傾吓、傾吓誕生的。

工作以外，我們經常一起娛樂。晚上我們一起出席行家的喜宴；每年的魯班師傅誕，商會例必舉行賀誕宴會；在這些喜慶場合，我們最喜

歡一起打麻將、十三張，後來「鋤弟」。我和彤哥兩個做拍檔，旁邊的「啦啦隊」有何添、胡漢輝、潘錦溪等，大家夾份，贏輸都一人一份；如果有周大福的夥記在場，都一樣可以夾份，無分老闆夥記的，總之又高興又熱鬧。後來我們成立私人俱樂部，由一班喜歡打牌的行家做會員；不過大家年紀愈來愈大，自彤哥離開後，我們漸漸解散了。

我非常敬佩彤哥的為人，他做生意處事公道，跟他合作的人有讚無彈。恒生銀行的何添先生亦曾經講過：「周大福彤哥是頂瓜瓜的，數目清楚，錢到手一定立即分錢。」彤哥曾經跟我講過，他做生意喜歡以「夾份」的方式，這樣才可以把生意做大，遇上好的生意機會他總會找朋友一起夾份做。有些人做成了生意賺到錢，喜歡把錢留起再投資；但彤哥是數目清楚分明的人，賺到錢一定立即與有份的股東分錢，這樣做讓人覺得帳目透明，所以他在商界有很多朋友，大家都喜歡跟他合作，從不會鬧出商業糾紛來。

彤哥的 IQ 和 EQ 都很高。他做生意很爽快，決斷英明，我們兩個心算都很快，不像年輕一代的要依賴計算機或電腦。我們一起做心算，差不多同一時間得出結論。我記得那年我們一起上干德道地盤視察，看過周圍的環境後，一起心算到這宗生意值得去馬，於是當場跟對方成交。後來瑞士花園等其他地盤，都一樣即場成交。彤哥做事爽快利落，眼光準確，我們做的生意極少會蝕錢的。

彤哥 EQ 也很高。商場上有很多小道消息和四處流傳的是非，彤哥聽

到關於人家的是非，他不會回話，只會微笑點頭，絕不會再向別人搬弄，所以我只知彤哥廣結朋友，未聽聞過他與人結怨。對待犯錯的員工他最多一句：「唏！」從沒見過他拍案大罵的情景。

我們兩家人都是好朋友，無論到內地或外地旅行，甚或出席行家或朋友的宴會，我們都帶上太太同行，兩位夫人都一樣是好朋友。閒時我和太太會帶孩子到鄭家大宅，讓兩家的孩子們在大宅的泳池游水嬉戲，樂也融融。

我和彤哥之間有一種奇妙的緣份，好像能互通心意的，他明白我做人的宗旨是以誠待人，我答允過的事一定會謹遵承諾；我做生意一定以「穩陣」為原則，一宗生意未完，絕不會貿然興起新的投資，以免出現銀根短絀墮入困境。彤哥了解我的為人和心意，所以我們之間特別投契。

那天收到彤哥病重的消息，第二天大清早我便趕赴養和醫院探病，鄭家安排了保鑣在門外謝絕訪客，我通知鄭家純想與彤哥見面，他明白我和彤哥的交情，五分鐘便趕到病房陪伴我入內探望。日後彤哥回家休養，我是少數可以與他見面的好朋友。

我相信鄭家的子孫都明白這個父親、這個爺爺，做生意方面是一個很聰慧的人，待人接物方面亦是一位值得學習的榜樣。他們為父親、為爺爺出版傳記，是一件非常值得支持的美事。

序五

馮國經博士
馮氏集團主席

我希望藉著分享三件軼事，以表達我對鄭裕彤博士的尊敬，以及紀念我們之間的情誼。

第一件事發生在 1997 年香港回歸前的過渡時期。我從 1991 年起出任香港貿易發展局主席，那時候，位於灣仔的香港會議展覽中心（亦即現在的「舊翼」）已由前任主席鄧蓮如爵士及鄭裕彤博士監督建成。因貿發局舉辦的大型展覽和會議都在會展中心舉行，我當時負責督導會展中心的管理安排，經常與鄭博士見面。這些執行層面的工作，鄭博士其實可以交給下屬處理，但他仍然親力親為、勞心勞力，足見他對會展中心的重視。

1997 年回歸之日臨近，中英聯合聯絡小組商討舉行主權移交儀式的地點，最後落實在會展中心舉行，政府亦決定興建會展新翼以進行這項盛大儀式。興建新翼的工程龐大，貿發局只有三年四個月去完成，時間倉促是一大壓力，世界各地對香港前途問題亦密切關注，甚至有外國雜誌以「The Death of Hong Kong」為題撰寫封面故事。如此情勢，我們必須竭力向大家展示，政府對香港前途和一國兩制充滿信心，因此，會展新翼工程能否如期落成，極具象徵意義。

作為貿發局主席，我必須監督這項只許成功不許失敗的工程，這是我人生其中一個重大挑戰。建造工程一直遇上重重障礙，餘下的時間不多，眼看將無法如期落成，在關鍵時刻，鄭博士的新世界發展旗下的協興建築工程公司，願意在目標日期前完成工程。這時，我作出了一個非常決定——撤換承建商，將工程交給協興建築工程公司，完成整個工程。如大家所見，舉世矚目的香港回歸交接儀式最終於會展新翼順利完成。鄭博士臨危受命，協助我完成作為貿發局主席的任務，為香港回歸順利過渡作出貢獻，我一直心存感激。

第二件事發生在北京。大概在 1993 年，鄭博士和我同時獲邀擔任北京市政府的國際事務顧問，我們經常一同出席會議。因座位相鄰，我們時常有傾有講。由於我倆的普通話都是普普通通，開會遇到聽不懂的時候，有時由我給他翻譯發言者的意思，有時由他給我翻譯。我們可說是互相幫忙、互相扶持，因而建立了親切的友誼。

第三件事則與教育和公益有關。我在 2001 至 2009 年擔任香港大學校務委員會主席。當時香港大學校長鄭耀宗教授剛離任不久，校內的氣氛比較低沉，時任特首的董建華先生邀請我出任校委會主席，希望我可以穩定大學全體師生和教職員的軍心。於是，我大膽提出新的發展方向——讓香港大學跑上全世界大學的前列。我很高興在大學同寅努力不懈下，香港大學在《2007 年泰晤士報高等教育專刊》的世界大學排行榜上，由第 33 位躍升至第 18 位，代表大學在學術和教育上取得長足進步。

為激勵港大朝這方向發展，我們需要投入更多資源，進一步提升大學在學術、科研和教學的水平，其中一個非常重要的計劃是興建教研設備齊全的百周年校園。當時我和徐立之校長經常一起四出為大學籌款，首先當然向相熟的「老友記」包括鄭博士「打荷包」。鄭博士毫不猶豫，非常慷慨地捐助 4 億港元予香港大學。我們將法律學院大樓命名為「鄭裕彤教學樓」，我亦非常感激鄭博士對港大的鼎力支持。

鄭家為鄭裕彤博士出版傳記，讓讀者可以從鄭博士這位傳奇人物豐盛的一生中得到啟迪，我認為極具意義，祝願出版工作順利和成功。

序六

廖烈智先生

廖創興企業有限公司主席兼行政總裁

鄭裕彤博士與世長辭，匆匆已三載，在這段時間裡，每當我路過由他一手策劃籌建的著名地標性建築物和富麗堂皇的商舖，或重臨昔日大家常聚之地，還是踏足過去數十年來我們常常在一起揮杆切磋的高爾夫球場，我都會想起這位可親可敬的好朋友。他的音容笑貌和充滿智慧的幽默話語，還有對我的親切教言，彷彿就在眼前耳邊，令我久久不能忘懷。

鄭博士長我十餘歲，我叫他彤哥，想起來，人與人的關係，正如俗語所說，真是人夾人緣。回首往事，從四五十年前彼此初相識，他就一直對我真誠相待，仁義相濟，自始至終對我特別關心和看顧。而我對這位老大哥也一直發自內心的由衷敬佩，心懷感激。

彤哥一生的奮鬥經歷充滿傳奇色彩，在過去半個多世紀的時間裡，他幾經努力開創，精心策劃，勵志經營，終於在事業上取得了輝煌的成就，在香港和世界各地享有「珠寶大王」、「地產界巨擘」和「酒店業大亨」的美譽，創立了規模宏大的多元化企業王國，成為有口皆碑的商界風雲人物。

彤哥在事業上取得的巨大成功，絕非幸致。首先，是他對事業持之

以恆的勤勉不懈，可謂數十年如一日。「勤」字是其事業的成功秘訣之一。另一方面，彤哥確實具有非凡的經營天才，在投資項目上，可謂眼光獨到，估算精準，洞燭機先，而且具有過人的膽略和氣魄，往往能在適當時機採取果斷的決策，在商界自樹一幟，取得十分豐碩的成果。

1980 年代之交，內地開始實施改革開放政策，其時百業待興，急需引進大量資金、技術和人才。彤哥的企業集團順應時勢，最早大規模投資內地，業務遍及北京、廣州、上海、天津、武漢等大城市。除酒店和房地產業務外，他投入龐大資金於公路、大橋、水電及機場建設上。實事求是而言，彤哥對內地的交通發展及城市建設，實在功不可沒。所以，他先後被多個城市授予「榮譽市民」的稱號。

彤哥的事業做得很大，但為人謙和，生活簡樸，穿戴從不講究名牌。他廣交朋友，不分老少，不論貧富，其適意從容的處世態度歷來為大家所稱道。至於在生意場上，彤哥自具胸襟，大事堅持原則，小事絕不斤斤計較，總以「誠」字作為待人接物的宗旨，他樂於助人，而又得道多助，廣結善緣。所以，我認為彤哥事業成功，是因為其做人成功，這一點尤為難能可貴。

彤哥於事業成功之後，不忘回饋社會。他在香港生活數十載，事業根基在香港，對香港自然有一份深厚的感情。他取之社會，用於社會，對香港的慈善公益事業的貢獻是多方面的。他尤其重視教育與

醫療事業，香港各大學都有他慷慨的捐贈，他捐建教學樓、醫學樓、大講堂、校舍乃至捐贈學術研究基金，可謂無所不至。所以，香港特區政府為表彰他的貢獻，授予其大紫荊勳章。

彤哥愛國愛鄉，內心有濃厚的家國情懷，改革開放後，他心懷桑梓，十分關心家鄉人民的健康，所以捐建設備精良的醫院，並聘請醫術高超的醫生以救死扶傷，獲得社會的高度肯定和民眾的讚譽。

彤哥很早就有「教育興邦」和「科技興國」之念，十分關懷青少年的教育，多年來，從香港到內地，從大學、中學、小學乃至特殊學校，先後已慷慨捐建教育樓近百座，其惓惓以「興學育才」為念的精神，實在令人感佩！

彤哥的事業成就巨大，事功和貢獻多不勝數，上面所言，只是一鱗半爪而已。

2016 年 9 月 29 日彤哥不幸因病辭世，享年 92 歲。中央政府和特區政府都為他的逝世發了唁電，送了花圈；香港商界巨賈雲集，各界人士前來致唁，送彤哥最後一程。喪禮莊嚴隆重，備極哀榮。

彤哥的一生，可謂是傳奇的一生，成功的一生，精彩的一生。他在世時確實活得很有價值，離世也可謂完全無憾。他的事業後繼有人，在以家純、家成兩兄為首的一眾子孫的領導下，目前集團業務發展

更加迅速，成果更加豐碩，蒸蒸日上，發揚光大，足堪告慰老人家於泉下。

在《鄭裕彤傳——勤、誠、義的人生實踐》一書即將出版之際，家純、家成、麗霞、秀霞諸位聯名具函邀我寫序。自思何德何能，敢為彤哥的傳記題弁？因此再三辭謝。但鄭家四兄弟姊妹素來了解我與他們的父親相知數十載，交誼非淺，因此一再堅邀。乃就個人所知，撰成小文，略述彤哥過往的一些行狀事功，並表達我對他最誠摯的敬意和深切懷念。是為序。

全家幅，約攝於 1958 年。

給爸爸的信

敬愛的父親，您遠去了。

在這段日子裡，我們不時憶起父親昔日的容顏、做人處世的態度。回想過去，我們才猛然發現，與您相處共聚的時光，原來是那麼不足，以致父親與子女間欠缺深入的溝通，無奈至今已成一憾事。此刻，我們要表達對父親的思念之情，只好寄以筆墨，傳達到在彼岸的您。

想起年幼時的生活，兄弟姊妹們是在物質條件不缺的環境下長大的，雖說不上是大富大貴，但卻從來沒有一刻需要為衣食擔憂。我們心裡明白，是您在工作上的默默耕耘，為我們創造了安穩的生活，讓我們的童年歲月，過得既豐足又愉快。

猶記得 1950 至 1960 年代，當時您的事業尚在起步階段，您時刻都投入到工作去，即使是星期天早上，您一樣穿上整齊的西裝、結上不襯色的領帶，說是要返公司上班，幾乎每週如是。即使如此，您仍然抽空安排家庭活動。令人印象最深刻的，是週末的新界郊遊樂，您總是興高采烈地駕著汽車，經過迂迴彎曲的道路，載著我們遊遍元朗、沙田等地。兄弟姊妹們擠在車上，雀躍地觀看窗外的景色，

有時，因為回家時間晚了，還要在車廂裡完成學校的功課呢！週末沒有餘暇的話，您總會找到一個空閒的晚上，帶我們去看電影，記得您喜歡看西片，也喜歡看大戲，雖然年幼的我們不懂得欣賞演出的內容，但一家人能夠外出活動，已是值得興奮的事。還有很多很多難忘的片段，例如，到餐廳拿著刀叉「呼呼嗒嗒」地吃西餐。每逢祖父母的生辰，您定必宴請親朋，有時甚至安排劇團演出粵劇，我們一班堂兄弟姊妹則四處追跑跳玩，樂趣無窮，至今仍記憶猶新，歷歷在目。

這些歡樂時光雖然不多，但現在回想起來，足教我們學識感恩，感謝您帶給我們天倫之樂、家庭和諧的美好回憶。

父親的身影亦深深刻在我們的心裡。您樂於助人、刻苦耐勞、重視誠信的做人態度，是我們學習待人處事的好榜樣。對祖父和祖母，您盡顯子女的孝義；對家族成員，您時刻顧念親情，對有需要者總樂於施予援手。記得我們小時候，家裡經常有親戚共住，父親記掛著初來埗到者人生路不熟，必定讓他們在我們家裡暫住，且安排工作使能自立謀生。記憶裡，家裡總是熱熱鬧鬧的，小孩子們要睡在客廳中的帆布床上，所以，我們總不忘昔日曾與哪位親戚長輩共處的情景。

在家庭以外的圈子，父親人緣極佳，在朋輩眼中，您是個凡事親力親為、性格隨和、豪邁樂天的人，大家都讚賞您為人低調、勤奮、

誠實和重情義的特點。我們從沒見過您向外炫耀財富，亦深知您的
營商經歷不乏艱辛，從小便要「由低做起」，負責清潔打掃、斟茶遞
水、侍奉客人等勞動雜務；及後，您努力創業成功，在商場上面對
顛簸艱途、風雨磨練，需要承擔沉重的責任和壓力，但您以一貫樂
觀的態度面對，從您的口中不曾聽到過半句怨天尤人的說話。

從您的言行，我們學習到敬業樂業和刻苦奮進的精神；從您待人的
態度，我們學曉對人定必以摯誠、與人為善和重誠信的態度待之。
今天，兄弟姊妹們已長大成人，各有自己的家庭，兼且兒孫滿堂，
我們的生活仍然過得豐足。念及父親做人處世的精神，我們深受感
動，將會繼續發揚您一生謹守的價值觀。定必遵循您重視家庭的精
神，叮囑下一代成員，務必世代保持家庭和諧、友愛團結的相處之道；
您設立的慈善基金，是以赤誠之心促進社會進步和幫助有需要者，
我們會繼續使它發揚光大，行善於世，踐行公益，為社會作出貢獻。
謹此報謝父親的恩德。

父親，永遠懷念您。

家純、麗霞、秀霞、家成　敬稟

2019 年冬天

鳴謝（以下名字以筆劃順序）

周大福慈善基金支持及贊助本傳記的研究及出版工作。感謝兩位作者，王惠玲博士及莫健偉博士，為鄭裕彤博士的生平、人生經歷、事業發展及公益貢獻等事跡進行深入研究，並撰寫成富深度的《鄭裕彤傳——勤、誠、義的人生實踐》專書。

我們深感榮幸，得黃紹倫教授寫序，分享學者的敏銳觸覺和學術心得；並得鄭裕彤博士的至交好友，李兆基博士、李嘉誠博士、冼為堅博士、馮國經博士及廖烈智先生應邀賜序，述及與鄭博士相處時的逸事和難忘的友情，使傳記內容生色不淺。對各位的雅意，本基金感激不盡。

這傳記得以成功出版，實有賴以下各方人士和機構的慷慨支持和協助。

各位受訪者參與口述歷史訪談，分享個人的珍貴記憶，使傳記能立體地呈現鄭裕彤博士的成長背景、生平事跡和處世態度。受訪者包括左筱霞、何伯陶、何鍾麟、李金漢教授、李杰麟、林淑芳、周建姿、周桂昌、周翠英、周耀、冼為堅博士、陳志堅、陳曉生、陳應城教授、孫杏維、孫耀江醫生、郭儉忠、郭寶康、梅景澄、許爵榮、梁志堅、梁智仁教授、黃大傑、黃志明、黃紹基、馮國經博士、馮漢勳、

鄧培文、鄭玉鶯、鄭志令、鄭哲環、鄭錦超、鄭錫鴻、劉遵義教授、黎子流、薛汝麟、謝志偉教授、羅國興、蘇鍔。

以下人士給予各種指導及協助,包括提供背景知識、聯繫相關受訪者和安排訪談:古堂發、李婉清、吳鈞雄、何炎鴻、汪嘉希、林柱燮、紀文鳳、陳美華、高君慧博士、高添強、張振宇、張倩華、梁述光、梁敬昌、黃佩詠、黃德堯、傅作和、馮漢勳、曾惠賢、葉少崖、趙國經、鄭本、鄭秀霞、鄭明智、鄭盛漢、鄭裕偉、鄭錦標、鄭翼群、鄭麗霞、潘亦真、盧執、酈玉英、謝紹燊、羅國興、羅銳潛、蘇煒豐。

特別感謝,高君慧博士、紀文鳳小姐及林柱燮先生細心審閱文稿內容,提供了專業指導;黃佩詠小姐擔任高級研究助理,除了查閱舊報章和整理檔案記錄外,以無比耐性將所有訪談錄音逐字謄寫成訪談稿;汪嘉希先生、潘亦真小姐、羅銳潛先生及蘇煒豐先生查閱舊檔案、舊報紙和舊書刊,並編整檔案記錄;何炎鴻先生聯繫順德的訪談和資料蒐集;酈玉英女士聯繫廣州的訪談;羅國興先生安排大松坊祖屋的探訪;鄭錦標先生一直供給我們所需的支援。

圖片方面,高添強先生整理了地方舊照和提供說明,加強了書中有關 1920 年代至戰前廣州和澳門的商業地區的景觀;鄧培文先生提供了他的畫作。以下機構亦提供珍貴舊照片:地利亞教育機構、協興建築有限公司、周大福歷史及文化管理部、南華早報出版有限公司、星島日報、香港大學、香港公開大學、香港政府新聞處、倫教小學、

無止橋慈善基金、新世界發展有限公司。

在檢閱舊檔案方面，以下機構的人員為我們翻查及移動沉重的文件檔案，並提供各種協助：香港大學圖書館特藏部、香港政府檔案處、順德檔案館、廣州市檔案館及廣東省檔案館。

我們特別向冼為堅博士伉儷的摯誠支持表示謝意。冼博士是鄭裕彤博士的一生摯友，對本傳記的研究和出版工作一直不遺餘力，提供寶貴資料和指導，為傳記寫序，協助聯繫重要的相關人士；再者，冼博士及夫人更分享私人照片珍藏和照片內容說明。

研究和出版工作得以順利進行，有賴本基金辦事處各工作人員的努力，尤其陳美華小姐由項目的構思、規劃至完成，一直提供寶貴意見及聯繫相關人士和機構。

最後，感謝三聯書店編輯部，尤其李毓琪小姐及寧礎鋒先生，使本書得以面世。

如有遺漏，請多多包涵。本基金對各位的慷慨支持，致以深切謝意。

目錄

{第一章} 家鄉倫教

{第二章} 與金業結緣

{第三章} 珠寶大王的成長路

{第四章} 整合珠寶金行一條龍

前言：我們是怎樣完成這部傳記的 王惠玲、莫健偉

2016 年初，我們接受周大福慈善基金主席鄭家成先生委託，為乃父鄭裕彤博士撰寫傳記。鄭先生提出的要求是切勿炫耀家族財富和個人成功，不要歌功頌德，他希望傳記以學者角度敘述鄭裕彤及家族的人和事，不單在事業上，還有在社會上，傳揚鄭博士待人處世的正向意識。

鄭裕彤出生於廣東順德倫教，並非來自大富之家，事業上由低做起，憑個人的毅力和才幹逐步邁向成功，使周大福和新世界發展成為香港的著名品牌集團，個人則位列香港十大富豪之一。其事業征途橫跨大半個世紀，經歷過二次大戰、戰後復員、香港經濟騰飛、中國開放改革、社會動盪，以至香港回歸等重大歷史轉折。我們兩個作者，一個是社會學背景，另一個素有歷史學訓練，對於為這位傳奇人物立傳，深入探究其人生軌跡及相關的社會歷史脈絡，都覺得是一項有意思的挑戰。

過去四年，我們與 58 位受訪者共進行了 70 次口述歷史訪談，追查鄭裕彤本人、鄭家家族、企業等相關的記憶；幾次到訪鄭裕彤的家鄉順德倫教，與當地的老居民訪談，親身到鄭家祖屋、倫教的街道、紗綢曬場等地方實地考察；從香港歷史檔案館找到香港金業的舊檔案，從廣東省檔案館找到廣州市金舖的舊檔案，從順德檔案館找到

順德絲綢業檔案和珍貴的鄭家歷史檔案。

我們嘗試在這裡，將過去四年由蒐集資料、整理、分析、組織至撰寫的經過，與讀者分享這個探索之旅的一些經驗和想法。

首先是蒐集資料方面。鄭家成先生告知，當時鄭裕彤正臥床養病，不宜打擾，我們是無法與他面談的。現代的人物傳記多由主人翁自述、旁人執筆的方式產生，可說是介乎傳記與自傳之間；歷史人物傳記則以主人翁的私人物品如日記、書信、筆記、備忘錄，再加上家譜、族譜、政府記錄等文獻檔案，以及與親友的訪談為素材，由作者綜合編織為主人翁的人生故事。無論前者抑或後者，傳記的故事都必須以主人翁的人生軌跡為基本脈絡。

我們無法以口述歷史方式為鄭裕彤記錄個人的生平經歷，而他亦沒有寫日記和家書的習慣，更談不上筆記或備忘錄，跟許多華人企業一樣，周大福的舊檔案經過搬遷和人事更易，大部分已經散失。在這些限制下，我們如何追查、重溯鄭裕彤的人生軌跡？可幸的是，鄭裕彤的三弟鄭裕培於 2005 年編寫了一本名為《鄭裕安堂：締造與繁衍》的書，綜合了父親鄭敬詒、叔伯長輩及鄉間親友間述及的零散記憶而寫成，可視為鄭家的家譜，在了解鄭家歷史方面，這是重要的資料來源。

在這個小小的基礎上，我們使用口述歷史、舊檔案文獻、報章和雜誌等媒體的報道，作為撰寫傳記的素材。

與傳記主角進行口述歷史訪談可以直接重構其本人的人生軌跡，然而，旁人的口述歷史可以如何發揮效用？開始時，我們與鄭裕彤的一生好友冼為堅進行訪談，計劃是請他憶述鄭裕彤生平的種種。結果是，直述的形式無法構成完整的人物圖像，例如「彤哥」（鄭裕彤的暱稱）頭腦精明、擅長計數、做生意誠實，從冼為堅的角度，這是最精準的描述，但對於沒有接觸過鄭裕彤本人的讀者，這些抽象的形容詞無法產生實質的理解。可是，當冼為堅憶述每天與彤哥在茶樓斟生意、決定買地起樓、籌建新世界發展等往事時，通過憶述具體的人和事可以讓我們產生有內容的想像，在當時香港的時空下，作為新興四大地產商之一的鄭裕彤是如何冒起的。

我們從這次「訪談實驗」得到啟發，所謂人生軌跡，可以由主角本人的憶述重構，亦可從身邊人的憶述重構，兩種做法由不同的視點出發，前者是本人的視點，後者是身邊人的視點。大多數傳記表達的是主角本人和作者的視點，而本傳記則以眾多身邊人的視點構成，這做法是本傳記的局限，也可說是獨特之處。

在訪談形式上，我們決定以受訪者本人為憶述的主體，意思是請受訪者先談自己本人的生涯歷程，由個人的背景開始，逐步轉入與鄭裕彤相關的經驗內容。在憶述與鄭裕彤的相處和接觸的片段時，有時可能只見到鄭裕彤一個身影。例如與周大福鑽石部主管陳曉生訪談，他憶述到一次打磨一顆 80 多卡的南非鑽石的小事件，這是他工作中一件難忘的事情。故事中有鄭裕彤出場的一幕，他的角色是一

個對鑽石充滿興趣，不符期望時會直斥員工，但明白箇中因由後則表現出寬容的珠寶集團老闆。對於鄭裕彤，這個故事可能是他人生中一件無關痛癢的小事，若果由他本人自述人生軌跡的話，恐怕不會在他的敘述中出現，但放在陳曉生的人生經歷中憶述，鄭裕彤這身影則連繫著一個有人物、情節和時代的故事。

有些片段甚至沒有鄭裕彤的身影，但我們從故事的情節和時代中可以尋回鄭裕彤的角色。例如，曾任職於周大福青山道分行的員工薛汝麟和黃大傑，憶述 1956 年該分行所提供的匯兌、找換、存金等類似銀行的服務，是當年在銀行未普及時金舖吸納社區街坊顧客的手法，這小故事一改了我們對金舖的固有認知。故事中沒有鄭裕彤出場的機會，但我們知道鄭裕彤當時是周大福司理，開始接手其創辦人岳父的股份，這小片段間接引證了鄭裕彤主理下的周大福正在發生的創新變革，曲線地展示了鄭裕彤的生意觸覺。

我們通過口述歷史訪談，蒐集了許多大大小小的故事，放在鄭裕彤的人生軌跡中，有些是重要片段，有些是小片段。重要片段可幫助我們重構鄭裕彤的人生轉折，但小片段亦有重要價值，視乎如何詮釋和理解。微觀角度可折射出鄭裕彤的人物個性，如陳曉生所講的鑽石故事；較大的角度可側面地觀察到鄭裕彤做事的方式，如上述的青山道分行故事；更宏觀的角度可看到金舖在香港社會民生中扮演過的角色。

口述歷史常被人詬病之處，是記憶是不可靠的，人的主觀經驗是片

面的。我們在詮釋和理解眾多口述歷史片段時，的確遇上眾說紛紜的情況，有時是與文字檔案有衝突，有時是不同的口述內容互不銜接，各說各話。對於口述歷史的可信性，我們不會因為口述內容與文字檔案不吻合，便判斷口述內容不可信，只要所述內容是來自口述者的親身經歷，或口述者的身份是與事情密切相關的，我們都視之為合適的素材。無論是文字資料抑或口述資料，我們都一樣透過互相對照和反覆論證，使得到最合理、平衡和立體的詮釋和敘述。

我們在發掘周大福金舖起源的時候，遇上了這種文字檔案與口述資料之間眾說紛紜的情況。我們考慮過，若沒有確實完全可信的資料的話，不如避而不談或輕輕帶過，最穩妥的做法是堅守周大福珠寶集團已有的官方說法。我們沒有選擇這樣做，而是在細心地反覆對照不同的說法後發現，一個最後的定論並非最重要的，反而在梳理眾說紛紜的資料時，能夠找到更立體和更豐富的內容。再者，無論歷史抑或人生，的確有許多含混、斷裂、矛盾的地方，把這些曖昧之處保留下來，希望可讓大家嘗試體會片碎記憶所呈現的曖昧；這種曖昧性的可貴之處，不在乎歷史敘述的準確性，而是它的開放性，讓讀者及後來的研究者繼續思考和探索未及明確之處。

關於重構鄭裕彤的人生軌跡，常見的人物傳記是敘述由出生至死亡的一條連貫完整的人生路，有些可能以編年史的方式表達。但在我們的情況，缺乏當事人自述，實無法重構出一條連貫完整的人生路，連編年史的方式亦談不上。我們收集到的大小片段，經過整理和詮

釋後，逐步形成若干面向（dimensions）和主題（themes），本書各篇章便利用這些面向和主題，重構成鄭裕彤的人生故事。

第一個面向是個人與地方的連繫。鄭裕彤於 1925 年在廣東順德倫教出生，這地方正是鄭家的家鄉；約於 13 歲離鄉前往澳門，加入周大福金舖做後生，在澳門學習從商；和平後從澳門到香港開拓事業。這段在坊間耳熟能詳的「鄭裕彤個人生平」提示了廣東、澳門、香港之間，由地理以至經濟、政治、家庭、人脈網絡的緊密連繫，同時反過來呈現個人人生與大時代、大歷史之間的互相磨礪。

因此，我們決定以鄭家家鄉倫教作為探索鄭裕彤人生故事的起步點。我們探訪倫教大松坊，追查鄭家兄弟以外仍然健在的鄭姓親戚，與多位鄭裕彤的堂侄進行口述歷史訪談，發現以慣常的祖爺孫三代去追蹤鄭家的歷史，是過於狹隘的家族觀念。事實上，倫教大松坊是鄭家祖屋的所在，聚居了幾代、幾房由堂叔伯兄弟組成的鄭氏家族，族人之間的連繫帶動了鄭家人口流動，也是日後香港周大福企業發展的人脈基礎。

我們亦追蹤周大福和周家的歷史。鄭裕彤在周大福學習從商，由將周大福發揚光大至被譽為珠寶大王，周大福的歷史是鄭裕彤成長的背景之一。鄭家與周家早有聯繫，鄭裕彤的父親鄭敬詒和岳丈周至元是莫逆之交，兩人在廣州識於微時；1920 年代中，鄭敬詒回鄉發展，周至元則留在廣州從事金舖生意，及後創立周大福金舖；1930 年代周家由廣州搬到澳門，周至元亦分別在澳門和香港開設周大福

分行。1938年，鄭裕彤離開家鄉到澳門周大福開啟人生新一頁。幾段本來各不相干的人生片段都發生在民國時期至日本侵華的背景之下。事實上，粵港澳的人口、經濟和社會連繫早有脈絡，日本侵華戰爭和1949年中國政權更易，改變了這三個地方之間的經濟政治關係，戰時和戰後的人口和家庭流動模式亦發生變化，促使周大福考慮相應的企業策略，鄭裕彤的青年人生便在家族、企業和時代交錯的大環境下磨礪而成。

於是，我們決定探索鄭家和周家家族歷史、企業發展和相關的地方和時代背景，從這幾個面向重構鄭裕彤的人生經歷。

58位受訪者中有15位鄭家和周家的成員，憶述了家鄉和家族的歷史；29位受訪者憶述周大福企業史；5位受訪者憶述新世界在香港及內地的難忘故事。我們透過企業員工的口述歷史，追蹤企業集團的人脈、始創經過及一些重要的階段轉折，配合客觀環境和時代背景進行分析，建構出鄭裕彤在珠寶業和地產業的從商之道。另外6位受訪者憶述與鄭裕彤在社會公益上的接觸和溝通，分享他們對鄭裕彤參與社會公益的觀感；10位受訪者提供地方的背景資料和生活經驗，包括倫教的老居民及澳門金飾業的老師傅。書中曾被引述過的受訪者共38位，見附錄。

我們沒有選擇將私人生活納入為其中一個面向。委託人曾安排我們與鄭裕彤太太、兩位女兒、鄭裕培太太、曾在鄭家大宅照料家務的

女傭、與鄭家有親切關係的非家族成員見面和訪談，當中談到不少家庭生活的片段，例如鄭裕彤愛吃順德家鄉菜尤其「老少平安」，水果方面愛吃榴槤等等。我們與鄭裕彤的生意朋友和企業員工的訪談，亦談到不少關於鄭裕彤的私人片段。例如，年輕時與好友冼為堅「搭膊頭」一起往雪糕屋買雪糕邊行邊吃；戲弄岳丈的淘氣舉動；通宵與好友「鋤大弟」（打撲克牌）；熱愛高爾夫球運動；關於商業和社交上的應酬活動；關於星期日經常著太太煲粥炒麵以招呼員工在家談公事；為人節儉；喜歡捉弄身邊的親人；甚至關於一些緋聞。這些私生活的內容或可發展為家庭關係、社交和朋友網絡、餘暇生活與興趣等生活化主題。可惜篇幅和時間所限，未能整理成有系統的內容。

最後是有關書寫的體會。鄭家成先生的要求是，切勿炫耀家族財富和個人成功，不要歌功頌德。常見的名人傳記會走向傳奇和英雄式的敘述，鄭裕彤的後人卻拒絕這種書寫方向，我們覺得是非常難得的。然而，除去這框框後，作者應以什麼作為書寫方向？社會學和歷史學都慣以宏觀圖像的探知為研究方向，個人經驗都必須連繫到宏觀的、更高層次的意義，所以學者們每書寫到一個段落，都隱約覺得停留在個人人生或企業的描述是不足夠的，總覺得需要歸納出一些較宏觀的觀點或結論。

我們的取向是，盡量避免走向傳奇和英雄式的敘述，亦不願利用人物傳記來引證宏觀意義。因此，書寫的方向是盡量細緻地描述個人、家族和企業的經歷，把人生歷程置於時代和地方的脈絡進行交互敘

述。至於社會學與歷史學慣常以個人事例折射宏觀社會形態或趨勢的思考方向，我們則盡量避免。例如，香港回歸前的過渡期內，香港經濟急遽轉型，這階段亦被視為新興華資集團取代英資中流砥柱地位的轉折期，而鄭裕彤的事業王國亦在這個時期崛起，他的事跡是否可被視為新興華資冒起的標記之一？老牌英資從香港政經舞台退出，是否預示新興華資不獨取代其經濟地位，還取代其政治影響力？作為研究者，我們當然對這些課題感興趣，亦想過從鄭裕彤的事跡中論證有關說法。不過，作為一部傳記，主角人物的經歷和個性才是本書的主軸，對於他的歷史角色和影響力，還是交由讀者各自詮釋好了。

另一方面，在當事人已無法自述的局限下，書寫時該如何呈現傳記主角的人物個性？我們採取了一些策略：大膽地作出假設和想像，在大環境與個人之間的空白，注入分析性的假設，甚至利用相關的口述歷史提出虛構式的想像，讓大家代入其中。例如，在順德倫教鄉下出生長大的鄭裕彤，年少時獨自來到澳門加入周大福，1938 至 1945 年間在澳門做事，這段由 13 至 20 歲的少年青春期是怎樣度過的？事實當然只有鄭裕彤知道。我們以分析性假設，周至元在廣州河南起家，先擴展至廣州西關，再到澳門和香港設分行，澳門的分行設在草堆街和新馬路。草堆街是民生商業街，新馬路則是新興商業區，戰爭時期吸引了從香港、廣州、珠三角等地的人過來，商業區一帶有各種商舖，也有當舖、賭場、茶樓、酒館等消遣場所；我們大膽假設，在周至元積極經營的氛圍下，在新馬路這條繁榮、混雜的商業街上，鄭裕彤的見識和眼界已有相當成長。我們亦借黃志明的「外篇

故事」讓讀者代入其中，設身處地想像鄭裕彤的成長經驗。

各章的正文以外有一至三個「外篇故事」，這是部分受訪者的個人短篇故事，目的是從身邊人的故事，折射傳記主角的人物個性。有些故事是直接講到鄭裕彤的，例如，冼為堅和何伯陶是鄭裕彤的親密夥伴，他們的故事表達了鄭裕彤待人處事的態度；梁志堅和蘇鋸是鄭裕彤的得力助手，他們活潑地描繪了工作環境下的鄭裕彤；其他人則接觸到鄭裕彤的另一面，前廣州市市長黎子流為鄭裕彤當年的一些舉動注入中國觀點，前中大商學院院長李金漢教授為鄭裕彤的一些言論和行為賦予學術詮釋。另一些外篇故事裡沒有鄭裕彤的身影，如前所述，我們透過鄭哲環和黃志明的故事，讓大家設身處地想像鄭裕彤年少時的成長和生活。鄭志令、郭寶康和黃紹基是周大福的資深員工，雖然沒有正面講及鄭裕彤，但通過這些員工故事，我們可以想像鄭裕彤是一個怎樣的生意人。

我們將鄭裕彤的人生軌跡分為七個主題。第一章記述倫教地方經濟和氏族文化，以及鄭家歷史、家鄉生活和家族觀念；第二章從周大福的起源和廣州至澳門的金業特色看鄭裕彤的成長背景；第三章寫鄭裕彤在戰後香港金業展露拳腳；第四章寫鄭裕彤主理下的周大福從傳統金舖蛻變為珠寶金行；第五章講述 1950 至 1960 年代鄭裕彤開始涉足地產買賣以至 1970 年創立新世界發展的經過，及後的一些重要發展；第六章寫鄭裕彤在中國內地並探視他的中國視野；第七章回顧鄭裕彤的社會公益活動、這些活動的社會意義，及其宣揚的道德倫理和社會價值觀。

第一章

家鄉倫教

到傍晚，一天的轟炸完畢之後，除出幾縷黃灰色的火焰之外，

廣州的天空依舊回復了她原有的澄澈與清明⋯⋯。

5 月 28 日起，敵機大規模地向廣州市區轟炸了，來的飛機最少是 12 架，

最多的時候是 52 架，擲的炸彈都是 300 磅至 500 磅的巨彈，

一次投下的彈數最多的日子是 120 個，每天來襲的最少 3 次。

5 月 29 日、6 月 6 日，整日在轟炸中，全市民眾簡直沒有喘息的機會。

投彈，全然是無目標的，商店、民家、學校、幼稚園、醫院，

甚至於屋頂上鋪了法國國旗的韜美醫院，全是他們的目標。⋯⋯

這是一種人間地獄的情景！⋯⋯廣州最繁盛的街道，全被炸成瓦礫場了。

——夏衍，1938 年 6 月 8 日。

劇作家夏衍 1938 年 6 月 8 日刊登的〈廣州在轟炸中〉一文，記述日軍空襲下他耳聞目睹廣州的悲慘景況，當時他 38 歲，是廣州《救亡日報》的主編。廣州城內外的居民心情同夏衍一樣，對時局都感到恐慌，擔心著廣州的前途命運。1937 年上海、南京相繼失陷於日軍手中，硝煙瀰漫至廣東，1938 年 10 月 12 日日軍從廣州灣攻入（即今天湛江市一帶），21 日廣州便告失守，接續的日子就如夏衍預示，廣州人要承受更多的苦難。2

廣州淪陷未幾，在順德倫教鄉的泥路上，鄉人鄭彪帶著一個 13 歲的孩童一同趕路。鄭彪是「巡城馬」，這種職業在現代郵遞制度還未建立前，扮演著聯繫城鄉的角色，為鄉民提供帶送口訊、信函和匯款的服務，有時還會帶鄉民子弟到城鎮找工作或與家人重聚。鄭彪熟悉往返澳門與廣東佛山順德倫教鎮的路線，這趟上路，是受鄭敬詒所託，把小孩送到澳門一間金舖打工。

孩童名叫鄭裕彤，是首次離鄉到陌生的澳門打工。年幼的鄭裕彤或許從父親鄭敬詒及長輩親友的口中，已聽聞廣州和澳門是繁華之地，是倫教鄭氏族人向外謀生找機會的好地方。不過，富饒繁華的廣州商埠已經失陷日軍手中，在這動盪不安的時局下，廣州不會是尋找機會的好地方。那麼，為何往澳門去？據鄭家流傳的家族故事，父親鄭敬詒收到好朋友周至元的來信，告訴他自己正在澳門營商，鄭敬詒可以派一位兒子來學做生意。於是，鄭敬詒把長子送到澳門；當時鄭裕彤年紀尚小，在父親的安排下，離鄉踏上外出謀生之路。

這位 13 歲的小子在戰火下離開家鄉，在澳門長大成人，戰後在香港大展拳腳，成為香港商界傳奇人物之一。這一章，我們由傳奇的原點起步，由鄭裕彤的出生地順德倫教講起，探索倫教這地方、鄭族的傳統、鄭家在鄉下倫教的生活，以追溯鄭裕彤的成長背景及離鄉的因由。花筆墨來探究鄭裕彤鄉下倫教的狀況是必要的，藉此可幫助我們理解「地緣」及「血緣」關係對鄭裕彤的人生經歷所帶來的影響。

地緣既指鄭裕彤出生的倫教、鄉下的社會和經濟環境，也指倫教當地跟廣州、珠三角地區包括澳門和香港在歷史上緊密的聯繫。由於地緣條件，鄭家的先輩和子弟奔走鄉下倫教、廣州和澳門等地謀生，鄭裕彤也是在這樣的背景下成長的。血緣指宗族和家族的血脈聯繫；這種聯繫既是抽象的觀念，例如對宗族譜系和文化的認同，同時也是實質的存在——親族之間密切的往來、共住的祖屋生活、由血緣紐帶所形成的人際網絡等，都是鄭裕彤成長的一部分。在以下的故事，我們將看到這兩個面向對鄭裕彤人生經歷的影響。

倫教與鄭族

中國有句諺語「一方水土養一方人」，意思是一處地方的人總可以靠山食山，靠水食水，以當地自然資源養活自己；諺語的另一個意思是指由於環境和生活的不同，會塑造出不同的人格特徵。我們不完全同意這個說法。鄭裕彤於 1925 年在順德倫教出生，當時正值民國時期，他雖然生於倫教這種鄉鎮地方，但最終沒有圍於一方，反而

跑到澳門和香港來開展他的人生。不過，童年時的生活環境，鄉間
孕育出來的文化內涵，始終在他的人生裡留下烙印。故此，要了解
鄭裕彤的經歷，要先從他的家鄉環境說起。

今天的倫教是中國廣東省佛山市轄下的市轄區，前身屬於順德市轄
下的一個區。在不同的歷史時期，倫教所屬的行政管轄區名稱屢有
變改，例如清代它屬於順德縣轄下其中一個「堡」（倫教堡），在民
國時期被編入第二區，又曾稱為鄉或鎮，同區還有羊額、北海、仕版、
黎村、熹涌、上直、霞石、大洲、雞洲、烏洲等鄉。

儘管名稱歷代屢有變更，但地理上倫教鄰近順德縣城，清代咸豐年
代編修的《順德縣志》指縣城與倫教相距只有 20 里，鄉民步程可達。3
順德於 1452 年設縣，以大良（古時稱太良）為縣城，該縣位處珠江
三角洲中部，南面靠中山縣，北面接廣州市，西北方毗鄰佛山市，
故當地民俗又稱三地作「南番順」、「三鄉」或「三邑」。順德全境
被西江、北江兩條主幹江流斜貫，境內水道共有 16 段，主要過境水
道有順德水道、順德支流。由於水網交織，境內交通運輸也以水路
為主。4 倫教在順德中部偏東，東臨順德水道，與「番禺欖核隔江相
望」，5 區內大大小小的河涌貫通各村落，形成一片水鄉的模樣。水
鄉鄉民都懂得利用河涌的便利，引水灌塘養魚、種植桑果林木、乘
舟出入，是日常生活的形態，這也是順德縣不少地區常見的人文地
理特徵。

在倫教，鄭氏是其中一個主要的姓氏。6 鄭姓族人什麼時候移居到順
德倫教？這段歷史已難以考據，但估計時間甚早。清咸豐《順德縣
志》指「倫教開村最早，烟戶亦最稠」，入清以後順德倫教已是人口
聚居較多的地區之一。較肯定的是，鄭姓在倫教的人口不少，而且
都追認彼此共同的先祖早已聚居於此，並以築建宗祠、祖祠、家祠
標記著族人聚居倫教的悠久歷史。

根據鄭裕彤的三弟鄭裕培所編撰的《鄭裕安堂》一書所載，鄭氏族
人在 1949 年以前在倫教建有多間分祠，估計有 20 間之多，各有獨
自的名稱，相信是以個別先祖為祭祀中心的子孫所興建，如平原祖、
邵齋祖、和玉祖、愛週祖、湛源祖、昊天祠等。其中建於大松坊附
近曬地旁的昊天祠，鄭裕彤的家族視之為家祠。7 以一個同姓的族群
而言，鄭家成員相信「南湖祠」才是鄭氏族人的宗祠，以祭祀最早
落戶倫教的鄭氏先祖鄭漢章。

在華南宗族文化較盛行的傳統鄉村，祠堂是宗族的活動中心，族中
事務、喜慶活動如祭祀先祖、提供義學等活動都會在宗祠進行。鄭
族「南湖祠」也扮演著相類的角色，依《鄭裕安堂》所記，鄭敬詒
（鄭裕彤父）曾經擔任過南湖祠值理，負責管理祖嘗、8 每年分豬肉、
記錄族中男丁增減等任務。南湖祠也是族中舉辦喜慶活動的所在，
鄭敬詒迎娶媳婦入門時，曾在祠堂設宴；長媳婦周翠英（鄭裕彤妻）
和三媳婦林淑芳（鄭裕培妻）仍記得，一天裡數度燃燒鞭炮，意思
是廣邀鄭氏族人一起慶祝。

倫教鎮私立南湖小學

照片攝於1947年5月，後排中間是南湖小學創校校長鄭學餘，其餘是學校老師。當時南湖小學仍未有新校舍，沿用南湖祠堂內舊書塾「南湖書室」的教室。鄭學餘是倫教鄭氏族人，曾在澳門和香港教書，戰時隨校到桂林培正培道中學（簡稱培聯）任教，戰後在廣州興華中學任教。1946年，應同族鄉人鄭公澤的邀請，並得到當時的倫教鎮鎮長鄭覺生的支持，回家鄉興辦現代式小學。惜鄭校長於是年暑假離世。（圖片由倫教小學提供）

南湖祠原址位於今天倫教解放路 52 號的倫教小學所在地，在民國時期或更遠的年代，它既是鄭族的活動中心，也是鄉村私塾教育的場所。此祠堂早年建有南湖書室（私塾），1946 年才改建成南湖小學；到了 1956 年當時的教育部門將小學重建，只有 6 個教室的舊校改建為有 12 個教室的新校。這些變遷證明南湖祠原址上的私塾及後來的小學，一直是倫教地區的教育中心。

孫杏維是原南湖小學的老師，1953 年他從中山來到倫教時，見到周圍長滿了桑樹，所謂「桑基魚塘」，這正是典型的順德鄉村景色。9 從正門進入南湖小學，中間便是祠堂，側旁有一間俗稱「孖祠」的房屋，是附屬於南湖祠的小祠堂，背後還有一間名「八世祠」的小祠堂，供奉著祖先的靈位；祠堂的房屋已打通用來做教室。當時南湖小學約有 400 個學生，主要是鄭氏及其他姓氏的子弟，附近村落包括北海、荔村、霞石、熹涌的學生走路來就讀五年級和六年級。

祖屋與家族

從宗族的共同活動說到南湖祠的教育功能，這些一鱗半爪的例子矇矓透射出傳統華南社會特殊的社會文化氛圍——當地鄉民習慣以宗族姓氏建立彼此的身份認同，並在密切連繫的環境下共同成長和生活。宗族血緣關係隨著世代的繁衍，往往以分支、分派、分房來辨別血緣親疏，但同時，鄉民卻喜歡以「同一個伯爺（祖宗）」、「祠堂關係」、「宗族兄弟」等說法來確認彼此的共同身份和聯繫。相對於宗族關係，

分支和房的血緣關係更顯得實在，透過具體的鄉村生活，例如聚居形態、人際的交往和日常生活等各方面，來呈現家族關係的存在。

《鄭裕安堂》可說是鄭家的家譜，主要記載了鄭裕彤一房人的歷史，書中序言有一段文字，頗能反映鄭家成員對宗族文化的認同：

> 「……順德倫教鄭氏源出於鄭州滎陽……及後輾轉南移，經南雄而達福建莆田……復西遷廣東分散各地。余祖入遷順德倫教，建有漢章鄭大夫祠，定居順德。……回溯以往，祖上曾編具族譜，詳記世代子孫之繁衍，蔚然成冊，一目了然……存在敬封三伯父處，奈何時勢轉易，無復可尋……。」10

家譜雖然是近作，但序文追溯鄭氏久遠的源流，認同最早遷入倫教的祖先為共同的先祖；序文也提及家族成員鄭敬封早有編撰和保存族譜的慣例，說明重視家族血緣的觀念一直存在於家族成員的意識裡，甚至也呈現在祖屋的居住形態和日常生活中。

鄭族宗祠「南湖祠」與鄭家祖屋所在的「大松坊」之間，步行約需20分鐘。昔日的大松坊只有房屋數間，鄭裕彤一家的祖屋便位處其中，緊靠鄭家祖屋居住的是源自同一個先祖的鄭氏族人，所謂「同一個太公」。這分支的祖屋由並排的兩間青磚瓦頂的房屋組成，屋的山牆呈馬蹄形，鄭家後人又稱祖屋為「鑊耳屋」。祖屋兩側還有兩座尖瓦頂磚屋，是後來擴展的部分，兩間「鑊耳屋」面南前方有一口

魚塘。兩間祖屋佈局相同，從前門進入各有一個天井，幾房人共用一個水井，屋內是一個正方形的廳，廳兩側各有一房間。兩間屋內住了幾房鄭氏兄弟，祖屋之間有內部通道，方便幾房人的日常走動，從血緣以至居住環境，大家之間有著緊密的親族關係。

住在大松坊祖屋的這幾房鄭氏族人，可追溯至同一位先祖。根據《鄭裕安堂》一書，大松坊這分支的先祖可追溯至被尊稱為叢慶老爺的永彰公，至第二十世有四兄弟：世彥、世釗、世亮、世齊；長子世彥早歿，三子世亮沒有子嗣，因此，大松坊的祖屋便住了次子世釗和四子世齊的子孫後代。世釗生有四個兒子，依次序是敬立、敬命、敬封及敬諭；長子敬立早歿，敬命、敬封及敬諭均有後代子孫；世齊只有一個兒子敬諭，敬諭生有五子，即鄭裕彤及他的四個弟弟（詳見表1）。雖然以世代而論，世齊比敬命、敬封、敬諭等長一輩，但世齊與這幾位姪兒是年紀相若的；相應地，雖然敬諭和敬命同屬第二十一世，是堂兄弟關係，但自世齊身故後，敬命照顧敬諭猶如父子。據健在的子孫所憶述，曾經在祖屋居住過的，有第二十一世至第二十三世共三代人，至於第二十世那四位兄弟是否曾在祖屋住過，則不得而知了。

○ 右頁世系圖資料來源：據《鄭裕安堂：締造與繁衍》的記述，祖先曾編具族譜，有世代子孫的記錄，可惜經已散失。此圖家族樹將《鄭裕安堂》書內的家族樹加以延展，將第二十三世孫的資料納入樹中。

○ 作者未能集齊各房分支的女兒名字，故決定省略。

表 1：大松坊鄭氏家族世系圖

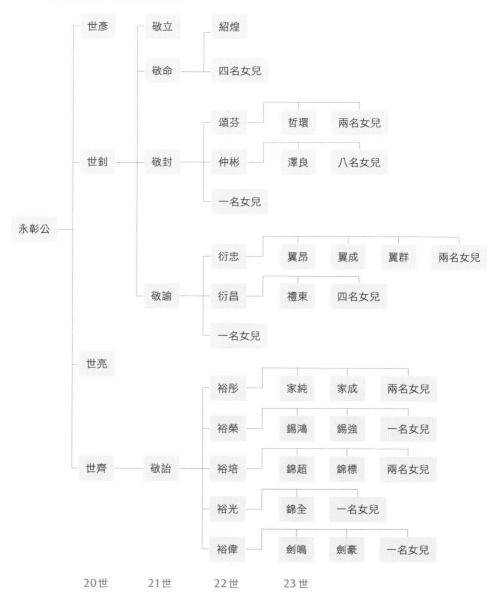

| 20 世 | 21 世 | 22 世 | 23 世 |

對祖屋的憶述，健在的鄭家後人以第二十一世為起點，講及三代人的
生活雜事。大松坊住了敬命、敬封、敬諭和敬詒四房後人，這四房
人之中，只有敬封、敬諭和敬詒是住在祖屋內。鄭家後人即使到了
今天也鮮有以「分支」或「房」的用語來描述各戶的組成。相反，
大家的概念是，永彰公四個兒子的子裔都共住一處，各人以叔伯兄
弟等用語互相稱呼，可見這幾房鄭姓族人是以大松坊祖屋和同一
太公（永彰公）為認同基礎，形成一個親族群體。對這個親族群體
而言，許多事情如拜太公、祖墳掃墓、共用水井等，都在「同一家族」
這觀念下視為眾人之事。

但從生活方式來看，同一家族之中仍保持著各自的家庭生活。第
二十一世有四個堂兄弟，世齊只有敬詒一個兒子，住在圖中左邊的
祖屋；世釗有三個兒子，右邊祖屋內住著敬封和敬諭的子孫，敬命
和他的妻子和女兒住在再右邊的別姓房屋。從吃飯的安排來看，這
兩間祖屋裡早已分開廚灶，敬詒的媳婦周翠英和林淑芳，只為自己
的翁姑和小叔（丈夫的弟弟）做飯，雖然敬封和敬諭住在同一間祖
屋內，但他們的媳婦也是各自為翁姑、小叔和孩子做飯。大松坊這
三間房屋其實住了四個家庭，以房屋的排列看，由左至右是鄭敬詒
一家、敬封一家、敬諭一家和敬命一家。

順德倫教大松坊鄭家祖屋

後排一列有四間房屋，是鄭家幾房人昔日一起生活的地方。最左邊兩層高的尖
頂屋，是周至元買下作為周翠英的妝奩；中間兩對「鑊耳」是鄭家祖屋的屋頂
裝飾，左邊一對鑊耳下是鄭敬詒一家居住的房屋，右邊一對鑊耳下是敬封和敬
諭兩家共住的房屋；右邊的尖頂屋本是別姓的，敬命一家曾居於此處。前排池
塘邊一列房屋是因為人口增多，各房擴建的部份。前後兩排房屋之間保留通道，
方便各房之間往來走動。照片攝於 1976 年。（圖片由鄭錦標提供）

長媳婦周翠英、二媳婦、三媳婦及四媳婦都曾在大松坊生活過，盡兒媳的孝義。左起：
五弟、五媳婦、四媳婦、三弟、三媳婦林淑芳、二媳婦、周翠英、鄭裕彤。

林淑芳

媳婦眼中的祖屋生活

林淑芳，是鄭裕彤三弟鄭裕培的太太，鄭裕培
被尊稱為三叔，林淑芳就是三嬸。三嬸祖籍順
德霞石，她在霞石出生，襁褓時隨父親到香港
生活，在香港、澳門、廣州讀過書。三嬸在
廣州荔灣讀書時，三叔正奉父親鄭敬詒之命，
在廣州打理三益紗綢莊。兩人於1950年結婚。
三嬸以城市人的角度，憶述在大松坊祖屋的生
活。

我從未在鄉下生活過。我爸爸15歲出城市打工，他一向是在香港做事的。我在鄉下出世，但我細細個已經去香港了；我爸爸是做花紗布疋的，當時家中的經濟環境尚算不錯。後來日本仔打香港，我們就去了澳門，我在澳門繼續讀書。和平之後，爸爸帶著我們全家人去了廣州，我在廣州荔灣繼續讀書。當時三叔（丈夫鄭裕培）亦在廣州做事，因為我舅母有幾個好朋友也是倫教人，所以認識到三叔。舅母話有個男仔好好，不如見吓啦。其實我還在求學階段，未畢業。

我在廣州生活，是城市人，衣著比較時髦；那時的三叔穿一套唐裝衫褲，來我們家拜訪；三叔是讀卜卜齋（私塾）的，我一向在香港、廣州這些城市長大，我不是在鄉下長大的姑娘嘛，怎會喜歡這個老實人。大家相處約半年左右，我奶奶（家姑）從倫教來到廣州，她聽中間人讚我是好女孩，所以想見見面，於是我們相約在廣州酒家喝茶。雙方父母見過後，大家都贊成這門親事。奶奶說：

「結婚後，你要在鄉下住，不可以隨老公在廣州的。」我心想：「慘啦，在鄉下住？我從未住過鄉下的啊！」不知怎樣的，我居然答應了。

婚禮是在倫教祠堂舉行（1950年），乘大紅花轎，戴鳳冠霞帔，前面掛著裝飾遮掩新娘面容那種，有人吹嗩吶，你看電影都見過的，就是那種情景；還有三書六禮，我奶奶是古老人，所以我們都依足她指定的規矩，嫁妝方面她卻沒有規定，由我們隨心意而行，最重要的一環是初歸媳婦要隨老爺奶奶（家翁家姑）在鄉下一起生活。

入門後我開始在祖屋居住。房屋已經很舊了，下雨時屋頂滲水，食水是用井水的，沒有自來水；真箇是「無水無電」，那時鄉間沒有電力供應，當然沒有雪櫃，家裡有一個紗櫃，櫃門裝了一層紗網，用來放置「隔夜餸」（吃剩的飯菜）的，第二天，即使飯菜變壞了，「酸酸宿宿」的（味道變了），我們都一樣吃，

是非常節儉的生活。

為人媳婦，半夜已經要起床抹地，做家務。最辛苦是抹地，以前的人把口水痰隨意吐在地上，然後用鞋底抹開，負責洗地的要用鐵剷用力將乾硬了的痰漬剷起，即使懷了孕仍然要挺著大肚子蹲在地上抹地；還要負責洗濯幾個小叔的衣服，鄉下人喜歡用夾布做衣服，厚厚的、又重又硬，洗擦起來很是費力。

祖屋沒有廁所，大小便用「痰罐」（小便桶）解決，每個房間都有一個痰罐。祖屋旁有一條涌（小河），媳婦要把痰罐拿到涌邊清洗，再放回屋裡。洗衣服、洗痰罐，全都到涌邊做。食水是用水井的水，用一條竹，在竹上裝一個「鼻」（扣和繩）扣著一個水桶，你要斜斜地把竹插進井裡，再把竹拉上來。

鄉下生活很簡樸，一日兩餐，只吃午餐和晚餐。順德周圍都有河涌，所以經常吃魚，例如釀鯪魚，將魚肉魚骨起

出來，魚肉做成魚膠，再釀回入魚身，煎香後加一個茨汁；又做蠔豉鬆，將蠔豉、馬蹄、荷蘭豆、臘肉切粒，炒成一味菜；新年時煮髮菜炆蠔豉加少少燒肉；煎魚頭、蒸魚嘴、粉皮炆魚頭煲，還有很多很多。我記得大少（鄭裕彤）最喜歡吃「老少平安」（豆腐和魚肉蒸成的一味菜）。

我奶奶負責買菜，我們做媳婦的負責燒菜；奶奶擅長烹飪，懂得做各式各樣的食物，例如新年時炸煎堆、蒸蘿蔔糕，我還學會用石磨舂米做麵粉。奶奶為人很嚴格，若你沒依足她的方法烹調，她會很嚴厲地責備你；幸好我對烹飪很有興趣，亦順從她的說話，所以我是奶奶的好徒弟。

鄉下祖屋有鬼，很恐怖的。我睡的床掛了蚊帳，隔著蚊帳見到外邊有人影，只見到上半身，看不見下半身的。有一次我問老爺：「這屋裡好像有不清潔的東西。」他說：「你傻啦，沒這回事！」

他當然會這樣說。我在鄉下生了三個孩子，每次坐月都見到這個人影。驚也沒辦法，你可以躲到哪裡去？我是嚇大的，現在什麼都不害怕了。

鄉下人沒有電視娛樂，喜歡圍坐一起閒話家常，奶奶跟隔壁衍忠、頌芬、仲彬的老婆（妻子）很熟絡，平日這班嬸母湊在一起最愛批評媳婦，我是新人，自然是焦點，可是我們做媳婦的聽到不公的批評只能啞忍。

家裡還有亞太，亞太是奶奶的奶奶，即是我丈夫的祖母。亞太下巴兜兜的，很有福相，當時已經老得下排的牙齒全都沒有了，不過她的人品非常好，從來沒有罵過人。聽亞太說，老爺（敬詒）年幼時，她老公（世齊）死了，把老爺託付給大伯敬命，她幫大伯家煮飯，又織紗綢賣布為生。

奶奶和老爺離開鄉下後，亞太年紀太大，走不動了，剩下我和三個孩子一起在鄉下照顧她，直到她百年歸老（1961 年）我才申請落香港。亞太死後 100 天，奶奶專程從香港返鄉下為她安靈位，叫做守「一百日」。其實奶奶可以在香港安靈位的，但她堅持為了紀念亞太而這樣做。

鄉村經濟與鄭家的生計

廣東蠶絲業自 19 世紀下半葉起已十分發達，其興衰起跌對廣東地方
的出口貿易和鄉鎮的地方經濟有重大影響。珠江三角洲是盛產蠶絲
之地，當中又以順德、南海、中山等地為主要產區。晚清的順德縣
以養蠶繅絲著名，境內擁有水網綿密的自然環境，農民利用土地種
植桑樹和果樹，並養殖魚類，形成獨特的「桑基魚塘」經濟生態。
魚塘裡的塘泥是培植桑樹的上佳肥料，桑葉用來養蠶，從蠶繭抽出
的生絲可織成綢緞，繅絲後的繭殼放入魚塘中使塘泥更肥沃，令循
環系統生生不息。

工人從蠶繭抽取蠶絲再製成一捆捆的生絲，這步驟稱為「繅絲」，繅
絲生產的成品叫做「生絲」；11 在傳統的農村，以手作方式繅絲，後
來改用木機，到了晚清更引入電動機器產絲；手作的生絲稱為「土
絲」，機繅的生絲稱為「廠絲」，品質較土絲幼細軟滑。優質的生絲
大多被挑選作外銷貨，在美國及歐洲市場出售；部分蠶絲由於色澤
和品質不符合外銷市場，故多作內銷用途，也有銷往上海地區、香
港、澳門、東南亞等省外市場。順德縣出產的紗綢非常著名，種類繁
多，香雲紗、點梅紗、紡綢、縐紗、繭綢、水結布等都是廣東土絲的
特產，出產地以倫教、羊額、北海、黃連、勒流及逢簡等地為主。12

踏入民國以後，蠶絲業仍然是順德縣的主要經濟來源，第一次世界
大戰爆發後（1914 年），歐洲國家對中國的生絲和綢緞需求殷切，促

使廣東蠶絲業有更大發展。1920年代是廣東蠶絲業的高峰時期，全縣桑地面積多達66餘萬畝。[13] 此時的紗綢業也同步發展，紗綢是輕工業，當中所需的工序十分仔細。一疋紗綢從原料採集到製成布疋，由種桑養蠶、繅絲、織絲、織造、漂染及曬莨等，各步驟分別構成不同的手工作業。

在紗綢業的全盛時期，順德縣的農村經濟與蠶絲業密不可分：農戶修築基塘，養魚種桑；桑葉賣給養蠶戶；繅絲作坊和繅絲廠出產生絲，經絲市內銷或經廣州的出口公司出口至海外；規模大小不一的織造廠將生絲織成紗綢胚布；胚布經以薯莨做的染料染色，鄉間曠地被改裝成曬場，染上薯莨的胚布鋪在曬場上經陽光照射後，變成受歡迎的香雲紗或黑膠綢。小規模的作業以家庭作坊操作，稍大規模者添置機器和僱用工人以提升產量，至於更大規模的，以電動機器和工廠形式經營。

順德縣是廣東省蠶絲業最重要的產區，興旺時期出現地區性分工。1911年一項順德縣繅絲廠記錄顯示，142家工廠中有100家可稽核資料，分佈最多在樂從、大良、龍江、勒流、容奇等地；出口的優質生絲，以龍江竹絲、黃連絲、杏壇絲、葛岸絲、桂洲絲、容奇絲最著名；倫教只有2間繅絲廠，顯然並非出產生絲的主要地區。1920年代全盛期，廣東省絲織廠曾達299間，主要集中在順德縣，以大良、龍江、容奇、桂洲等地最集中；雖然倫教沒有多少具規模的絲織廠，但全鎮有380家家庭作坊織造紗綢。至於屬紗綢業下游的曬莨工場，全縣

多達 500 多家，較集中在陳村，其餘分佈在縣內各鄉；品質上佳的香雲紗和黑膠綢以倫教、黃連、勒流等鄉鎮為主要產地。紗綢業的興旺，衍生了紗綢莊、曬莨工場、桑市、蠶市、絲市等從事採購、加工及運銷買賣等相關作業。桑市、蠶市和絲市多集中於容奇和桂洲兩地，市況興旺時，當地每日有絲艇前往廣州。14 廣東蠶絲業自 1930 年代起逐步衰落，這將在後面闡述。

對於倫教鄉民而言，上述的農村經濟景貌仍然深深烙印在他們的記憶裡。1920 年代國民政府於倫教興建養蠶實驗場，倫教居民稱為「蠶蛹場」，與倫教小學相距很近，約十分鐘步程；倫教小學的孫杏維老師記得 1950 年初到倫教時發覺周圍種滿桑樹，魚塘處處；倫教的老居民仍記得倫教的蠶市、絲市位於今日中源路一帶，這裡是倫教舊墟市所在；三益紗綢店所在的迎金街，是中源路其中一處；環迴的中源路有市集和各式商店，昔日中間是一條環迴的河涌，涌旁兩邊售賣食物和日常用品；大型曬莨工場較集中在倫教大涌旁，即解放後稱為新民大隊的地方；無數的家庭式紗綢織造作坊散佈於民居巷里之中，絕大多數倫教婦女都懂織造技術；倫教聞名遐邇的香雲紗是當地人引以自豪的產品。15

鄭裕彤的父親鄭敬詒於清朝光緒二十五年（1899 年）出生，在大松坊的祖屋與叔伯和堂兄弟一起居住。鄭敬詒的父親鄭世齊（即鄭裕彤祖父）是一名銀器工匠，在佛山鎮打工賺錢養家，惟於鄭敬詒出生後不久因病離世，家庭頓失經濟支柱，甚至殮葬費也需要妻子吳

鄭裕彤家族四代同堂

四代人攝於大松坊祖屋巷里,是時 1956 年。中排左起:鄭裕彤母親、祖母、父親(鄭敬詒),母親膝前是四弟裕光的兒子,父親膝前是三弟裕培的兒子。後排左起:妻子周翠英、四弟婦、三弟婦、三弟裕培。前排左起四個小孩是鄭裕彤四個兒女,最右的小孩是裕培的女兒。

蘭女（即鄭敬詒母親、鄭裕彤祖母）借錢籌措。為養活襁褓中的孩兒，吳蘭女只好到丈夫的堂侄鄭敬命的家中做傭工，工餘時替人家織紗綢胚布幫補生計。約於1908年，年幼的鄭敬詒隨堂兄鄭敬命到廣州，由鄭敬命帶著讀書和工作，至1920年代中回鄉娶妻。這段從鄉下到佛山和廣州謀生的家庭歷史，不單反映鄭敬詒一家的經歷，也反映廣州、佛山是吸納鄉鎮（包括倫教鎮）剩餘勞動力的重要經濟中心，在19世紀下半葉鄭世齊的時代如是，在民國鄭敬詒的時代亦如是。

事實上，在大松坊的鄭氏各房都有外出謀生的經驗。鄭家家譜和口述歷史記錄了部分子弟的流動足跡，除了鄭世齊外，鄭世釗幾個兒子和孫兒都曾去過廣州和澳門。二子鄭敬命在廣州經商，據家譜記錄曾受聘為廣州市自來水廠董事，生意失敗後回鄉；四子鄭敬諭及衍忠兩父子亦曾在廣州經營染坊，中日戰爭爆發後海珠橋被毀，敬諭受驚下染了重病，回鄉不久即病逝，敬諭子衍忠唯有放棄廣州的染坊，留在大松坊開設小型紗綢織造廠；16 三子鄭敬封是文人，日常喜歡舞文弄墨，曾被委任鄉公所的職位，惟沒有固定收入，他的兒子頌芬自小以粗活勉強維持生計，年紀稍長時被安排到廣州的金舖做後生。17 由此可見，鄭家幾房人的先輩，沒有家傳祖業讓後代繼承，子孫們各自尋求出路，倫教鄉下亦沒有充裕的謀生機會，於是大松坊的鄭家男兒會選擇到佛山或廣州去。

約於1924年，鄭敬詒從廣州回鄉結婚，時年約25歲，18 娶順德羊額鄉何巧平（又名何義）為妻，婚後育有長子裕彤、次子裕榮、三

子裕培、四子裕光、五子裕偉，另有六子未滿週歲卻不幸夭折。鄭
敬詒年幼隨堂兄敬命到廣州謀生，但關於他在廣州的際遇和工作，
後人所知不多。一些傳聞填補了這段空白。一個傳聞指鄭敬詒在廣
州認識了周至元，因為兩人在同一家絲綢店打工而結下情誼，兩人
也是同期結婚生子，因而有「指腹為婚」的佳話；另一傳聞指鄭敬
詒在紗綢莊工作，周至元則在金舖打工，因兩店相近而結識，兩人
甚為投契，更一起買「白鴿票」，結果鴻福齊天，彩票中獎，兩人以
彩金開拓各自的事業；周至元隨後在廣州創辦周大福金舖，鄭敬詒
則回鄉結婚。19

指腹為婚及鄭周兩人結誼之說，鄭裕彤一家以至大松坊各房均接受
傳聞，使之成為家族記憶的一部分。至於中彩票致富之說則沒有實
質依據，周家後人對周至元創辦周大福的資金來源，另有說法。而
鄭家家譜亦記述鄭敬詒是失業後從廣州返鄉，為「鄉中閒人」。家譜
記載鄭敬詒曾經是個小商人，經營過豬肉店、米舖、茶樓、娛樂公司、
押店、紗綢店等多門生意。家譜更指鄭敬詒「不斷開展業務，倫教
鄉親，無有不識知者。」20 較明確的記錄顯示鄭敬詒於戰前已在經營
紗綢莊。據 1946 年倫教鎮商會的會員名錄所載，鄭敬詒是倫教紗綢
曬莨業同業公會的監事長，也是倫教鎮商會理事之一，年屆 47 歲，
經營一家「三益」舖號買賣紗綢，店舖位於倫教迎金街一號。21 這家
店，據家譜所載，原名「三才紗綢店」，由鄭敬詒與鄉人周吉堂合營。
其後（估計是中日戰爭後 1945 至 1946 年間）由於盧家明、曾國雄、
梁景禧等鄉人加入成為股東，故易名為「三益紗綢莊」。22

關於鄭敬詒於中日戰爭前後經營紗綢店一事，還有一些鄉人回憶可
作補充。何伯陶是順德羊額人，1929 年出生，祖父經營織布廠，祖
母的家族經營疋頭店。羊額鄉民有桑戶、蠶戶從事種桑養蠶的工作，
也有家庭作坊從事繅絲，把購入的蠶繭織成一捆捆生絲出售；何家
在祖屋旁邊搭建工作坊，裝置多部木造織機，從墟市買入生絲織布；23
日本侵華前，何伯陶的叔父接手經營祖傳的絲織作坊，母親和受僱
的女工操作織機生產紗綢胚布；胚布交給鄰近的曬莨場，由曬場的
工人煮薯莨、染布和曬成黑膠綢。由於倫教鎮商業較羊額發達，設
有蠶市和絲市，也有如三益紗綢莊的商店專門買賣布匹，故何家會
把染曬後的紗綢送到倫教墟市發售。據何伯陶憶述，何家織好的紗
綢布也有交付三益店寄售。三益紗綢莊收買來自鄰近村落的紗綢布
匹，轉賣給從各鄉前來蒐購的買手。店舖地方雖小，但收集了不同
款式的布匹貨品出售。24 而且，三益店內設煙格，吸引老闆們聚集
一起吸食鴉片；三益店不單是一家紗綢店，還是商販、同鄉和親友
聚腳聯誼的場所。

另一則補充來自鄭志令的憶述。鄭志令是倫教鄭族人，1933 年出生，
與鄭裕彤家族是「祠堂關係」，同屬南湖祠堂。鄭志令年幼時在鄉下
長大，與鄭裕偉（鄭裕彤的五弟）一同上私塾讀書。和平後鄭志令
到廣州升讀中學，1949 年來香港投身金飾業。鄭志令的父祖輩在倫
教鎮經營雜貨店，家族在鄉下既修築魚塘養魚，也有織造紗綢、曬
莨的工場。鄭志令憶述，鄭敬詒在廣州亦設有三益紗綢店，鄭志令
家織好的綢布會賣給位於廣州第十甫的三益店。鄭志令在廣州讀書

時，會間中到三益代表家族領取賣布的貨款。25 鄭家家譜也提及中日戰爭後，鄭敬詒曾攜同鄭裕培（鄭裕彤的三弟）到廣州做生意，相信是辦理廣州三益店的業務；另據鄭裕培妻子憶述，鄭裕培從廣州返回倫教後，幫忙父親打理曬莨工場；工場是隸屬於三益紗綢莊的，曾聘請近百工人，從事漂染、曬莨和綢布的工作，曬好的綢布在三益店出售。26

綜合上述來自地方志、家譜和口述記憶的資料，我們可以拼湊出鄭敬詒所處時代的鄉村經濟的模樣，以及他本人在 1930 至 1940 年代的經歷。順德縣的農村經濟活動與紗綢生產各個工序緊密相連；倫教及毗鄰各鄉都有種桑養蠶的農戶，不少鄉民都以編織紗綢、曬染、批發和買賣紗綢布匹為生。至於鄭敬詒的經歷，中日戰爭爆發前，他早已回鄉發展，而且應該薄有資產，就如家譜所言，他在鄉間做過一些小生意，然後開辦三益紗綢店，也曾經營過曬莨的工場。三益店是倫教鎮商業中心其中一個紗綢集散處，也是聯繫商誼的地方，和平後鄭家的三益店嘗試把業務拓展至廣州。1940 年代中後期的鄭敬詒，在倫教不單是個經營紗綢店及曬莨業的商人，更於 1946 及 1948 年兩度出任倫教商會的理事和監事，我們或許可以用「活躍於地方商會事務的紳商」來形容這個時期的鄭敬詒。

順德男孩的成長經歷

鄭哲環

鄭哲環（1938-2019）於順德倫教出生。鄭哲環的祖父是鄭敬封，父親是鄭頌芬，即大松坊分支其中一房，住在祖屋其中一個房間。鄭哲環在鄉下讀書、長大，10 歲被帶到澳門，12 歲到香港，1951 年加入周大福，一直工作至退休。鄭哲環從一個男孩子的角度，憶述大松坊的生活環境、鄭家男孩的教育及事業路向，讓我們藉此想像鄭裕彤這位鄭氏男孩的成長之路。

我亞爺（祖父）鄭敬封在鄉公所做主持公道之類的工作，倫教鄉民遇到糾紛會去鄉公所，請我亞爺去主持公道。可以這樣說，他沒有正式工作過，還有個陋習就是吸鴉片煙。我老豆（爸爸）年紀小小已經要做工，應該讀過兩三年卜卜齋（私塾），七、八歲已經要做賣粥、幫人洗碗之類的雜事。後來同村有個叔公，叫鄭公澤，我們是不同太公的，不過住得近，早晚經常碰面，大家關係很密切。他說廣州有間金舖是另一個叔公開的，叫我老豆去做後生，他於是跟了鄭公澤去廣州金舖打工，後來不知誰人介紹他去澳門天生金舖，天生的老闆周炎，跟我們姓鄭的也有一些親戚關係。

我家裡有亞爺（鄭敬封）、亞太（亞爺的母親）、媽媽和叔父仲彬一家。我 10 歲時去澳門跟爸爸生活之前，一直在倫教居住。

細時我們有一班男孩一起嬉戲的，鄭禮東和鄭翼群，他們年紀較小，沒有他們的份。我們這班玩伴年紀較大的，有鄭裕偉；有一個叫鄭本仁，他在周大福做過經理，不過我們不是同一個太公的；另外還有鄭翼昂、鄭翼成，他們都在周大福的石房做過的；鄭家純都有一起玩耍，他和鄭翼成經常扮演武俠，兩個成日「fight」㗎。27 （詳見前文表1）

每日下午，我們便召開「武林大會」，祖屋那邊有一個很大的曬地，是用來曬紗綢的，我們成班人有十個八個男孩子，吃過午飯後，便在曬地「舞刀弄劍」，我們用桑枝、竹枝當做刀刀劍劍，「打」得很痛快的啊。祖屋旁邊有一條涌，可以行船的順德人叫做「河」，水面不太寬、不能行船的叫「涌」。吃過飯後，一班男孩子湊在一起，「呼」的一聲人人都跳到涌裡游泳，游完爬上來，便到曬地「打架」，開武林大會。

那時候我們這班小孩的生活是很快樂的。

日本仔時期我們都有上學，祠堂裡有一

個老師名叫鄭壽朋，鄭壽朋是晚清秀才，據我所知，我爸爸、老闆（鄭裕彤）幾兄弟都是由鄭壽朋做啟蒙老師的。啟蒙學校在南湖祠上課，讀四書五經、孔孟之道、《論語》，小孩時當然讀過〈三字經〉、〈千字文〉，第一天上課唸「天地玄黃」、「混沌初開」這些。我們通常在啟蒙老師那裡讀書三年，然後隨各人的意向有不同選擇。

據我所知，老闆也去了鄭碧文老師的私塾上課。鄭碧文是一位非常有名望的老師，沒有功名，因為那時候已經沒有科舉了，但他在倫教非常有名望，我上課時鄭碧文的私塾是設在他自己家裡，老闆上課的時候在什麼地方，我就不得而知了。鄭碧文老師的家很大，在倫教另一邊的地方，離大松坊有點遠。

南湖祠比較就近大松坊，我讀書的時候曾經有超過 100 個學生，除了姓鄭的子弟，也有來自各鄉的子弟，各家各姓都有，100 個學生坐在祠堂的大廳裡，

場面都幾「墟冚」（氣氛熱鬧）。鄭壽朋一個人教不了那麼多學生，便請了一位叫何祝三的老師，還安排自己的子女幫忙做助教。老闆讀書時沒有那麼多人，就只有鄭壽朋一位老師。我們除了讀四書五經，還有學習算盤和寫信這些實用的東西。

和平後，我爸爸找人帶我出澳門。當時叫做「巡城馬」的，是專門幫人帶貨、帶錢，來回鄉間和外邊有鄉親生活的地方，又叫做「水客」。帶我由倫教到澳門的水客叫鄭彪，他是同姓兄弟，我叫他叔公，我們屬於不同的祠堂，他是屬於大太公、大祠堂的。

當時已經有公路車，鄭彪先帶我去位於沙頭的順德糖廠，因為糖廠那邊有個大碼頭，我們要坐船過海往容奇那邊。倫教和容奇之間有一條很闊的河，我們叫做「海」，這邊岸望不到對面岸的叫「海」，小孩子覺得海是很厲害的。到達容奇後，我們在客棧住了一晚，第二

天才搭電船從容奇到中山石岐，是卜卜聲那種電船。聽鄭彪講，未有電船之前，他是走路到中山的，那時（1938年）老闆是走路還是坐船到中山，我就不知道了。到了石岐，上岸後要走路到一個車站，叫岐關車站。我們在車站搭公路車，車後面有一個大熱箱那種，燒柴的，卜卜聲，走一段路要停一停，加柴加水，才可以繼續走。

當時我10歲左右，第一次出門，覺得路上的事物非常新奇。公路車到達前山，前面就是拱北了，我們在前山下車，走路過拱北關，拱北代表中葡交界，這邊是中，那邊是葡，所謂關卡只是一個閘門，大人要拿證件，小孩跟著大人便可。我跟著鄭彪過關毋需證件。

在澳門，我跟爸爸晚上在天生金舖住宿，日間去卜卜齋（私塾）讀書，讀了兩年，他希望我將來可以去香港或者入金舖做事。那時二叔（鄭裕彤的二弟鄭裕榮）在澳門周大福做櫃面，他在鄉下的兒子錫鴻出生，我隨二叔回鄉吃滿月酒，大約1949至1950年，吃過滿月酒本來打算返澳門，但到拱北時發現沒有證件，過不了關。

我在鄉下呆了半年，老闆申請我落香港，安排我在祐昌金舖做後生，一年後我加入周大福由後生做起。

離開家鄉和鄉情連繫

廣東絲業曾是地方經濟的重要支柱，但 1929 年世界經濟陷入蕭條，市場對中國絲的需求大減，加上中國絲出口面對人造絲和日本絲的競爭，自 1930 年代起廣東蠶絲業面臨前所未有的嚴峻挑戰。生絲出口大幅下跌，1921 及 1922 年，廣東省的生絲出口曾高達每年 5 萬多擔，但此後顛簸起落，1932 年跌至 2 萬 4 千多擔，[28] 中日戰爭爆發後情況更差，1939 年出口只剩 1 萬 7 千多擔。順德倫教是紗綢織造中心和集散地，[29] 但在絲業出口歷年萎縮的情況下，整個行業的生產鏈也受到牽連，直接受累的是桑戶、蠶戶和繅絲廠，以生絲做原材料的紗綢業也受影響，中日戰爭爆發前，廣東紗綢業的景況可謂如履薄冰。雪上加霜的是，1937 年中日兩國全面進行戰爭，翌年（1938 年）日軍於 10 月 21 日攻陷廣州，兵禍延至廣東，省內鄉鎮早晚也難倖免戰禍。順德縣及各鄉鎮的紗綢業此時仍未度過衰退期，中日戰爭卻迫在眉睫，市面瀰漫著一片恐慌之象，在鄉裡營役謀生的鄉人想必心裡也惶恐不安。

此時的鄭敬詒雖然在鄉下倫教經營紗綢生意，但在經濟不景氣及戰火陰霾交煎的局面下，鄭敬詒對前景應該也憂心忡忡。據鄭家家譜所載，廣州淪陷於日軍之手後不久，鄭敬詒收到好友周至元來函，信中提議鄭敬詒讓其中一個兒子到周至元在澳門的金舖工作。或許是希望兒子在其他行業找到新的機會，或出於對紗綢業的前景不樂觀，還是擔憂硝煙陰霾延至倫教，鄭敬詒立即接受周至元的建議。

1930年代順德附近水道

圍繞倫教的水道有順德水道、倫教大涌和羊大河。據倫教老居民憶述,倫教人會把寬闊的水道稱為「海」,倫教人要到對岸的北滘,必須乘大船橫渡順德水道。「河」比「海」狹小,但亦要以小艇渡河;涌是比河更狹小的水流。昔日倫教的巷里之間便穿梭著大大小小的涌流,有些較寬闊的涌以木橋相連兩岸。昔日在倫教大涌邊,有不少製作黑膠綢的曬莨工場。(圖片由高添強提供)

長子鄭裕彤於是順著父親的安排，由鄉人鄭彪帶領，徒步走到中山石岐，當年，由倫教到中山一段路要走兩天，再改乘自行車到澳門。30

當時的鄭裕彤只有 13 歲，僅僅接受了私塾的啟蒙教育便要離鄉謀生。離鄉在即，踏出家門回望祖屋時，鄭裕彤是懷著怎樣的心情呢？

我們可以想像：鄭家兩座「鑊耳」祖屋和兩邊擴建的磚屋連成一體，靜靜地躺在魚塘邊，空氣中透著鄉土和濕潤的氣味；年幼的鄭裕彤走過家鄉熟悉的泥路，別過沿路兩旁由魚塘桑樹構成的家鄉風景，邁向無法預知的未來。但鄭家的根源仍在倫教。鄭裕彤的父母兄弟繼續留在鄉下，日後他成家立室，要回鄉成親，妻子周翠英也要從澳門到倫教與翁姑在大松坊祖屋一起生活。倫教祖屋就是有形的家，也是家的根源。但年幼的鄭裕彤應預想不到，澳門之旅為他開拓了新的機遇，往後的時局也讓他走得更遠，家鄉的景象漸漸模糊了。

鄭族男兒到外地謀求經濟出路，供養留在鄉中的家庭，是順德甚至廣東鄉鎮常見的家庭經濟安排方式。這種外闖文化同地緣和血緣因素有密切的關係。由於地理相近，加上水路可通，昔日的「三鄉」或「南番順」，即南海、番禺和順德三縣的連繫緊密，這三縣覆蓋的地方就是今天的佛山地區和廣州市，城鄉人口流動是常見的地區發展情況，因此倫教子弟去繁盛的廣州和佛山，是可理解的；南番順也是珠江三角洲的心臟地帶，循水路的話可通往中山、澳門。

鄭家子弟離鄉外闖，主要憑這幅地圖尋找機會。鄭敬詒的父親，鄭氏宗族第二十世的世齊曾到佛山做銀器；第二十一世的敬命、敬諭和敬詒都到過廣州；第二十二世的頌芬、衍忠、衍昌、裕彤、裕榮、裕培分別到過廣州和澳門。外闖亦憑家族血緣的連繫，通過家族長輩、宗族兄弟的提攜、鄉里的介紹，才能找到可以落腳的地方。

縱使出外工作是鄭家子弟的常態，但受宗族觀念、家族血緣的羈絆，這些在外工作的男兒，仍然視倫教大松坊的祖屋為真正的家，娶妻後都把妻子留在祖屋，即使夫妻分隔兩地，仍無減鄭族男兒對家、家族和家鄉的濃情，每年在家中有重要喜慶如長輩生日、兄弟娶親、孩子滿月，定必回家省親。在這種文化傳統下，離開家鄉只是經濟上的權宜之計，族人對家的意識仍然緊緊地連繫著遠方的家鄉。在日本侵華時期，頌芬、衍昌、裕彤和裕榮正在澳門的金舖打工；1945 年和平後，頌芬仍留在澳門，衍昌、裕彤和裕榮陸續到香港發展事業，年紀較輕的第二十二和二十三世子弟亦陸續從倫教移居香港謀生。即使鄭家的男兒在外工作，家鄉的祖屋內仍保有他們名義的房間，由他們的妻子和兒女居住。

鄭家真正離開家鄉是 1949 年後。中國政權易手，全國各地實行社會主義公有化，並且透過政治運動進行階級鬥爭，在政治運動下，鄭敬詒被劃為「公堂地主」，被指控「確實於 1946 至 1949 年曾經擔任曬莨公會監事長」，曾多次被「鬥爭」，吃過苦頭。1958 年鄭敬詒獲准離開家鄉，這時，他的五個兒子已經全部在香港周大福工作，

他和妻子一起被接到香港與兒子團聚，鄉間只留下年老的母親吳蘭女，交鄭裕培太太照料。1961 年，吳蘭女離世，鄭裕培太太和三個兒女才到香港與丈夫團聚。1961 至 1976 年間，鄭裕彤一家再沒有踏足過大松坊祖屋。

不過，儘管鄭家與家鄉的聯繫因政治局勢而中斷，但家族血緣的聯繫仍發揮作用。1950 年以後，鄭裕彤曾於北角置業安頓家人，往後陸續來港的父母、兄弟和族人家屬都曾住在同一屋簷下，除了和父母親、妻子和子女一起住，還有鄭裕彤媽媽的妹妹（三姨婆）、妻子周翠英的三妹周建姿、四弟裕光和他的妻兒、五弟裕偉等都曾在鄭裕彤位於北角的居所寄住。至於不少堂兄弟子侄來到香港以後，也會被安排到周大福金舖打工。家族和血緣的聯繫雖然沒有了祖屋做中心焦點，但仍然透過其他方式出現在鄭裕彤和他的家族成員的生活裡。

**鄭裕彤的
足跡**

鄭裕彤的身世訴說了一個家族掙扎上游的故事。鄭家的先
祖植根於順德倫教，幾房人共住在同一祖屋下；倫教這個
水鄉從晚清到民國都依靠桑基魚塘和紗綢業來養活鄉民。
不過鄭家先輩並非富裕之家，鄭裕彤的先輩及鄭家子弟
出於各種理由都要外出謀生，遊走於倫教、佛山、廣州、
澳門等地謀求出路。這個家族的命運最終發生了巨大的改
變，一者因戰亂和時局變遷，加速了鄭家子弟移居他處
謀生的步伐，同時也源於鄭裕彤到澳門打工並在香港開創
一番事業，使得家族成員陸續遷到香港定居。然而，無論
鄭裕彤、他的兄弟抑或祖屋其他子弟，一直顧念順德倫
教為家。

註釋

1　　參考夏衍：〈廣州在轟炸中〉（1995 年），頁 413-417，原文刊於 1938 年 6 月 8 日
　　　《新華日報》。夏衍（1900-1995），中國著名劇作家，抗戰時曾創辦《救亡日報》，
　　　1954 至 1965 年曾任中華人民共和國文化部副部長。

2　　中日戰爭，一般以 1937 年 7 月 7 日發生的「盧溝橋事變」（七七事變）算起，至日
　　　本天皇於 1945 年 8 月 15 日宣佈終戰投降為止，期間歷時八年，故又稱「八年抗日
　　　戰爭」。

3　　參考《順德縣志（1853 年）》（1993 年），頁 48。

4　　參考《順德縣志》（1996 年），頁 1。

5　　參考《順德縣志（1853 年）》（1993 年），頁 4。

6　　據《順德縣續志》顯示的戶籍資料，晚清時期倫教堡有 174 戶，當中 91 戶被編入鄭
　　　姓戶名之下，其餘 83 戶則編入梁姓。參考《順德縣續志（1929 年）》（1993 年），
　　　頁 1041。

7　　鄭裕培於 2005 年編撰《鄭裕安堂：締造與繁衍》一書，取材自父親鄭敬詒、母親
　　　及長輩鄉鄰的憶述，並加入他本人的所見所聞編寫而成，內容記載大松坊鄭氏的宗
　　　族圖表，鄭裕彤五兄弟的家族圖表，以及鄭敬詒的生平和一些時局狀況。

8　　祖嘗是家族為籌集祭祀祖宗所需費用而留出的公產；在昔日農村社會，公產的形式
　　　多是田產、店舖或房屋。

9　　參考王惠玲、莫健偉：〈孫杏維口述歷史訪問〉（2017 年 4 月 20 日）。

10　　參考鄭裕培編撰：《鄭裕安堂：締造與繁衍》（2005 年）。

11　　所謂「繰絲」，是將蠶繭放入熱水中，使之膨脹鬆軟後，將數粒繭的絲一起拉引出
　　　來連續纏繞於繰絲架的過程。生絲是絲線或織物生產用的原料，用於織造綢緞。

12　　參考《順德縣續志（1929 年）》（1993 年），頁 950。

13　　參考李振院：〈廣東絲業概況及其復興對策〉（1935 年），頁 1-2。

14　　參考《順德縣志》（1996 年），頁 386-389、394-395、404；李振院：〈廣東絲業
　　　概況及其復興對策〉（1935 年），頁 6-7；考活布士維：《南中國絲業調查報告書》
　　　（1925 年）；李泰初：《廣東絲業貿易概況》（民國 19 年），順德檔案館館藏，檔號
　　　136-FZ.3-28，頁 27-51。

15   參考王惠玲：〈倫教老居民訪談〉（2017 年 8 月 25 日）。

16   參考王惠玲、莫健偉：〈鄭玉鶯口述歷史訪談〉（2017 年 6 月 13 日）。

17   參考王惠玲、莫健偉：〈鄭哲環口述歷史訪談〉（2018 年 2 月 1 日）。

18   有關年份及鄭敬詒的年歲，是作者依《鄭裕安堂：締造與繁衍》一書所載資料推算而成。

19   參考王惠玲、莫健偉：〈何伯陶口述歷史訪談〉（2016 年 12 月 19 日）。

20   參考鄭裕培編撰：《鄭裕安堂：締造與繁衍》（2005 年）。

21   根據檔案資料所載，鄭敬詒當時年屆 45 歲；然而作者依《鄭裕安堂：締造與繁衍》一書所載，鄭於 1899 年出生，1946 年應是 47 歲。參考順德檔案局館藏，案卷級檔號 1-1-0231。

22   參考鄭裕培編撰：《鄭裕安堂：締造與繁衍》（2005 年）。

23   參考王惠玲、莫健偉：〈何伯陶口述歷史訪談〉（2016 年 12 月 19 日）。

24   參考同上。

25   參考王惠玲、莫健偉：〈鄭志令口述歷史訪談〉（2018 年 10 月 29 日）。

26   據鄭裕培太太（林淑芳）憶述。參考王惠玲：〈周翠英、林淑芳口述歷史訪談〉（2018 年 3 月 27 日）。

27   除了鄭本仁，這班一起嬉戲玩樂的男孩全是大松坊分支的成員，他們之間是堂兄弟、堂叔侄的關係。

28   1918 至 1939 各年生絲出口數目。參考李振院：〈廣東絲業概況及其復興對策〉（1935 年）；本室調查股：〈粵省淪陷區絲業概況〉（1941 年）。

29   戰後倫教是全縣絲織業最發達的地區，1946 年遍佈於倫教街坊巷里的織坊共有 261 家，織造業從業者約 4,000 餘人，每日生產香雲紗約 350 疋，是全縣之冠。參考鍾斐：〈廣東順德紗綢織造業調查報告〉（1946 年）。

30   參考周大福企業文化編制委員會編：〈周大福與我——鄭裕彤自述〉（2011 年），頁 248。

第二章

與金業結緣

初時，我在草堆街的大成金舖做後生，既要抹地，也要倒痰盂。

其實，做什麼也沒有所謂，來到澳門，

他們叫我做什麼，我便做什麼。

我工作十分拚搏，一天工作十多小時。

我在大成做了兩三年後，調去了周大福。

由於周大福沒有廚房，飯餸是在大成金舖弄的，

每天要兩人用一支「竹升」（即竹竿），把飯餸由大成擔去大福。

我每天由大成擔飯餸去周大福，

由草堆街走到新馬路的周大福金舖，約需十分鐘。

後來，年紀漸長，便可以坐櫃尾，幫手做生意。

——— 節錄自〈周大福與我 ——— 鄭裕彤自述〉，2009 年。

1938 年，只有 13 歲的鄭裕彤來到澳門大成金舖當後生，據他自述，
工作兩三年後就調到另一間金舖周大福，再過幾年便在店面幫忙做
生意。1943 年，鄭裕彤與周大福東主周至元的長女周翠英結婚，婚
後妻子留在鄉間照顧他的父母，自己則返回澳門繼續工作。1945 年
中日戰爭結束，鄭裕彤受岳父所託，去打理香港周大福的業務。澳
門是鄭裕彤少年時的成長地，但關於這段經歷我們所知甚少，上文
徵引的內容雖然填補了部分空白，但仍有兩個問題值得深究。

首先是鄭裕彤個人成長的經歷——一個 13 歲的少年走到人生路不熟
的澳門，生活要重新開始，由「後生」慢慢初嚐「做生意」的滋味，
謀生之道是要「拚搏」、「由低做起」，這樣的生活持續了約七、八年，
這段介乎 1938 至 1945 年的居澳生活，於鄭裕彤而言究竟增長了什
麼見識，累積了什麼經驗？

第二個問題，關於周大福的由來。鄭裕彤到達澳門後投身的金舖，
並非只有周大福一家，我們後來知道大成和周大福的關係密切，兩
間金舖都是老闆周至元投資的，當時金業行內稱這些有關聯的金舖
為「圍內金舖」。追源溯始，我們發現周大福最初並非在澳門經營的，
它的歷史可追溯到 1920 年代的廣州。據現時周大福集團的說法，周
至元於 1929 年在廣州創立周大福，至中日戰爭爆發，1938 年將金
舖從廣州擴展到澳門，翌年又於香港開設分行。[2] 圍繞著周大福金舖
的起源、金舖於省澳時期及中日戰爭期間的發展軌跡，目前仍存在
許多版本各異的說法，即使集團現今的官方版本也有可斟酌之處。

本章追溯周大福早年的歷史及鄭裕彤本人在澳門的經歷，但故事的
主角不僅限於鄭裕彤，還有周大福的創始人周至元及他的金舖。我
們把焦點放到 1920 至 1940 年代，先追查周大福創始及後來的發展
軌跡，並嘗試勾劃金舖所處的社會環境及廣州、澳門金業的輪廓，
敘述中還會穿插鄭裕彤居澳的生活片段以及他投身金業的經歷。

憶說周大福由來

周大福的創辦人周至元是順德荔村人，生於清光緒二十六年（1900 年），
原名周堃培，字厚載，別字至元。父親周嘉禎（別字瑞農、治平）
是鄉中著名中醫，有子女 12 名，當中四個是兒子，包括長子厚載（別
字至元）、四子洵培（別字漢東）、九子炘培（別字植楠）及十一子
鍔培（字銳騰），其餘是八名女兒。3 關於周至元早年在鄉間的生活，
及何以到廣州工作，我們未能找到資料說明；周家後人憶述，周族
之中有不少從事金業的同鄉宗親，周家後來的家境也不豐裕，或許
在這樣的背景下，身為長子的周至元需要出外謀生。周至元什麼時
候來到廣州，我們也不清楚，若參考周至元的好友鄭敬詒（鄭裕彤
的父親）的生平，可以推敲一個梗概：鄭敬詒於 1908 年前後隨堂兄
鄭敬命到廣州謀生，當時只有 9 歲。周至元比鄭敬詒少一歲，他或
許於幾年後到達廣州。《鄭裕安堂》記述鄭敬詒於十五六歲時與周至
元合購山票博彩，即當時二人已結識，由此推想，周至元於 1910 年
代中已在廣州，並與鄭敬詒結為好友。4

當初只有十來歲的周至元於何時創辦周大福？資金何來？關於周大福金舖的由來，我們綜合蒐集所得的檔案資料及口述記憶，梳理成幾種不同說法。第一個說法關於周大福金舖的創立年份。周大福集團的官方說法是，周大福於 1929 年在廣州創立，這版本已列載於公司歷史及企業刊物中，而植根於鄭氏和周氏的家族記憶是，周至元在廣州創立周大福。5 不過，由於年代久遠，我們無法找到周大福創立的相關文件如商業註冊、營業執照或廣告等資料予以引證。我們找到與廣州金舖相關的文獻記錄，大多是 1940 年代的資料，相關的文件成書於 1946 至 1948 年，包括幾間與周至元有關的圍內金舖：大成金舖、裕祥金舖和天寶金舖，當中沒有與周大福金舖相關的檔案。故此，1929 年成立之說仍有待考證。6

另一說法來自坊間的敘述，指周至元與鄭敬詒同在廣州一綢緞莊做夥計，兩人結下深厚情誼，並把各自即將出生的孩子指腹為婚。兩人分道揚鑣後，鄭敬詒回鄉謀發展，周至元在廣州以「炒市面」累積原始資本，幾年後到澳門與另一周姓朋友開設金舖。所謂炒市面是透過買賣金、銀或貨幣，賺取升市和跌市之間的差價，1920 年代的廣州是華南最大的通商口岸，商業和金融繁盛，銀行銀號金舖參與黃金、白銀和貨幣的炒賣，大有大炒、小有小炒。周至元正是透過炒市面與廣州金舖做買賣，因而認識金舖的營運，以至萌生開金舖的念頭。7

這說法以 1920 年代廣州金業為背景，從而推敲周至元與金業結緣的

經過，背景的敘述是否真確姑且不去論證，但有關周至元的個人生平和周大福的起源，卻與相關人士的口述記憶相去甚遠。首先是關於周大福成立的地點和年份，這說法指周大福是於周至元舉家遷往澳門後設立的，這與周大福一位資深老員工陳祝的親身經歷全然不同。

陳祝可能是周大福金舖第一代員工，他的口述記憶是研究周大福金舖歷史極之珍貴的素材。陳祝是順德倫教人，於1911年出生，16歲時（推算為1927年）經親友介紹，從倫教家鄉到位於廣州河南洪德路的一間金舖做後生，他記不清楚金舖的名字是「大福」還是「周大福」，但肯定的是老闆是周至元，平日在金舖坐鎮。8 有趣的是，無論鄭家和周家的成員抑或周大福的老員工，都將周至元在廣州的金舖稱為「大福」，因此，我們亦沿用這舖號稱呼。從陳祝憶述個人的親身經歷所見，周至元是於廣州創立大福金舖，相信是在1927年或以前。

若以這記憶推算，當時周至元是一位27歲的青年，他如何有資金創立金舖，亦如何認識金舖的人事和運作，以至晉身金舖老闆？另一位周大福資深員工何伯陶有別的說法。何伯陶是順德羊額人，生於1929年，比陳祝年輕得多，他提供的資料是根據他對老闆周至元的認識而來的。何伯陶聞悉周至元年輕時是在一間小金舖做後生，因此自小已涉足金飾業，由此可以想像時年27歲的周至元已熟悉金飾業的運作；資金方面，雖然何伯陶和《鄭裕安堂》都提到周至元與鄭敬詒年輕時合購的彩票中獎，但這彩金是否足以開設一間金舖，實全無佐證。

鄭裕彤和夫人周翠英

鄭、周兩人是雙方的父親指腹為婚定親的。在舊社會，婚姻雖然是長輩安排的事，但後生一輩也會爭取機會彼此培養感情。鄭裕彤不時到周家探望，借故親近未來的妻子；周翠英回憶：「（鄭裕彤）他一入屋，我便跑到天井處，害羞嘛！我怕見到他。」鄭裕彤則大膽邀約周翠英一起看電影，為免尷尬，便帶同妹妹周建姿一同前往。

彩金之說亦被周至元的後人推翻。9 周至元的女兒周建姿憑家族內流傳的說法，認為周大福的資本是來自父親第二任妻子的娘家。周至元第一任妻子卒於 1929 年，留下只有 4 歲的長女周翠英；周至元的二女兒於 1932 年出生，我們推算周至元於 1930 至 1932 年間續絃。第二任妻子韓氏是番禺人，其母擅於針黹女紅，以「顧繡」和「大矜」賺錢 10，儲存了一些私己錢，後來為周至元提供資金開辦金舖，據聞本金有一百両白銀之多。11 鄭裕彤和周家後人又指周大福有另一位合股人，即周至元的同族宗親周仲漢。12 綜合周家後人的憶述，周大福的資金來自岳母的支持及同族兄弟的合股資金。

若周大福的資金來自周至元第二任妻子的母親，創辦年份應該在 1930 年以後，與陳祝於 1927 年的見證有幾年的距離。前者源自親族內的流傳，後者是早期金舖員工的記憶，孰是孰非實難判斷，有趣的是，兩個訊息分別指周大福是 1927 年以前或 1930 年以後創立的，剛好把 1929 年之說排除了。即使創立年份上無法定奪，周家女兒周翠英和周建姿都肯定戰前父親已在廣州經營金舖，至 1930 年代中或後期舉家遷到澳門，陳祝及周家女兒都指當時廣州大福金舖仍然運作。

周大福幾位資深員工都曾憶述，周至元在廣州不單只有周大福一間金舖，另外幾間金舖都與他有關，稱為圍內金舖，包括大福金舖、裕祥金舖、天寶金舖、大南金舖，可惜各圍內金舖的創立和經營年份一樣有不同說法。圍內金舖之中，天寶和大南與周至元的九弟周

植楠有關。周桂昌是周植楠的兒子，1942 年於廣州出生，以周桂昌
所知，父親於 1945 年與人合股開設天寶金行，1949 年廣州解放後
到澳門開設大南金舖，與新馬路的周大福相隔一個舖位。但周桂昌
的所知，與圍內金舖老員工的親身經歷和見聞有明顯出入。澳門金
舖員工黎棉憶述自己約於 1941 至 1942 年間加入澳門的大南金舖，
據他所知，大南是於廣州淪陷後由周植楠搬到澳門的；有關天寶金
舖的來歷亦有出入，何伯陶於 1945 年到廣州天寶金舖做後生，舖頭
員工吃的飯菜是從另一間圍內金舖裕祥送過來的，他聽聞兩間金舖
於戰時都沒有關閉。13

對於圍內金舖的來歷，家族成員與老員工的記憶存在差異。唯一相
同之處是周至元在各金舖都有份，而且大家都稱他為老闆，可見他
是連繫廣州圍內金舖的關鍵人物，中日戰爭、戰爭結束和國內解放，
分別被視為促使金舖從廣州搬到澳門的理由。

澳門亦有與周至元相關的圍內金舖，草堆街有一間，新馬路有兩間，
綜合不同的憶述，草堆街的金舖叫大成，似乎開業時間比新馬路的
兩間金舖較早，一份廣州的檔案記錄顯示，大成金舖的老闆是「周
仲元」，於 1947 年在廣州復業，究竟大成是最先在澳門抑或廣州啟
業，卻是無從稽考；周至元舉家搬到澳門後在新馬路開設周大福，
稍後再在新馬路開設大南金舖。後來大成金舖和大南金舖分別結業，
新馬路的周大福金舖則一直營業至今。

綜合周大福集團的官方記錄、周至元女兒和周大福資深員工的憶述，雖然對於周至元創立周大福的年份和資金來源沒有明確答案，但細心梳理之下，卻可重構周至元與金業結緣和發展之路。只有十來歲的周至元從順德荔村的家鄉來到廣州，在一間小金舖做後生，或許他以中獎的彩金，也或許得到妻子娘家的支持，在廣州河南洪德路開設屬於自己的第一間金舖，名為「大福金舖」。1930 年代期間，周至元繼續投資其他金舖，或許是個人全資，或許與同族兄弟或親屬合股，在廣州有幾間圍內金舖。至 1930 年代末，周至元在廣州、澳門和香港都有金舖。戰前時期周至元較集中在廣州大福金舖，戰爭時期較集中在澳門周大福，和平後初期，他曾經巡視過廣州和香港的情況，當時他已經委派鄭裕彤去打理香港的周大福了。

廣州金業與周大福

廣州的金舖行業歷史悠久，行內不乏老字號，這些金舖的「業務主要為接造金飾，收購金砂、金飾、大金（美金）、英金鎊及各國金幣、熔煉金葉等。第一次世界大戰前，全市約有金舖 20 多家。多集中於小市街一帶。」14 大戰結束後，時局動盪加上黃金價格持續上升，黃金成為避險保值的工具，金舖行業因而興旺。西關的上九甫、下九甫、十七甫等地陸續有金舖和金飾舖開設。業內店舖分為「金舖」和「金飾舖」兩類，是廣州金業的特點。前者如「何西盛」、「北盛」、「南盛」、「東盛」、「吉昌隆」、「天祥」、「信興」等老店，實力較雄厚，而且掌握冶煉的技術，能開爐熔煉享譽中外的金葉，也兼營

1930 年代廣州市面

在這時期，周至元在廣州經營及參股多間金舖，包括設於河南洪德路的大福金舖。（圖片由高添強提供）

買賣金飾的零售生意。金飾舖資金較薄弱，主要業務是接造金銀首飾，店內有手藝純熟的師傅打造首飾，兼買賣金飾，但不會開爐熔煉黃金。它們的招牌呈長方形，故行內通稱為「長招牌」。15

這兩類店舖的分別在於，金舖是做行貨的（即與金業行內商戶做生意），主要從事黃金貿易、熔煉金葉、金條和金塊，供銀行和貿易商作大額交易的用途，同時也充當金飾業的批發商，把純金售予金飾舖用作打造金器。金飾舖主要做零售生意，雖然也會收購來自民間的各色金器重新熔煉，但用途多在於打造金飾供店舖銷售。兩類金舖都受政府規管，需要申領牌照營業，民國政府將兩種業務合稱為「銀樓業」。16

周至元於廣州經營的金舖應該是金飾舖一類17，而且不只一間，如上文所述，廣州共有四間，我們嘗試從圍內金舖的特點、經營方式及地理分佈，重構周至元在廣州經營金舖的一些面貌。

「圍內金舖」是指東主之間有連繫的金舖，東主或許以獨資擁有某金舖且參股到別的金舖，亦可能在各金舖都有一些股份，又或者只有一間金舖的股份但與別的金舖有相熟關係，總之圍內金舖會形成小圈子；東主或會兼任司理之職，安排可信賴的親友在圍內的金舖任職，有時會從一家店將員工調到另一家店做事，但各間金舖有自己的運作方式，例如，帳目是獨立的，而且店舖各自經營，並按本身的股東比例分配利潤。例如，周大福是周至元和周仲漢合股的，

兩人是同族兄弟，估計他們各佔百分之五十的股份；18 據周至元的姪兒、周植楠的兒子周桂昌憶說，天寶金舖是周植楠做主要股東的，他本人也在店內任職司理，19 而周至元亦有參股。又如員工的調遷，鄭裕彤最初在位於澳門草堆街的大成金舖做後生，幾年後被調到位於大馬路的周大福；黎棉最初在大南金舖做後生，曾升至頭櫃，大南結束後被調到周大福做二櫃；何伯陶本來準備到澳門周大福做後生，路經廣州時被安排在需要人手的天寶金舖工作，因被周至元賞識，由鄭裕彤從廣州帶到香港周大福。

這些各自有舖號，帳目及店舖經營獨立，個別股東成員重疊，員工在圍內金舖之間交替流動的情況，是當年廣州至澳門一些金舖的特點。20

至於金舖的經營，陳祝憶述周至元坐鎮廣州河南洪德路的大福金舖時，「他（周至元）是老闆，不用做生意，生意是櫃面做的。」21 大福金舖當時的司理是周少偉，他是周至元的親戚，同舖有五個師傅，都是做金飾的，陳祝是後生，在舖內學做文匯和櫃面，22 即金飾記錄和櫃面銷售的工作。金舖打造的金器都是供本店自用的，舖頭以買賣金飾為主，也有賣金條，但珠寶只佔很小的部分。23

當年金舖的經營模式比較簡單，陳祝憶述金舖自己會打造金飾、買賣金器和金條，生意算是平淡。憶述中，廣州有金業商會，它的其中一項功能是報金價、派行情紙。1920 年以後，黃金價格持續上升，金價波動亦大，金舖主要參考美國的金價，然後再折算出每兩黃金

的價錢。金舖要「每天看電報美國八九大金價，調整買賣的金價，同一日的金價上上落落，早上與下午已有不同的價錢。」相信當時在金價波動的年頭，位於廣州河南的大福金舖會向廣州城鄉居民收購金飾，以低收高賣賺取差價。24

傳統金舖的管理文化較保守，老闆、司理、頭櫃、打金師傅都是店內有權威和地位的人物，管教員工、後生和學徒規矩甚嚴。一個有趣的例子是，何伯陶於 1945 年從鄉下到廣州，在天寶金舖做後生，當時周至元間中坐鎮店內。某天早上開舖後何伯陶打掃櫃枱玻璃上的塵埃，但立即換來周至元一頓責備：「夥計坐在櫃枱旁，用雞毛掃來打掃塵埃，豈不弄到別人一臉灰塵？」周至元要求何伯陶日後要用濕抹布來清潔櫃枱，「雞毛掃就只能用作打掃酸枝枱櫈，還要待沒有人在場時才使用！」25 這個例子發生在 1945 年，可看到周至元對工作細微之處態度嚴謹，對員工的要求也高。

我們再回頭看與周至元相關的圍內金舖的地理分佈。幾間圍內金舖，有四間能確認地址的。大福金舖在河南洪德路，裕祥金舖在六二三路（即民國初年的沙基馬路），大成金舖在梯雲東路，天寶金舖在第十甫。26 據民國時期廣州市的城區佈局，沙基馬路、梯雲東路和第十甫位於當時廣州市商業地帶之一的西關（右圖），西關位於廣州省城西城牆以外，明、清兩代已是廣州市商業中心區，到了民國時期仍是一個商業旺盛的地區。西關南面有沙面島，西南方靠珠江（今屬荔灣區）。即裕祥、大成和天寶是在熱鬧興旺的商業中心區設舖的；至於

舊廣州市街道圖

圖中央所標黃色顯示 ❶ 中華南路的位置，是靠近廣州舊城區的一條筆直大街，有不少金舖在此處經營；左邊所標黃色顯示 ❷ 上下九路、❸ 第十甫、❹ 梯雲東、❺ 六二三路，也是金舖的集中地；周至元經營的大福金舖則位於珠江河對岸的 ❻ 洪德路。（廖生民編製，年份不詳；圖片來源：Wikimedia Commons）

河南洪德路，當時屬於廣州市的邊陲，與西關商業中心被珠江河分隔。
位於河南的大福金舖，相信是周至元在廣州最早開設的金舖，由此
隱約可見他在金飾業發展的一條軌跡：在廣州城近郊起步，其後以
參股方式把金舖業務擴展至位於西關的圍內金舖。早年的大福金舖
只有員工六、七人，經營模式是買賣金器、金條，主力做金飾零售，
若要在金舖草創階段便進駐西關商業中心，所需的本錢和客源的要
求會更高，這並非一件容易的事。故此，選擇於城郊開業，大福金
舖的業務方向是吸納城鄉居民零散的金器，以滿足廣州近郊鄉民買
賣金飾的需求。

1930 年代，我們看到周至元在廣州的金舖業務逐漸成長，從早期的
大福金舖，發展到裕祥、大南、天寶，即使 1938 年日軍進犯廣東，
廣州陷落，位處城郊地區的大福金舖仍然繼續做生意。綜合資深員
工陳祝、黎棉和何伯陶所述，廣州淪陷後，大南結束，裕祥曾關門
一段時間，但戰時的裕祥和天寶繼續營業，若這些記憶沒有錯，估
計戰爭時期的周至元並沒有打算放棄廣州的金舖業務。和平後，周
至元更嘗試恢復廣州的業務。中日戰爭結束後一份 1948 年銀樓業登
記名冊上，27 列出 239 家註冊營業的金舖，當中與周至元有關的金
舖有大成和天寶，名冊顯示大成的司理是「周仲元」，應理解為周至
元與周仲漢合股的意思；28 天寶金舖的司理是周植楠。這份檔案值
得注意的地方有兩點。

第一，1940 年代中後期廣州市內的金舖，以數量計仍然相對集中在

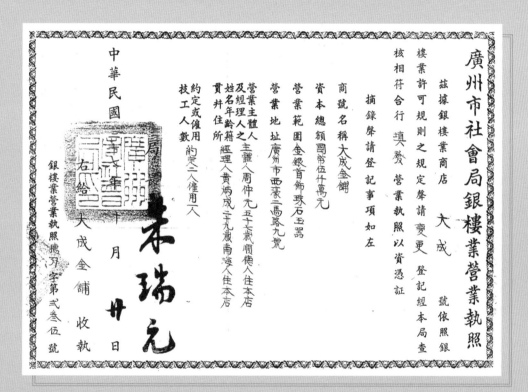

大成金舖營業執照

1948 年，周至元和周仲漢合股的大成金舖在廣州復業，向市政府取得營業執照。（圖片來源：廣州市檔案館館藏，檔案編號 10-4-255）

西關，位於第十甫、上九路、下九路及梯雲東路的金舖達 88 家，呈現了一幅以西關為中心的金舖佈局圖。名冊上中華南路及惠愛東路的金舖合共 79 家，數目不下於西關地區，中華南和惠愛東兩處在地理上較靠近舊城城牆，是舊城的商業區。[29] 大成金舖地址在梯雲東路 156 號，天寶金舖地址在第十甫，兩間金舖都位於西關地區，相信周至元當時正計劃在廣州原來的商業中心捲土重來。

第二，依名冊所載，和平後與周至元相關的圍內金舖只剩下兩間，可見中日戰爭對周至元的金舖生意確實造成打擊。關於其餘三間圍內金舖，名冊上沒有大南金舖的記錄，但有裕祥金舖和大福金舖的記錄，但從登記地址和司理名字所見，已無法確認是否屬於戰前同一家舊店（詳見表 1）。曾在廣州金舖工作的陳祝於戰時在澳門周大福工作，和平後返回廣州周大福，但忘記了什麼時候從廣州移居香港，至此我們再沒有蒐集到其他有關廣州大福金舖的憶述了。

從廣州到澳門

依上文綜述的發展軌跡看，廣州的金舖業務是周至元於戰前的生意重點；那麼他為何在澳門開業？究竟是因廣州戰亂，還是早有擴展金舖業務的決定才到澳門發展？

據周家後人的憶述，周至元於 1930 年代中開始在澳門草堆街經營金舖，第一間是大成金舖，其後在新馬路開周大福金舖，其弟周植楠

表 1：1948 年獲准登記銀樓的分佈

廣州街道	註冊家數	與周至元相關的金舖舖號（司理姓名）/ 地址
第十甫	39	天寶（周植楠）/ 第十甫 145 號
梯雲東路	17	* 裕祥（張興）/ 第十甫 43 號
洪德路	14	大成（周仲元）/ 梯雲東 156 號
上九路	27	* 大福（岑伯鑾）/ 梯雲東 170 號
下九路	5	
中華南路	60	
惠愛東路	19	
總數	181	

○ 資料來源：廣東省檔案局，〈廣東省建設廳關於銀樓業登記名冊的公函〉，1947 年 2 月 26 日。

○「*」為未確定金舖是否與周至元相關

經營的大南金舖是稍後開業的。30 引人疑問的是，1930 年代中日軍尚未佔據廣州，廣州金業仍然興盛，周至元正在拓展他在廣州的幾家圍內金舖的業務，是什麼原因促使他來到澳門經營金舖？

就周至元於廣州和澳門兩地經營金舖的事跡，坊間有幾種說法：一、是避戰亂；1938 年日軍攻佔廣州及入侵珠江三角洲各縣，城鄉居民不少要逃離家園避禍，當中不乏到澳門避戰亂的人士。今天周大福珠寶集團也採納此說，指「廣州時局不穩，1938 年，周氏遂將周大福金行從廣州遷往澳門。」31 二、廣州苛捐雜稅繁多，營商者經營日益困難，故周至元於戰前轉到澳門發展；三、1930 年代的金市頗為興盛，廣州金舖與香港、澳門金舖結成粵港澳三地的聯繫網絡，有

利開拓金舖的生意。32

我們認為第一和第二個說法都有商榷之處。據周至元長女周翠英的成長經歷，我們推算周家約於 1930 年代中搬到澳門，三女兒周建姿憶述舉家移居後在新馬路開設周大福，再者，草堆街的大成金舖比新馬路的周大福更早成立，由此推論日軍進犯並非周至元在澳門開舖的理由，時間上也肯定不是 1938 年。苛捐雜稅之說雖然符合民國時期工商時局的狀況，但若然周至元顧慮廣州的苛捐雜稅繁重，應不會於 1947 年申請大成金舖和天寶金舖復業。

第三個說法，即省港澳金業市場的潛力，吸引周至元擴展業務到澳門，此說比較合理。香港和澳門在中國近代的商業和金融一直扮演著重要的轉運、交付和結算的角色。就黃金貿易而言，來自境外的各色金銀貨品，有不少是經港澳轉運到中國內地（包括廣州）的；反之，當黃金在海外市場價格高企時，從內地流出的黃金也經港澳兩地出口，而且參與其中的商賈會利用香港金銀貿易場、外資銀行、華資銀行及銀號買賣金銀貨，也會利用金銀比價、匯價的各地差異，從中賺取溢價。33 故此，作為黃金買賣和出入口的中心，澳門和香港是較有利的選擇。

除以上宏觀環境的條件外，周至元選擇澳門應該也跟家族的聯繫有關。據周至元的三女兒周建姿的憶述，周至元的六妹周惠勤的丈夫是廣州軍人，於澳門南環一帶有不少房產，周家遷到澳門時，抵埗

澳門周大福舊貌

在新馬路上的周大福，曾與廣生行是鄰居。有一個傳聞，廣生行太子爺曾向周翠英提親，然周至元已屬意鄭裕彤為婿。參考這傳聞，這幅照片應攝於 1940 年代。圖中可見周大福的葡文名稱。

之初就在周惠勤的大宅暫居，直至周至元在風順堂購置住房安頓家人才搬離。34 故此，不排除周至元的親族早已到澳門定居和發展，這樣的脈絡正好便利周家把金舖業務延至澳門。

1930 年代的澳門雖不及廣州繁華，但卻是一處生機勃勃的地方（詳見下文）。周至元或許認為在這裡可以找到新的機會，擴展本身在廣州的金舖業務，故此，選擇到澳門草堆街經營金舖，這不是遷離，也不是轉移，較恰當的說法應是擴展業務。

今天沿著草堆街向西北方向走，過了橫亙的十月初五街便抵達康公廟前地，再往前便進入美基街，前方是靠海的澳門十六甫度假村，民國時期該處是濱海碼頭，是漁船貨艇靠岸之處。狹長的草堆街今天凋零冷清，街道兩旁只保留了一些幾層高的戰前建築物，然而，昔日草堆街在澳門未開闢新馬路之前，是「商店咸集，四方行旅由經，車水馬龍，熙來攘往」的一條歷史悠久的街道，與澳門大街、關前街合稱為三街，繁華景象可謂盛極一時。草堆街曾是繁盛的布市，專賣黑膠綢、熟紗等布料，據稱「差不多整條街道的兩旁都是疋頭舖」，在此經營的布販多為中山隆都人；1930 年代草堆街還有醬廠、印刷廠；35 金舖雜混其中，東興金舖（1873 年開業）、天盛金舖（民初開業）更是其中歷史悠久的老店。36

可以推想周至元在澳門草堆街開設大成金舖時，該處仍然是一條興旺的民生商業街道。

與草堆街相距不遠的新馬路長 620 米，是澳門政府於 1918 年修築的大街。37 1920 年代以來，新馬路是澳門最繁盛的街道和商業中心，原因與當時的娛樂事業不無關係。選址新馬路的「總統酒店」於 1928 年落成開幕，酒店大廈原來只有六層高，當年是澳門最高的大廈；其時，投得賭牌專營權的源源公司，以俱樂部形式經營濠興娛樂場，吸引大批省港客人來澳。不過，由於該公司經營不善，1932 年酒店易手，賭商傅老榕、高可寧將酒店收購並改名「中央酒店」，成為泰興公司的賭業旗艦。38 由於酒店業、博彩業興旺，也帶動其他消費場所的發展，新馬路金舖林立，據《澳門遊覽指南》報道，1939 年新馬路便新增了十餘家金舖。39

周至元顯然也察覺到新馬路巨大的商業潛力，於是在新馬路 54 號開設大南金舖，並與周仲漢合資在新馬路 58 號開設周大福。40 曾於澳門大南和周大福打工的黎棉憶述，大南金舖由周植楠打理，周至元坐鎮周大福。「每天，周至元都會走過來大南巡視兩三次。」41 周至元是個嚴肅的老闆，對員工的要求也嚴格，員工若有錯失便會遭責罵，加上其體格高大，聲若洪鐘，員工私下為他安了「轟炸機」的渾號。

1938 年 10 月 21 日廣州淪陷後，日軍開進廣東省其他縣鎮，促使更多國民逃難。由於葡萄牙政府與日本於戰前簽署條約，葡國保持中立，故澳門未受日軍侵擾，亦因而令澳門成為戰時的避風港。1927 年澳門人口只有 157,175 人，廣州淪陷後翌年，1939 年澳門人口增

至 245,194 人，到了 1940 年及至香港淪陷時，從鄰近地區湧入澳門避難的人激增，估計總人口激增至數十萬。[42] 抗戰時期澳門的社會經濟環境惡劣，鄭裕彤憶述「在澳門仍有飯吃⋯⋯因為澳門的舖頭仍可做生意」，但「每天出門，都會聽到哪裡有人餓死，誰在板樟堂餓死，草堆街又有人餓死等消息。」[43] 戰亂陰霾籠罩下的澳門，當地某些行業卻反而受惠，「酒店旅邸、亦幾租賃一空、而飯店食館、則其門如市、旺市十倍、酒樓茶館、亦相當暢旺⋯⋯」；其他行業如金融業、運輸業、故衣、藥房和娛樂事業，也因人口激增帶來更多生意。[44]

陳祝曾到過澳門周大福工作，他憶述戰時金舖的生意十分暢旺：「當時，有很多人湧去澳門定居，其中有不少發國難財的人，買金賣金的人都有。在澳門有些是做行貨的金舖，即是買賣金條的。我們收到金後，主要是賣給做行貨的金舖。我們可以將收回來的金飾，熔成金條，賣給他們；亦可以直接將收回來的金飾賣給他們。」[45] 相信澳門周大福金舖對收買金器、熔鑄金條並賣予行家的經營方式並不陌生，廣州河南的大福金舖早已有此經驗。

釐清了周至元的澳門金舖的面貌，我們把焦點放到另一位故事主人翁身上。鄭裕彤於 1938 年來到澳門在大成金舖當後生，做的都是粗活，如抹地、倒痰盂、執拾店舖、每天來回大成與周大福之間負責送飯，後來還要負責派金價行情紙。澳門金業公會當年在周大福樓上，行會每天收到的金銀匯兌資訊，都會印製成行情報紙供屬會金舖參考。或許是地利之便，周大福最容易取得金價的行情，故由它

1930 年代的澳門新馬路

右邊較高的是中央酒店,當時有六層高,是新馬路的地標建築。沿街有各種商店,圖中可見傳真影相、富有銀業、均昌電器、淑賢學校等,其他有寫字樓、照相館、電器店、雜貨店、牙科診所、押店等。照片約攝於 1935 年。(圖片由高添強提供)

來派送給各金舖也有便捷之利。46 這項工作當時由做後生的鄭裕彤負責，不料竟為他提供機會了解金飾業的狀況，讓他有機會跑到其他金舖觀察市況，還可廣結人緣。周大福資深員工何伯陶表示，鄭裕彤藉此機會觀摩其他金舖的做法，了解別家金舖賣什麼金飾、款式，又或做出怎樣的新款設計；何伯陶指鄭裕彤會把觀察所得告知周至元，由是得到老闆的賞識。47 當了兩、三年後生的鄭裕彤，開始有機會接觸生意，據他自述是做「櫃尾」，幫忙接待客人、買賣金飾及開發單據之類的工作。晚間，鄭裕彤會到由金業公會籌辦的會計班上課，學習新式簿記，即西方會計原理及記帳方式。48 日後鄭裕彤打理香港周大福的業務時，這些知識都曾派上用場。

前面我們詳述的廣州金舖運作方式，相信搬到澳門後周至元仍大致沿用，可以想像鄭裕彤自小學習的金飾業操作，大致是戰前廣州和戰時澳門的模式，後面的篇章將會敘述鄭裕彤如何將舊模式變革，使舊金舖蛻變為新式的珠寶金行。說回他年輕時的經歷，從做「後生」到做「櫃尾」，於鄭裕彤而言是一段難得的歷練，從中體驗刻苦耐勞的工作、感受金舖行業的變化、增長個人的知識及對金舖業務的了解，這些閱歷使年輕的鄭裕彤成長，為日後的事業發展提供了滋潤的土壤。和平前的鄭裕彤在澳門周大福已晉升至「掌櫃」，但在周至元麾下，他仍然是助手角色，尚未有獨當一面的機會，這個機會要留待中日戰爭結束後才出現。

在工作以外，鄭裕彤的人生經歷也有重大變化，1943 年與周翠英結

婚。鄭敬詒與周至元早年許下指腹為婚之約，隨著鄭裕彤來澳工作，
人事漸長，周至元也信守承諾，安排女兒周翠英嫁予鄭裕彤。周翠
英回憶當年往事，坦承起初對鄭裕彤沒有好感，主要是出於對父親
指腹為婚的抗拒心理，也害怕婚後要返倫教夫家與家公家姑同住，
更為此被父親責備。周至元為安撫女兒，承諾晉升鄭裕彤做掌櫃，
又買下大松坊鄭家祖屋旁的一座兩層高房屋，作為周翠英的妝奩，
甚至每月儲蓄 3 元，存周大福金舖收息，供周翠英在倫教鄉下生活
時使用。49 作為父親的周至元，一臉嚴肅的背後有眷顧和愛惜女兒
的一面。

在舊社會，婚姻雖然是長輩安排的事，但後生一輩也會爭取機會彼
此培養感情。鄭裕彤不時到周家探望，借故親近未來的妻子；周翠
英回憶：「他（鄭裕彤）一入屋，我便跑到天井處，害羞嘛！我怕見
到他。」鄭裕彤還邀約周翠英一起看電影，為免尷尬，便帶同比周翠
英小十歲的周家三女兒周建姿一起去。周建姿笑言當時自己年紀尚
小，到電影院看戲不用購票，她做「電燈膽，剝花生，坐在兩人中間」
觀賞電影。50 婚後周翠英搬到倫教居住，鄭裕彤則返澳門繼續金舖
的工作，1943 至 1949 年間二人分隔兩地生活，1943 至 1945 年鄭
裕彤在澳門，1946 至 1949 年在香港，夫妻倆只在節日和慶典時方
能團聚。

外篇故事

澳門金飾師傅憶述

黃志明

黃志明，1923 年於香港出生，輾轉在廣州、香港、石岐、澳門讀書，日本侵華時停學，1938 年到澳門福興金舖做學徒，1946 年在澳門周生生金舖做足金師傅，曾被調往廣州周生生金舖。黃志明憶述與鄭裕彤年少時相識、學徒工作的艱辛、戰時的澳門市況和金舖的情況等。

我做學徒的時候，每天要擔飯經過康公廟，鄭裕彤呢，他由周大福擔飯去草堆街大成金舖。他是後生出身，我是學師出身，中午 12 點鐘一定碰面，我出草堆街，他入草堆街。我們還一起讀過書，在澳門金業行公會上會計班，哈哈，那時由李志強老師教會計，十多人一起上課。當時澳門只有十零間金舖，後來從廣州搬來更多金舖，澳門才有 30 多間舖。

鄭裕彤的人品很好，說話比較大聲，所以他有個花名叫「大砲彤」，哈哈哈。我真的很佩服他，他很有本事，一路扶搖直上。戰後香港環境很複雜，要發達很容易，但需要有膽識、有眼光、有頭腦。我自己無膽量，行橋過路都要「跐跐腳」先敢踏出一步（形容做事保守），哈哈哈。所以我現在是知足者貧亦樂。

日本仔時代，無辦法要放棄學業。繼母有朋友介紹我入福興金舖做學徒，我想：「有一門手藝好啊，可以找到穩定的工作和收入。」那時十五六歲左右，

金舖學徒是很優越的工作，但卻很辛苦，頭三年只做「煎傾化煉」。

「煎」是煎銀。以前澳門用「雙毫」做錢幣，一個雙毫重一錢四分四，內含六成銀和四成銅，換言之一個雙毫可以煎出八分多純銀。金舖收買雙毫回來，做學徒的負責煎成純銀。用一個盆，將雙毫混和白灰、牙灰和鉛一起燒，用火水氣爐燒至銀熔化，熔出來的銀是純銀，銅和其他雜質沉在底層，然後趁熱將銀「傾」入容器，做成銀條。

「化」是化金。以前的金錶托是西金做的，即含有雜質的 K 金，金舖收買金錶帶和其他金飾可化成純金。化金必須把金和銀放在一起煎，銀會熔成水狀，金熔成黃泥狀，來回煎三次便可「煉」成純金。化金要使用藥水，黃鏹和硝鏹，黃鏹即是硫酸，硝鏹即是硝酸。日本仔那時沒有硝鏹，要用黃鏹，真慘呀，黃鏹的氣味很濃烈，刺眼刺鼻，好辛苦。煎銀也是很辛苦的，很熱，煎完幾底銀

出來照照鏡，嘩，成對眼紅紅的。

化金化銀是學徒的工作，根本沒有機會學鑲鑿技術。於是我用自己的方法，用自己的錢買銀，沒有工作時到工夫座位又捶又鋤。福興金舖分為鑿口師傅和光素師傅，我很佩服鑿口師傅嚴九，每天偷偷留意他的工作。鑿口即是鑿花，梅蘭菊竹、龜鱉、龍鳳等花式，嚴九鑿得很精巧漂亮。我捶完鋤完便依嚴師傅的方法鑿花，就這樣自己練習，我又學師傅那樣自製工具。一年多後，我可以鑿到「出入平安」、「長命富貴」字樣，那個做光素的師傅讓我為他鑿花，請我到遠來茶樓喝茶當作報酬。

學師三年，第四年叫做「挨師」（準師傅），可以正式做鑿花、鑲玉、鑲石等工作。我在福興金舖七年，新馬路的周生生金行邀請我過去。我初時沒有信心，以為對方是開玩笑，對方答應每月人工 150 元，我在福興只有 70 元。直至金業行公會副主席覃桂鼓勵我：「你

真是傻仔，若果你沒有這手工夫，人家怎會出這個價錢？」想了一個星期，我終於答應過去周生生。

當時是和平後，在周生生做足金師傅。新馬路的生意比草堆街興旺很多，我終於明白新老闆為何出價 150 元。另外還有花紅呢，每個月計的。哪天賣到 100件金飾還會劏雞加餸。

我做學師大約是 1939 至 1942 年，最慘是 1941 至 1942 那段時間，無米賣，300 多元一擔米，就算是師傅，月薪也只有 16 元，我們吃蕃薯飯、粟米飯。金舖靠什麼維持呢？靠收金，叫做「老鼠屎」（細金粒），收到幾分重的老鼠屎後，煉成純金再賣出去。不久之後，廣州、香港的金舖搬來澳門，人口增多了，澳門也旺了。

戰時什麼人來買金呢？那些叫做「大天二」的，專收銀水，有人從水道偷運米呀什麼的，扒艇扒到半路，這些人便喊

他過來交買路錢。那個時代局勢混亂，「冇王管」的（沒有警察維持治安）。有人在福隆新街「開廳揼艇」，即是煙花之地，福隆新街、騎樓街、宜安街一帶變成花街柳巷的地方。

酒樓也是很旺的，1944、45 年我已經是師傅了，跟謝利源那幾個師傅很相熟，我們喜歡到萬香酒樓打麻雀。打完麻雀，叫夥計拿一張花紙去福隆新街，請一個姑娘過來唱歌，唱完歌之後我們吃飯飲酒，姑娘在後邊斟酒，飯後付錢給姑娘，大夥兒便散去，很便宜的，一張花紙只要 2 元。那時我已經 20 至 21 歲，哈哈哈，一個人沒有家室。

舊時澳門是漁村，下環街是魚欄，金舖在草堆街專做水上客（漁民）生意，謝利源、福興、天盛是澳門的老字號，現在草堆街只剩天盛了。老字號做事比較呆板，只從自己能力看，客人提出要求，居然答：「你有這種要求？唔得喎。」但新字號如周生生就不同，知道客人喜歡

什麼，會想盡辦法去滿足，可能外來的字號有聯號，可以靈活運用吧。

1947 至 1948 年，我被派上廣州周生生，那時金圓券、銀圓券貶值厲害，足金師傅的工資以金計算。市民都買金保值，我們專做重頭金器，例如一條金鏈十両重、一隻牛鼻圈鈪三両重。師傅工錢很高，光身首飾計黃金二釐、鏨口計四釐，三両重的話，鏨幾個字便收一分二釐。所以我一個月收入有八、九錢黃金。

廣州未解放前，我便返回澳門周生生繼續做足金師傅。

1945 年 8 月 15 日，日本宣佈無條件投降，和平曙光在望，周至元再次面對時局的選擇。從檔案資料判斷，和平後周至元重返廣州為舊店申請營業執照，顯示他有意維持廣州的業務；員工也返回廣州金舖復業，老員工陳祝是其中一員。陳祝憶述和平後廣州河南的金舖仍有生意，「和平後幾年，廣州的生意也是一般。當時貨幣沒有價值，金當然貴，個個都想買金，金價一直上升，我們賣出金後，立即便買入，只是做套現，左手賣出，右手買入。當時也有由澳門運金入廣州賣的，是買金條入廣州。」51 但這種在社會動盪下飆升的金業並不長久，未幾內戰爆發，國幣在國民缺乏信心和政府準備金不足的情況下全面崩潰，貨幣大幅貶值，金融行業跌入紊亂失控的局面。在動盪的時代，周至元於廣州復業的金舖也不能幸免，廣州裕祥、大成、天寶陸續結業，員工大多遣散，陳祝及一位資深玉器師傅韓麗洲則調到周大福任職；至於河南的老店大福金舖，相信也於 1949 年前結業。

同一時候，周至元亦囑咐鄭裕彤前往香港，重開周大福金舖。香港的金舖是未淪陷前開業的，地址在皇后大道中 148 號 B，是間只有幾百呎的小舖。當時由何啟光打理，另一員工是周炳，但開業不久香港即告淪陷，舖頭未幾也要結業。周至元在 1930 年代末的部署，或許是要開展香港的金舖生意，拓展周家在粵港澳圈內金舖的業務。可是戰後的局勢急轉直下，廣州金業面臨崩潰，市面瘋傳物資及金銀貿易受管制的消息，香港作為南華地區的貿易轉口港和金銀貿易中心，地位變得更加重要，當時甚至被形容為迅速冒起的金融市場，不單與全國公認的上海金融市場建立密切聯繫，而且訊息流通迅速，

澳門周大福廣告

左上：刊於 1942 年 11 月 15 日的澳門《大眾報》；左下：刊於 1942 年 1 月 20 日的澳門《華僑報》；右上：刊於 1952 年《澳門工商年鑑》；右下：刊於 1962 年《澳門工商年鑑》。1942 年，香港已被日軍佔領，一些主要街道被日軍重新命名，如皇后大道中改稱「中明治通」，從是年 11 月《大眾報》的廣告（左上）所見，周大福舖址「香港中明治通」。無論戰時或戰後，澳門的廣告上有「省港澳」或「粵澳港九」等字樣，可見澳門周大福的地緣身份意識。

能把握「世界金融市場消息之盈虛」。52 現實的情況是，民國時期港幣於華南地區已廣泛流通，而且隨著金融局勢混亂、國幣急速貶值，甚至出現港幣代替國幣的現象。53 在中日戰爭後期，大量資金逃離中國；把手上資產包括黃金轉換成港幣，相信是當時其中一種轉移資金的方法。在此背景下，周至元於香港重開金舖，或許是把握良機，以金飾套現港幣，不失為應對時代變局的做法。

1945 年和平當刻，香港的前景亦未可料；經過三年八個月淪陷期，香港這個城市已受重創，1945 年香港人口只剩下不足 60 萬人，戰爭期間近百萬人逃難離開；日佔時期香港對外貿易中斷，金融行業被日軍敕令停業，貨幣被廢。54 不過，和平重臨，畢竟社會還是充滿期盼。香港《南華早報》1945 年 9 月 1 日的社論傳神地表達了這種社會氣氛：

> 「（我們）死去多久？一千多個沉悶的等待和渴望、飢餓、祈禱和艱辛忍耐的日子。我們仍活在其中，並沒有真正死去，只是活著被埋葬，意識到遠處的騷動，期盼著所有的譫妄幻象。現在對我們這些被遺忘的人來說，生活再次開始。」（譯文）

和平重臨，社論喻意香港市民大眾重新開始生活，各行等待復業。對鄭裕彤來說，這亦是個新機遇——背負著岳父周至元的囑託，帶著於澳門成長所得的經驗和識見，到香港出任司理之職，負責重整香港周大福的業務，面前是可以獨當一面、施展身手的機會。

**鄭裕彤的
足跡**

周大福金舖由順德荔村人周至元創立，周從小便到廣州謀生，並與鄭裕彤的父親鄭敬詒結下深交。周至元的經歷同樣是一個順德男兒外闖創業的故事：他在廣州創立周大福，經營幾家「圍內金舖」，面對時局挑戰，又把生意拓展至澳門及香港。周、鄭兩人的鄉誼和友情也為鄭裕彤創造了機會，1938 年鄭聽從父親安排來到澳門替周至元打工。該處是鄭裕彤成長之地，期間他成家立室，在澳門學習經營金舖、增長金業的知識，由「後生」、「櫃尾」，晉升至「掌櫃」。在舊式金舖模式浸淫下的鄭裕彤，和平後到香港幫岳父重整周大福業務，使他日後有了大展拳腳的機會。

註釋

1 鄭裕彤早年接受訪問時，曾較詳細地講述自己的成長經歷，而且訪談中會稱「周大福」為「大福」。參考周大福企業文化編制委員會編：〈周大福與我——鄭裕彤自述〉（2011年），頁 248-249。

2 參考〈源遠根深：周大福珠寶的早期發展〉，周大福珠寶集團網站，https://www.ctfjewellerygroup.com/tc/group/history/story-1.html

3 參考《周家族譜》；王惠玲、莫健偉：〈周建姿口述歷史訪談〉（2017年10月4日）。

4 關於鄭敬詒及周至元兩人的友誼和交往，已在第一章〈家鄉倫教〉有相關敘述。

5 參考周大福珠寶集團有限公司官方網站；學者馬木池引述相關訪問內容，指何伯陶亦持此說。何伯陶是周大福老臣子，與老闆鄭裕彤情誼深厚，也是其好友兼左右手。參考周大福企業文化編制委員會編：〈楔子〉（2011年），頁 247。

6 廣州市檔案館藏兩份大成金舖的文件，一份是 1948 年發出的營業執照，另一份是同年的登記金舖事項表，內容記錄了金舖的資本額、營業地址、店主、經理姓名等資料。參考周大福企業文化編制委員會編：《華：周大福八十年發展之旅》（2011年），頁 252。我們於廣東省檔案館找到大成的同類資料，文件成書的時間稍早一點，約於 1946 年。參考檔案編號 006-002-2299-053, 055。此外，廣東省檔案館另一份檔案保存了銀樓業名冊及一些金舖呈交保證書的文件，都是 1947 年的，內容提及天寶、裕祥及大成金舖。這幾家金舖周至元都有份，可惜檔案中沒有與周大福相關的記錄。參考檔案編號 004-001-0235-112~113, 15-140。此外，1942 年報刊廣告列出澳門周大福的地址在新馬路、香港店在皇后大道中。參考周大福企業文化編制委員會編：《華：周大福八十年發展之旅》（2011年），頁 274。

7 參考藍潮：《鄭裕彤傳（上）》（1996年），頁 7-9。

8 參考周大福企業文化編制委員會編：〈戰前在廣州及澳門的生活——陳祝的回憶〉（2011年），頁 257-260。

9 參考王惠玲、莫健偉：〈周建姿口述歷史訪談〉（2017年10月4日）。

10 顧繡是一種傳統刺繡技巧，源於明朝江浙上海地區；「大矜」，這處指配有刺繡的中式婚禮服如裙褂。

11 參考王惠玲、莫健偉：〈周建姿口述歷史訪談〉（2017年10月4日）。

12 參考周大福企業文化編制委員會編：〈周大福與我——鄭裕彤自述〉（2011年），頁 248-255；王惠玲、莫健偉：〈周建姿口述歷史訪談〉（2017年10月4日）。

13   參考周大福企業文化編制委員會編：〈戰前在廣州及澳門的生活──陳祝的回憶〉
      （2011 年），頁 257-260；〈澳門新馬路上七十年──周大福舊夥計黎棉的回憶〉，
      頁 263-267；〈廣州的生活──何伯陶的回憶（一）〉，頁 269-272。

14   小市街後來改建成中華路。植子卿：〈廣州的金舖和十足金葉〉（2005 年），頁 627。

15   參考同上，頁 628。

16   參考廣東省檔案館館藏，檔案編號 004-001-0235-086~088 及 004-001-0235-
      053~062。

17   我們沒有找到直接與廣州大福金舖相關的資料，但從一份大成金舖申請營業證的檔
      案中，我們看到廣州金業過往區分金舖類型的傳統。位於梯雲東路 156 號的大成金
      舖，於 1946 年重新註冊及申請營業執照時，金舖報稱資本額達國幣 100 萬元，司
      理人是周仲元。該店的化驗設備報稱只有「硫酸、電油、火水、風球、燈吹」等基
      本熔煉設備，技工也只有兩人，經營業務僅限於「金銀首飾」。參考廣東省檔案館
      館藏，檔案編號 006-002-2299-053, 055。

18   參考周大福企業文化編制委員會編：〈周大福與我──鄭裕彤自述〉（2011 年），頁 253。

19   參考廣東省檔案館館藏，檔案編號 004-001-0235-112~113,15-140；王惠玲、莫健偉：
      〈周桂昌口述歷史訪談〉（2018 年 12 月 18 日）。

20   關於圍內金舖的資料，參考周大福企業文化編制委員會編：《華：周大福八十年發
      展之旅》（2011 年）一書刊出的老員工憶述，作者亦參考多位接受本書訪問的人士，
      包括何伯陶、周翠英、周建姿、周桂昌及黃志明。

21   為便利行文，廣州河南洪德路的金舖一律稱做「大福」，以區別日後的周大福金舖。
      參考周大福企業文化編制委員會編：〈戰前在廣州及澳門的生活──陳祝的回憶〉
      （2011 年），頁 257。

22   匾文本指橫匾上的文字、書法，但陳祝所言的學做「文匾」泛指金舖內的文字工作，
      例如謄抄記錄、寫單據等。至於金業行內所指的「櫃面」，指銷售及買賣金飾的活動。

23   參考周大福企業文化編制委員會編：〈戰前在廣州及澳門的生活──陳祝的回憶〉
      （2011 年），頁 257-258。

24   「八九金」又稱「花旗大金」，指面值美幣 20 元之硬幣，每枚重量等於華両 0.8933。
      參考姚啟動：《香港金融》（1940 年），頁 104。關於金舖金價與經營情況，參考周
      大福企業文化編制委員會編：〈草創時期：抗戰勝利前後的周大福〉（2011 年），頁
      258、262。

25   何伯陶在天寶工作的時間很短，只有四個半月，應於 1947 年 1 月隨鄭裕彤到香港周
      大福工作；王惠玲、莫健偉：〈何伯陶口述歷史訪談〉（2016 年 12 月 19 日）。

26　大福的地點參考陳祝、周翠英訪談資料；天寶、裕祥的地點參考何伯陶及周桂昌的訪談資料；大成參考廣東省檔案館所存文獻，陳祝也提供證言。參考周大福企業文化編制委員會編：〈戰前在廣州及澳門的生活——陳祝的回憶〉（2011 年），頁 257-260；〈廣州的生活——何伯陶的回憶（一）〉，頁 269-272；廣東省檔案館館藏，檔案編號 006-002-2299-053, 055；王惠玲：〈周翠英口述歷史訪談〉（2018 年 7 月 26 日）；王惠玲、莫健偉：〈周桂昌口述歷史訪談〉（2018 年 12 月 18 日）。

27　參考廣東省檔案館館藏，檔案編號 004-001-0235-112~113, 15-140。

28　據鄭裕彤解釋，「周仲元」是各取周至元及周仲漢名字中一個字而成，既作登記註冊之用，也包含兩人合股的意思。在廣州和香港的檔案文獻中也有周仲元簽名的文書。鄭裕彤的說明參考周大福企業文化編制委員會編：〈周大福與我——鄭裕彤自述〉（2011 年），頁 253；香港的檔案文獻參考香港歷史檔案館館藏，檔案編號 HKRS163-1-309，文件編號 130；廣州的檔案文獻參考廣東省檔案館，檔案編號 006-002-2299-053, 055。

29　民國七年（1918 年）起廣州拆城牆建馬路。民國十八年（1929 年）原大北門直街、四牌樓、小市街分別擴建為中華北路、中路、南路；1951 年以後改稱解放北、中、南路。

30　參考王惠玲：〈周翠英、林淑芳口述歷史訪談〉（2018 年 3 月 27 日）；王惠玲、莫健偉：〈周桂昌口述歷史訪談〉（2018 年 12 月 18 日）。

31　參考〈源遠根深：周大福珠寶的早期發展〉，周大福珠寶集團網站，https://www.ctfjewellerygroup.com/tc/group/history/story-1.html

32　這三個說法可參考周大福企業文化編制委員會編：〈草創時期：抗戰勝利前後的周大福〉（2011 年），頁 260-263。

33　參考 Kann, 2011, pp.277-279.

34　參考王惠玲、莫健偉：〈周建姿口述歷史訪談〉（2017 年 10 月 4 日）。

35　參考黃德鴻：《澳門新語》（1996 年），頁 67 至 68、137；王文達、劉羨冰、伍華佳：《澳門掌故》（2003 年），頁 183 至 184；湯開建：〈二十世紀二十至四十年代澳門工業的街區分佈〉（2013 年），頁 34-35、40。

36　東興金舖是澳門最老字號的金舖，於清朝光緒年間開業（約為 1875 年），今已結業。

37　參考利冠棉、林發欽：《19-20 世紀明信片中的澳門》（2008 年），頁 132。

38　鄭棣培編，傅厚澤記述：《傅德蔭傳》（2018 年），頁 88 至 90；吳志良、湯開建、金國平：《澳門編年史》（2009 年），頁 2511。

39　黎子雲、何翼雲編：《澳門遊覽指南》（1939 年），頁 37。

40　澳門大南及周大福的開業年份雖未能確定,但澳門《華僑報》一則 1942 年 1 月 20 日的廣告,內容刊登「省港澳周大福」的地址,澳門的地址在新馬路,香港的地址則在皇后大道中 148B。

41　黎棉,約於 1926 年出生,順德樂從人,1938 年日軍進佔樂從,黎跟隨家人鄉里走難,當年 12 歲。黎抵達澳門後於陶英小學上學三年,後經長輩介紹入大南金舖做後生。參考周大福企業文化編制委員會編:〈澳門新馬路上七十年——周大福舊夥計黎棉的回憶〉(2011 年),頁 263-267。

42　參考傅玉蘭編:《抗戰時期的澳門》(2002 年),頁 29。

43　參考周大福企業文化編制委員會編:〈周大福與我——鄭裕彤自述〉(2011 年),頁248。戰爭期間,糧食嚴重短缺,澳門甚至傳出「人相食」的傳聞。葡國政府的文獻也證實:「1942 年 4 月,澳門總督匯報說,極度的貧困造成了三起食人慘案。這發生在來澳門的難民中⋯⋯這樣的慘案仍然不斷發生,甚至在中央酒店這樣的公眾場合都有發生。」引自金國平:〈抗戰期間澳門的幾個史實探考〉(2008 年),頁 301。

44　參考傅玉蘭編:《抗戰時期的澳門》(2002 年),頁 26 至 29、40 至 41。

45　參考周大福企業文化編制委員會編:〈戰前在廣州及澳門的生活——陳祝的回憶〉(2011 年),頁 260。

46　參考王惠玲、莫健偉:〈黃志明口述歷史訪談〉(2017 年 6 月 20 日)。

47　參考王惠玲、莫健偉:〈何伯陶口述歷史訪談〉(2016 年 12 月 19 日)。

48　參考王惠玲、莫健偉:〈黃志明口述歷史訪談〉(2017 年 6 月 20 日)。

49　參考王惠玲:〈周翠英、林淑芳口述歷史訪談〉(2018 年 3 月 27 日);〈周翠英口述歷史訪談〉(2018 年 7 月 26 日)。

50　參考同上。

51　參考周大福企業文化編制委員會編:〈戰前在廣州及澳門的生活——陳祝的回憶〉(2011 年),頁 260。

52　參考姚啟勳:《香港金融》(1940 年),頁 9、13。

53　參考伍連炎:〈香港英籍銀行紙幣流入廣東史話〉(1992 年),頁 32-34。

54　參考 Braga, 2008, pp.53, 55.

第三章

珠寶大王的成長路

1945 年 12 月，香港戰後百業正陸續恢復，

時年 20 歲的鄭裕彤身穿唐裝衫褲、手提藤箱仔，

在中環碼頭登岸，往皇后大道中 148 號方向走去。

他的藤箱仔內有 2 萬港元和 20 兩黃金，

是奉老闆兼岳父周至元之命，以周大福掌櫃的身份，

從澳門來復興周大福在香港的業務。

時光荏苒，鏡頭轉到 1971 年的香港大會堂。大會堂低座正舉行「珠寶金飾展覽會」，由三個珠寶商會合辦，馮秉芬爵士主禮，政府官員、社會名流、社團領袖及商會會員等逾 5,000 位嘉賓出席開幕酒會；會場展出珍貴珠寶千餘件，當中最矚目的，是一粒被公認為 60 年來罕見的南非鑽石，由周大福珠寶金行入口，名為「周大福之星」；2 展覽會主席是鄭裕彤，可見當時他在珠寶業的地位備受尊崇；1977 年，一篇傳媒專訪以「珠寶大王」來稱呼鄭裕彤，3 這個專訪是 12 個「香港億萬富豪列傳」其中之一。4

由手持 2 萬港元和 20 兩黃金到成為億萬富豪，的確是一個傳奇。坊間對這位傳奇人物的報道從沒間斷過，「眼光獨到」、「沙膽大亨」、「膽大心細」是常見的形容詞，這些讚許都針對鄭裕彤的商家特質而言。5 鄭裕彤曾向上述的專訪記者透露，前一年（1976 年），香港進口鑽石約值 9 億港元，其中約 3 億是周大福購入的，約佔整體 1/3。6 由此可見，除了個人特質，鄭裕彤的成功還建基在企業的成功上；此外，他個人的成功是以香港珠寶業的發展為背景的，戰後的香港珠寶業有長足的發展，期間的進出口貿易雖然因世界政局或經濟波動而起落，但總的趨向是向上增長，至 1980 年代中，香港更位列世界珠寶出口中心之一。

究竟是時勢造英雄，抑或英雄造時勢，甚或是個人與環境相輔相成所使然？

我們將鄭裕彤由 1946 至 1977 年這 30 年的發展，分為兩個階段來敘述，第三章回顧 1946 至 1960 年的成長階段，第四章講述 1961 年至 1970 年代的擴張階段。我們將會從三條脈絡——個人特質、企業發展和社會條件，來審視這位珠寶大王的成長之路，以及珠寶大王成功傳奇的主觀和客觀因素。

戰後初期的香港金飾業

1941 年 12 月 25 日至 1945 年 8 月 15 日，香港淪陷，戰亂時不少人離港逃難，大部分商人棄守物業財產，市面上百業蕭條，但仍有一些商家繼續經營買賣。據鄭裕彤憶述，香港周大福在淪陷後仍然繼續開業，由周炳和何啟光兩位員工打理。[7]

戰後未幾，香港的金舖紛紛復業，根據 1947 年《港九珠石玉器金銀首飾業聯會會員芳名錄》的記載，當時有 205 間珠寶行及金舖在營業，主要集中在中環和油麻地，中環皇后大道中有 96 間金舖，油麻地上海街有 59 間，是戰後香港金飾業中心；其他分佈於德輔道中、擺花街、弓弦巷、文咸東街、皇后大道東、莊士敦道、筲箕灣東大街、深水埗北河街、大南街等。[8]

究竟香港的周大福是何時開業的？說法有二，據鄭裕彤憶述是 1939年，[9] 一份檔案文件則顯示是 1941 年，[10] 無論是 1939 抑或 1941 年，相信開業是在香港淪陷之前。另一份檔案文件顯示，1941 年周大福

表 1：周大福進口和售出黃金量（兩）

	購入黃金	增幅 (%)	售出黃金	增幅 (%)
1941	5,984	—	5,980	—
1946	7,082	18.3	7,081	18.4
1947	11,070	56.3	11,070	56.3
1948	22,460	102.9	28,388	156.4
1950	15,356	-31.6	15,345	-45.9

◯ 資料來源：1941-1948 年：香港歷史檔案館館藏，檔案編號 HKRS163-1-309，文件編號 130。
1950 年：〈香港區甲等金飾商購入及沽出黃金數量表〉。香港歷史檔案館館藏，文件編號 HKRS41-1-5107 及 HKRS41-1-6708。

輸入黃金 5,984 兩，戰後 1946 年則輸入 7,082 兩，可見鄭裕彤抵埗後，周大福的業務立即恢復，使用黃金的數量，比戰前開業初期增加 18%；這份文件顯示，1947 年周大福輸入黃金 11,070 兩，1948 年輸入 22,460 兩，由 1946 至 1948 年這三年間，周大福輸入黃金的數量平均每年增長 72%。[11] 從文件所見，1946 至 1948 年周大福所輸入的黃金，其中 71 至 80% 經熔煉後用來鑄造金飾，並和其餘的黃金一起在門市出售，只有不多於 10% 的輸入黃金轉賣給其他金舖。[12] 文件中所列的金飾銷售數字反映這三年間的生意不錯，1947 年比前一年增長 56%，1948 年比前一年更增加 1.56 倍。可見周大福復業後的金飾生意增長迅速（詳見表 1）。

從老員工的記憶亦印證了當時周大福門市買賣的興旺情形。周大福珠寶金行董事會名譽顧問何伯陶，於 1947 至 1949 年間是香港周大

福金舖的後生,對於這段時期的門市生意,他有這樣的記憶:

> 「周大福的舖面得 16 呎寬,跟『大陸金舖』各分租半邊舖位,
> 生意非常好,香港仔那些漁民來周大福買金,我們有金出售
> 嘛。我做後生,又兼做交收,什麼也要做。後來又有上海人,
> 那些上海人來香港,帶著很多金來大馬路賣,金條呀、金粒呀,
> 視乎哪個舖頭老實、出價較高便賣給他,我做秤金老實,很多
> 上海人來光顧。後來又做珠寶,做下做下生意愈來愈多。」13(何
> 伯陶,2016 年 12 月 19 日)

「交收」即是把從門店接獲客人定製首飾的圖樣和訂單送往工場,
讓金飾師傅進行鑲鑿的工序,又或從工場把做好的首飾取回並送往
客人處。

何伯陶的憶述中提到上海人到金舖賣金,相信這是 1949 年前後的現
象。1949 年上海解放前夕,大批商家帶著財富從上海移居香港,到
皇后大道中的金舖包括周大福,變賣黃金以換取港幣,用作生活所
需或在香港投資的資本。

黃金管制下的周大福

日本侵華戰爭完結後未幾,中國內地便發生國共內戰,社會經濟混
亂,國幣貶值嚴重,市民紛紛換取黃金,以求財富保值;14 1946 至

吸引途人駐足的金舖櫥窗

位於中環華人行的周大福珠寶金行總行。佈置櫥窗是分行經理的職責,這櫥窗並不以傳統婚嫁喜慶用的金飾為賣點,而是以設計新穎的首飾吸引途人目光。對面是位於興瑋大廈地下的安樂園雪糕。

1949 年之間，黃金價格暴升暴跌，視乎上海、廣州金價的升跌及香港對黃金的供求情況而定；15 投機者希望可以從中獲利，結果當然有不少人損失慘重。16

黃金不單是製造金飾的原料，更與貨幣穩定有密切關係。二次大戰之後，國際貨幣基金將黃金價格定於每安士 35 美元，各國以黃金儲備平穩貨幣價值，黃金市場受到嚴格限制。香港作為英國殖民地，於 1947 年依循英國指示實施黃金進出口禁令；初時香港的黃金市場仍然自由運作，但在英國的持續壓力下，香港政府終於實施黃金管制法令。17

1949 年 4 月 15 日，香港政府公佈禁止黃金進出口、買賣、抵押和持有的法令，政府解釋此舉目的是遏止黃金的黑市炒賣，以穩定貨幣價值，防止瘋狂的炒賣拖垮國際金融秩序。18 社會輿論質疑這法令將會扼殺香港的黃金市場，金銀貿易場派出代表向政府請願，要求容許部分有銀行牌照的金商輸入黃金；至同年年底，政府同意金銀貿易場可恢復買賣成色調低至 945 的工業用黃金。

代表金飾業的商會則決定全港金舖停業四天，等待與政府商討放寬限制，幾天後，政府接見金飾業商會。19 政府向商會解釋，法令所管制的黃金，定義為純金比例 95% 或以上的黃金，而低於 95% 的「K 金」則不受限制。然而，香港金舖出售的是足金金飾，正是法令所管制的範圍之內。6 月 21 日，政府公佈補充法令，容許獲發牌照的金舖可持有及買賣黃金，並准許金舖與香港居民及註冊牙醫交易。20 牌照分為

表 2：香港黃金進口貨值（港元）

	進口	與前一年比較 (%)		進口	與前一年比較 (%)
1949	155,409,075	—	1953	26,585,052	223.6
1950	15,314,401	-90.1	1954	333,080,178	1,152.9
1951	21,731,473	41.9	1955	396,288,307	19.0
1952	8,214,239	-62.2			

○ 資料來源：1949-1953: *Hong Kong Trade Returns.* Hong Kong: Government Printer.
1954-1955: *Hong Kong Trade Statistics.* Hong Kong: Government Printer.

甲、乙、丙三個等級，由財政司決定可持有的黃金數量，甲等為最高，可持有的黃金數量最多，丙級為最低，容許持有的金量較少。

補充法令同時列出各等級金飾商的名單，甲等金飾店共 13 間，全部位於中環皇后大道中，乙等 55 間、丙等 154 間，主要在九龍上海街，三個等級總計共有 222 間金舖獲發牌。周大福獲得甲等牌照，可持有 260 安士（約 195 兩）黃金。管制令下，1950 年周大福買入的黃金數量比 1948 年減少了 31.6%，沽出量亦減少了 45.9%（詳見前文表 1）。

管制黃金法令實施頭幾年，香港的黃金進口量大幅收縮。1950 至 1953 年間，政府的貿易統計數字顯示，1950 年即法令實施後第二年，黃金進口量比前一年大跌 90.1%，1950 至 1953 年間的黃金進口量，每年平均量只及 1949 年的 11.6%，直至 1954 年的進口量才恢復至 1949 年的水平（詳見表 2）。[21]

雖然這段期間黃金進口量縮減，但金飾商的經營意欲沒有減退，至 1951 年，獲發牌照的金飾店數目增加至 272 間，甲等金飾店增至 23 間，商人仍然爭取獲發牌照，使可以繼續營業。22

在黃金供應緊絀的情形下，金舖如何獲得黃金原料鑄造足金金飾？答案是各施各法。香港金舖如與澳門金舖有聯繫，如屬於同一東主的聯號或東主間合作聯營，東主或員工便走私黃金進入香港，報章上時有偷運黃金的新聞。23 此外，當時香港有三家公司由政府發出特別牌照，合法壟斷黃金入口，從倫敦輸入黃金再轉運至澳門出售；坊間傳聞澳門金商再將黃金以非正式途徑運回香港出售，以賺取差價。24

周大福在澳門和香港都有門店，澳門周大福會否向香港的聯號走私黃金，現已無從稽考。坊間有這個說法：周大福香港分行所需金條要麼由周至元帶來，要麼由鄭裕彤到澳門後再攜帶到香港。25 若這說法屬實，或許是 1949 年前的事，1947 年已加入香港周大福的資深員工何伯陶亦提及香港周大福的黃金來自澳門。不過，在管制黃金法令下，鄭裕彤有否繼續從澳門周大福帶黃金過來，實不得而知。

然而我們從何伯陶的訪談中蒐集到更多小故事，講述在黃金短缺的時期，鄭裕彤如何渡過難關。從這些小故事，我們開始見到鄭裕彤的生意及從商之道，以下將細加說明。

鄭裕彤與合作夥伴

1959 年油麻地分行開張，鄭裕彤（中間）的好朋友前來祝賀。

商界人脈

第一個方法是「借金」。金是用來鑄造金飾的純金。

> 「鄭裕彤認識呂明才，呂明才的兒子是經營銀號的，在三角碼
> 頭（位於上環，現已填海），舖頭名叫呂興合長記銀號。他願
> 意借金給我們，每次借十兩。我們晚上去借金，明早還錢，就
> 是這樣，每次都這樣有借有還的。我跟鄭裕彤講：『每天都要
> 去借，為何不借長些時間？省卻每天要來來回回。』他說：『你
> 傻的嗎？人家願意借給我們，不計利息，這是莫大的幫忙，你
> 借的時間長了，人家便要計利息了。』我明白了，我們根本沒
> 有周轉的資金，那個時候，借錢的利息很重的啊，幾十釐利息，
> 根本沒有人夠膽去借錢。」26（何伯陶，2017 年 1 月 6 日）

據何伯陶記憶，借來的黃金交給店舖工場的師傅造成如俗稱「牛鼻
圈鈪」、「光卜戒指」等簡單首飾，即沒有鑿紋或裝飾的手鈪和戒指；
然後由一個櫃面售貨員做打磨，打磨之後，由何伯陶秤重量和做記錄，
鄭裕彤會把首飾收入小夾萬中保管妥當，到第二天放在飾櫃待售。

第二個方法是「借貨」。貨是完成鑄造和加工鑲鑿的金飾。

> 「如果生意多，我們便走過去『雙喜月金舖』那邊借貨，客人
> 在我們這邊付款後，我們兩家拆賬，工錢歸工場師傅，扣除工

錢後賺到的利潤，兩間舖頭平分。有時去『祐昌金舖』借貨，
有時去『雙喜月』借貨，就這樣，我們便變成好朋友了。」[27]（何
伯陶，2017 年 1 月 6 日）

值得我們特別留意的是，借金和借貨的故事都呈現了商業人脈關係
的動態，借貨是源自所謂「圍內金舖」之間的信任，借金則是建立
在兩個商人之間的昔日情誼上，我們可以想像鄭裕彤從澳門來香港
這兩三年內，已經建立了一定的生意人脈網絡。

我們在第二章已談及周大福在廣州的「圍內金舖」聯繫，借貨故事
反映了類似的圍內金舖人脈也在香港運作。當時在皇后大道中 144
至 150 號之間，連續有五間金舖：祐昌、雙喜月、周大福、大陸和
大南，[28] 大家可謂左鄰右里，若追溯這些左鄰右里的人脈背景，既
有地理的近便，也有族里的親近。

五間金舖之中，以祐昌與周大福的關係最親近，祐昌的東主周植楠，
是周大福創辦人周至元的親弟，1945 至 1949 年間在廣州的「天寶
金舖」工作，周至元也是天寶的股東，[29] 周植楠於 1949 年來香港後
開始經營「祐昌金舖」；[30] 祐昌的櫃面有鄭裕榮，他是鄭裕彤的二弟，
戰時已經到澳門的金舖做後生，1949 年移居香港後在祐昌工作。[31]

雙喜月金舖的東主是胡姓兩兄弟，胡俸枝和胡有枝，他們都是鄭裕
彤生意上的夥伴，1949 年胡有枝和鄭裕彤合股在西營盤經營西盛金

舖，32 胡俸枝亦與鄭裕彤在地產上有合作關係。相信他們與鄭裕彤是在戰後成為皇后大道中的左鄰右里後才結識的，鄭裕彤曾經講過，他喜歡到處走動，以觀察別人做生意的手法，相信這樣便結交了新的生意朋友。33

大南金舖的老闆何啟光是鄭裕彤的包租公。鄭裕彤抵達香港後，何啟光將他在荷李活道的房子租予鄭裕彤，鄭裕彤相信周至元也是大南金舖的股東。34 澳門也有大南金舖，設於新馬路 54 號，毗鄰位於新馬路 58 號的周大福，第二章曾提及這是周植楠開設的。

大陸金舖在澳門也有聯號，與澳門周大福只差幾個舖位。在香港，大陸與周大福合租 148 號，兩舖各佔半邊舖位，大陸是 148 號 A，周大福是 148 號 B，日後大陸的老闆楊成與周大福有更多生意來往，這將在第四章詳細敘述。

綜合而言，這幾間金舖之間的連繫是建立在金舖東主之間的親族關係、昔日的生意往來，甚至門店位置就近等因素之上，借貨是這種親近關係的一種日常活動。

至於鄭裕彤向呂興合長記銀莊借金，則是建基於何種關係？鄭氏是順德倫教人，呂氏是潮州普寧人，正如鄭裕彤所講：「大家本來是沒有關係的。」35 呂興合長記銀莊於 1895 年在潮州汕頭創立，1930 年於香港設立分店，1937 年因戰亂爆發，呂明才將汕頭的總店遷址香

雙喜月金舖

雙喜月舖址是皇后大道中 146 號，毗鄰 148 號 B 的周大福舊店。兩店與鄰店祐
昌金舖、大南金舖和大陸金舖，形成猶如傳統「圍內金舖」的緊密關係，例如
借出金飾，售出後互相分拆利潤。雙喜月的東主是胡倬枝、胡有枝兄弟，兩人
都與鄭裕彤有不少合作生意。照片攝於 1963 年。（圖片由香港政府新聞處提供）

港。36 戰前的呂興合長記輸入黃金及提煉成純金金條,然後賣給批發金商或金飾店,1936 至 1941 年間平均每年輸入 8,000 多両黃金,香港淪陷時業務停頓。37 戰後呂興合長記復業,店址在德輔道西 12 號,即上環三角碼頭附近,1946 至 1947 年平均每年輸入黃金 12 萬両;38 戰時呂明才逃難到澳門,聽說曾住在周大福金舖樓上,與周至元認識。鄭裕彤出發往香港前,呂明才承諾,若有需要將盡力給予協助。39 因此,當香港黃金短缺時,鄭裕彤向黃金批發商呂興合長記借金,得到呂明才兒子呂高文的襄助,讓鄭裕彤免息借金,可說解決了周大福資金短缺的困難。

談到借金的故事時,鄭裕彤提到祖籍不同本應互不相干。以香港金飾業來說,有以籍貫分幫分派的說法。1930 年代興起的香港金飾業其實是承襲自廣州金飾業,金舖多以家族式操作,40 以廣東人為主。1947 至 1949 年後,不少上海商人逃難至香港,當中有從事珠寶業的,售賣款式新穎的珠寶首飾,帶來鑲嵌鑽石的手藝,使以廣東幫為主的香港金飾業有了新的景象。41 廣東人喜歡買金保值,婚宴喜慶時亦愛穿戴金飾,戰後初期,廣東人尚未有以珠寶首飾作保值或裝飾的習慣,上海珠寶商號的銷售對象多以遊客或富裕人家為主;尖沙咀也有不少金飾店,由印度籍商人所創辦;42 有些金飾店的貨品則來自潮籍珠寶製造商的 K 金首飾及從泰國入口的珠寶。43

戰後初期,廣東式的傳統金舖、上海幫的珠寶行及潮籍珠寶製造商,各有特色,銷售對象不同,可謂各有各做,加上方言的隔閡,正如

鄭裕彤所言：「本來是完全沒有關係的。」但因為生意的緣故，這種隔閡是可以打破的。鄭裕彤便是這種不論差異，願意打破隔閡的生意人。

商業品德

「服務當忠誠」是鄭裕彤授予前線員工的十大服務格言中其中一句，[44]原來早於戰後初期，他已經堅守忠誠的從商品德。

傳統金飾業有一種慣常模式，顧客喜歡光顧老字號，特別信任相熟的櫃面，一間金舖的生意，往往視乎頭櫃（即頭號售貨員）的人脈網絡，在業內有良好聲譽的頭櫃特別受到顧客的信任，原因是業內有一些銷售員以不良手法欺瞞顧客。何伯陶當後生時從長輩口中聽聞，廣州的老金舖常用種種不良手法瞞騙客人。

> 「舉一個例，你想變賣祖父祖母傳下來的首飾，於是拿到金舖去變賣，櫃面會問你：『這些首飾是哪裡來的呀？』你答：『我不清楚喎，我祖父留下來的。』櫃面跟你東拉西扯，目的是分散你的注意力。這時櫃面已開始使詐，他一面剪開首飾的焊口，挑出黃金做磅秤，告訴你這些值多少錢，讓你考慮是否接受出價。他一面跟你攀談，一面把一條毛巾放在旁邊，不經意地撥弄毛巾，又不經意地利用毛巾將櫃面上的金飾撥弄到地上，他彎腰把一些撿回來，但又把一些不撿回來，就是這樣使詐的。」[45]（何伯陶，2017 年 1 月 6 日）

以手鈪或鏈為例，開關的扣是以銅或合金焊接的，顧客到金舖變賣舊首飾時，櫃面會拆開或剪開扣位，揀出屬於黃金的部分磅秤，這時櫃面上便有若干分散的金飾，不良的櫃面銷售員趁機將部分金飾偷偷移走，秤出來的黃金總重量便縮減了，價錢便相應降低。另一種手法是使用兩種量度重量的碼子，一副是足秤的，另一副是不足秤的，櫃面會以不足秤的一副碼子對付生臉孔的客人。

「有一個上海人拿了一袋金沙過來，是我負責秤重量的。本來這種工作是沒有我份的，應該由做賬房的負責；當時生意太多呀，頭櫃喊道：『小子，幫我秤一秤這位先生的金沙。』我剛巧從郵局寄信回來，頭櫃吩咐下，我便照辦。量了三次都是370多兩，客人立即向他的同伴朋友說：『都拿來這裡，這個小子靠得住呀。』立即過來了十多人，每人都放了一些金要求由我秤，於是，鄭裕彤跑出來招呼客人。原來其中有一位是豪華樓的老闆，這是一間上海館子，在銅鑼灣豪華戲院樓上，是那些上海大亨吃飯聚會的地方，他的寫字樓在南北行那邊，名字叫做劉和齡，我還記得他的名字，是上海人，我們就這樣結識了一班大亨，成為好朋友。」46（何伯陶，2017年1月6日）

1949年之前，何伯陶只是周大福的後生，他記得跟鄭裕彤閒談時，分享了他從老一輩口中聽聞金舖騙人的手法，鄭裕彤曾叮囑他待客必須忠誠，不能有生客熟客之分。1947年後國共內戰期間，很多上海人帶著資本和技術逃難到香港，帶動香港的工業發展，47當中包

周大福青山道分行

櫃面員工正在用釐戥秤金。

括一些從事珠寶首飾業的上海人，何伯陶曾提到滬光珠寶便是由上海人開辦的，他常到滬光珠寶觀察櫥窗內的首飾設計。由於以誠待客，鄭裕彤得到當時逃難到香港的上海人的信任，生意特別好。

另一個故事表現了他對忠誠的堅持。鄭裕彤接受媒體或學者訪問時，總喜歡談到他所推行的「9999千足金」制度。1949年的管制黃金法令中，所管制的是純金度95%或以上的黃金或黃金製的器物，這法令於1974年取消，在這25年來，香港金銀貿易場出售的黃金是945成色的K金，金舖買入945K金後，可以煉為99純度再造成足金首飾，但只有持牌金舖才可售賣，而且有數量限制，限制以外的合法買賣只容許K金，於是99成色和K金兩類不同的首飾同時流通市面，若不老實的商人出售K金首飾時以99成色計價的話，便可以謀取不當利潤。

對於金飾業內這種亂象，市民在選購金飾時難免會有所提防。為挽回市民的信心，鄭裕彤向外宣佈周大福出售9999成色的足金金飾，雖然分行經理曾提出異議，鄭裕彤仍堅信自己的想法。

> 「那時候金舖很混亂，客人也覺得很混亂，我想，不如賣最好的四個9，因為百分之百是沒有可能的。為什麼我遭到反對呢？經理告訴我：『老闆，我們已經用99，比別人已經好很多，你用四條9，會少賺錢的。』我明白他們的意思，那時金價一兩99純金賣300幾元，我賣9999也是一兩賣300幾元，這樣

我們便蝕錢了。我說不要緊，你賣廣告要花錢，用四條 9 就等
如賣廣告。」48

不出所料，刻有「周大福」字樣的金飾特別受歡迎，當時市民急需
周轉時，會把金飾向當舖典當，掌櫃見到金飾上刻有「周大福」字
樣的，都願意以稍高價錢接收，49 口耳相傳下周大福的 9999 足金
首飾特別受歡迎，鄭裕彤以「忠誠可靠」為口碑便是最好的宣傳。

外篇故事

年輕時的何伯陶（右）與友人攝於皇后大道中 148 號 B 周大福舊店門外。

何伯陶

亦師亦友
老夥記與鄭裕彤

何伯陶（1929-2018），順德羊額出生。人稱「陶叔」的何伯陶一直是鄭裕彤的得力助手，是周大福珠寶金行有限公司第一代管理層，任至執行董事，亦是周大福珠寶的總設計師。陶叔的憶述內容豐富，談及早期金舖後生的生活處境，他在珠寶設計方面的成長經過，與鄭裕彤亦師亦友、超越東主下屬關係的情誼；一次被挖角的事件，表現了上一代重視誠信的品德，同時反映金飾業內的一些生意形式。

我是在1947年1月來香港的。1946年末鄭家純在鄉下出生，鄭裕彤返鄉下擺滿月宴，之後經過廣州，把我由廣州的「天寶金舖」帶到香港周大福來，我們是這樣開始一起工作的。

以前的金舖，後生和學徒都睡在金舖裡。我做後生的要抹地板、洗痰罐，每晚我抹好地板後，那個學徒的鞋底踩濕了，踏上抹過的地板便弄出幾個髒鞋印來，我當然不會放過他，他還要故意多踏幾下，我們便打起架來，我個子小當然要輸。我心裡不服，我在家鄉是個小少爺，為何要在這裡受氣？於是跑到鄭裕彤跟前哭訴要辭工。他說：「你辭工沒問題，不過我想問你，你既然從鄉下出來了，為何輕易回去？家人問你為何跑回來，你答是跟人打架嗎？豈非讓家人看輕？我看你做事挺認真，你現在年紀尚輕，待你長大一些，我讓你讀夜校進修，將來長大了便學習做生意。」我細想，與其生氣，不如化敵為友，我改變了工作程序，讓大家都安睡了才抹地板，還幫助這學徒整理床鋪，下午還替他買點心，不久我們變成了好朋友呢。

我幼時在學校就特別喜歡寫畫。有人建議我去學珠寶設計，當時我未有資格參加珠寶業文員會的設計班，於是借用了櫃面何厚的名義去報名上課，六個月後考試我得第一名，立即全行哄動。

開始時鄭裕彤對我沒有信心，我考到第一名都不管用，反而外邊的人說：「你已經考到第一名，不如你幫我設計啦。」於是，我免費替行家（即從事同一行業的人）設計珠寶，我的條件是首飾做好後必須讓我觀賞。逐漸，有經紀來買我設計的珠寶，我先設計，然後交館口（即小工場）做鑲鑿。有人開始議論：「何伯陶設計的款式很美觀啊，為何在周大福買不到的呢？」鄭裕彤才開始信任我，把周大福的珠寶交給我設計，他還跑到上海買珠、買材料供我設計，我就是這樣開始的。

那年「大陸金舖」老闆楊成找我為他開工場做首飾，當時我剛結婚不久。楊成問我：「你在周大福每月人工多少？」我答：「260元。」「這麼少！這樣吧，我給你每月2,500元，交500兩黃金給你，你幫我開一間工場，為我做事。」我說：「世伯，你弄錯啦，我不會離開周大福的，鄭裕彤對我很好，凡事都交給我打理，我走了如何對得起他？」楊成說：「你用一個星期時間去考慮吧。」我想來想去，始終認為不能答應楊成。

我問過老闆（鄭裕彤）：「究竟幾多歲結婚才好呢？」他說：「千萬不要太早結婚，起碼都30歲以後啦。」那時我才二十三四歲，當然不會那麼快結婚。誰知太太的姐姐打算移民，她跟我們說：「我看到你們結婚後才能安心離開。」臨時臨急，我根本沒有錢辦結婚的事。老闆知道了，他說：「好啦，你結婚啦。」我心裡不安，我原答應了他30歲後才結婚的。他給我5,000元在石塘咀廣州酒家做喜宴，辦了20圍酒席，他是證婚人，還替我邀請貴賓，很多有錢人都來參加喜宴。之後我還有餘錢在永和里租了房間與太太生活。

試問哪裡可以找到這麼好的老闆？我怎可以見利忘義？

鄭裕彤與周大福的頭櫃、雙喜月的老闆，還有一個經紀，四個人每人合股4,000元，以1萬6千元開一邊櫃面，叫做「周大福珠寶」。做經紀那個夜夜笙歌，鄭裕彤為人很節儉的，不會胡亂花錢，到分錢的時候，那個人就抱怨：「我應酬客人的使費，你沒有計入開支中，變相你分得多，我分得少。」大家意見不合下，那個人便另起爐灶，他還慫恿其他股東一起離開。他也慫恿我離開：「何伯陶，輪到你啦。」我告訴他：「我不能走的呀！」他問為什麼，我說：「鄭裕彤帶我出身，你們全走了，還有誰會幫他？無論如何我是不能走的。」他說：「鄭裕彤懂什麼？六個月後周大福一定執笠（倒閉），我敢擔保他一定失敗。」

翌日，鄭裕彤和我兩個人拿著四分一的貨，鄭裕彤坐頭櫃，我坐二櫃，就這樣做生意。我們開始找人手，從「大南金舖」請了一個姓鄭的親戚做櫃面，誰知他經常外出，整天都不在金舖裡；我們又請了一個大師傅，在業內很有名氣的，他的確帶了很多客人來，但卻經常開櫃桶拿錢，我是負責管賬目的，每天欠數 500 元，都算在我頭上。我跟老闆講：「這樣下去不是辦法，不如找兄弟回來一起做吧。」始終做生意要有信得過的自己人才可放心，後來我們兄弟班一齊做。

鄭裕彤曾經跟我講過：「何伯陶，做生意是有風險的，你如何減低風險？」我說：「老闆，我怎會知道？」他說：「比喻你有三個朋友，每人有 3 萬元，有一宗生意需要 3 萬元，我會去問大家有沒有興趣？有興趣的每人夾 1 萬元。如果我一個人做，輸了便會蝕光，如果跟朋友合作，每人蝕 1 萬元，影響不會太大。我們三個人合作，凡事一起商量，三人都同意才『去馬』（實行），大家是認識的，互相了解對方的來龍去脈，這樣做風險就最小了。」賺到錢鄭裕彤立即與大家分，人人都有利，周大福就是這樣起家的。同行如敵國，鄭裕彤就喜歡化敵為友。

涉足鑽石批發

借金和借貨的目的是解決困難，尚未談到鄭裕彤如何開拓自己的黃金歲月。由戰後初期至 1950 年代，鄭裕彤已開始經營金飾以外的生意，這段時間可視為他在商業上的成長期，上面的小故事反映了他做生意的態度，下面將詳細描述，他如何開拓傳統金飾業以外的業務，使周大福由傳統金舖轉型為珠寶金行。

戰後初期，鄭裕彤開始涉足鑽石批發生意，正是這個時候，鄭裕彤遇上他的知己良朋冼為堅。冼為堅於廣東佛山出生，祖父和父親在廣州和香港經營當押業，父親對鑑別珠寶有相當知識，因而認識大行珠寶行的老闆蕭傑勤（行內人稱「蕭蘇」），經蕭傑勤的帶引，冼為堅於戰後受聘於大行珠寶行。

大行珠寶行約於 1942 年日佔時期創立，創辦人是蕭文焯及他的兄長蕭傑勤，大行的前身是位於皇后大道中的寶來金舖，1879 年由蕭氏兄弟的父親創立。大行於戰後發展迅速，從南非、英國和美國進口白金、K 白金、鑽石及黃金等用於鑲製首飾的原材料；進口鑽石方面，1947 年大行獲南非鑽石商 Gem of the House 授權獨家代理 Liberty Diamond Cutting Work (Pty.) Ltd. 出品的鑽石，每月入口價值幾十萬元的已切割打磨的鑽石，相信它是香港第一家進口鑽石的華人商行。50

當時大行珠寶行位於中環東亞銀行大廈 8 樓，冼為堅先學習整理會計賬目，逐漸負責鑽石的買賣，包括將入口的鑽石分類、包裝和訂價。他是在大行結識到前來買鑽石的鄭裕彤。

「那時大約是 1947 年，我認識到鄭裕彤先生。他是我們的顧客，很長時間一直光顧大行。我深刻記得，他過來買完貨之後，我們兩個人搭著膊頭一起去順記吃雪糕，那時我們（大行珠寶行）在東亞銀行，周大福在大馬路那邊，而順記就在雲咸街和安蘭街的轉角位，吃罷雪糕，我們返回大馬路分手，他向大馬路（大道中 148 號）走去，我返回東亞銀行。

「鑽石貨來到公司，我們一定通知他，因為鄭先生的數目非常清楚。我們的慣例是放賬兩個月，他一定依期結賬，有時還會提早呢。我們有很多顧客，有時兩個月過去了仍未找數，拖兩個半月、三個月。鄭先生呢，他是最準時的，有時我用電話跟他商量：『我們剛巧銀根較緊，你可以提前結賬嗎？』『得、得、得！』我們有需要時他是會提早結賬的。

「他的生意愈做愈大，有時根本不用看貨便決定整批買下來，隔一段時間後，我會問他：『彤哥，這批貨好賣嗎？』他答：『這批貨幾好賣。』下一次買貨時，他會在價錢上自動增加一個至兩個 percent（百分比）。有時一批貨不容易賣出，他會說：『這批貨不太受歡迎啊。』於是，我在價錢上調低一兩個 percent，

我們是這樣互相遷就的。」51（冼為堅，2016 年 8 月 19 日）

冼為堅心目中的鄭裕彤，心算快、計數精明，兩人年紀相若、才智相近，互相欣賞並結成好友，冼為堅憶述兩個年輕小伙子辦妥事情後，結伴往順記吃雪糕，映照出鄭裕彤富人情味和個性活潑的一面。除此之外，鄭裕彤也是一個通情達理、非常有信用的人，即使當時商界流行「記賬」形式（即取貨後一段時間，取貨方才向付貨方清還款項），鄭裕彤絕不會拖欠賬款。做生意要共贏互利，這是冼為堅對鄭裕彤的讚譽。

鄭裕彤向大行買入大批鑽石後，生意是怎樣做的？當年是「陳廣記珠寶行」東主的許爵榮，原來曾經是鄭裕彤的「客仔」。52

> 「大行珠寶行堅哥（冼為堅）是進口鑽石的，進口之後需要拆
> 貨，賣給行家。我們陳廣記有向他買貨，彤哥（鄭裕彤）亦有
> 向他買貨，彤哥有時買大手一些，於是交經紀拆貨給行家，我
> 們也有向彤哥買貨的，因為我們不是買很多，從經紀處挑選合
> 適的才買。」53（許爵榮，2017 年 9 月 5 日）

從許爵榮的憶述，可知鄭裕彤是在經營鑽石批發生意。鑽石買賣可分為兩層，一層是進口商與批發商之間的買賣，即如大行珠寶行與鄭裕彤之間的生意，另一層是批發商與零售店之間的生意，即如鄭裕彤與許爵榮之間的買賣。大行珠寶行進口一批鑽石後，會依大小

鄭裕彤在鑑賞鑽石

攝於 1985 年 7 月。（圖片由星島日報提供）

和顏色分拆成數量不一的小包,鄭裕彤買下其中一包或多包,然後
再拆開賣給其他金飾珠寶店,大家份屬同業,俗稱「行家」。

> 「一袋之中不會只得一種貨色,有大有小,不會每顆鑽石都合
> 用,如果想做拆貨的生意就買大批的,買下一批大手的,再分
> 開散賣,大顆的賣給這個,細顆的賣給那個。大行亦有散賣的
> 貨,它未必每宗都分成一袋一袋賣,所以我們跟大行也有來往,
> 不過比例上就不及彤哥。我的做法是選擇合適的來賣,因為我
> 的對象是用家,彤哥專門買回來拆貨,他的對象是行家。」54
> (許爵榮,2017 年 9 月 5 日)

許爵榮所講的「拆貨」,即是批發商與門市商店之間的買賣,陳廣記
專注做門市,依顧客用家的口味入貨,買貨時數量少、選擇性高;
鄭裕彤的生意對象是行家,便買入大小不一、顏色各異的貨色,以
滿足不同行家的需要,金飾業行內俗稱為「做行家生意」,現代語言
是做批發生意。

鄭裕彤早於戰後初期便涉足鑽石批發買賣,當時香港的鑽石商貿情
況是怎樣的?香港沒有出產鑽石,所有貨品均從外地進口,觀察鑽
石的進出口數字可以了解鑽石貿易的活躍程度。

戰前的香港貿易統計,與珠寶首飾相關的行業分類有黃金、銀、白
金、寶石、首飾及銀器,所謂寶石其實只有玉石的貿易數字,當時

還沒有鑽石這個分類。戰後第一份香港貿易統計於 1949 年刊出，當
時的分類增添了寶石、半寶石及珍珠一項，鑽石仍未有獨立數字，
被合併入「寶石」類中。55 直至 1952 年，香港貿易統計開始將鑽石
以獨立分項顯示，相信當時的貨值已有相當份量，值得於統計報告
中獨立呈現。

我們整理了 1952 至 1961 年的鑽石貿易數字，時間點以鄭裕彤正式
接手周大福為界，觀察他在 1950 年代涉足鑽石批發買賣時香港鑽石
貿易的狀況（詳見表 3）。首先，1952 至 1961 年這十年間，鑽石的
進口和出口逐年增長，進口貨值每年平均增長 92.5%，出口貨值增長
1.05 倍，可見戰後鑽石的進出口貿易發展非常迅速。第二，出口鑽
石佔進口鑽石貨值的比例十年平均是 19.1%，換言之，約有八成進口
鑽石在本地銷售，以 1960 年為例，本銷鑽石貨值是 1.43 億元，數
額非常龐大；《香港經濟年鑑》質疑以當時的香港經濟水平，市民的
購買力無可能消化這價值龐大的進口鑽石，估計有相當數量是經「地
下生意」途徑離開香港，56 暗示經走私或偷運出境，它亦估計有不
少由旅客或訪港華僑，從本地購得珠寶首飾後將之攜帶出境。

據陳廣記的許爵榮的憶述，鄭裕彤買入大批鑽石後，向本地的行家
拆貨，當時有沒有賣給外地買家、遊客、水貨客，又或有沒有親自
或派員帶貨到外地出售？現在已無從查證。比較肯定的是，1961 年
周大福珠寶金行有限公司成立後，鄭裕彤正式設立鑽石部，專門負責
鑽石進口及出口、分類、訂價等工作，可以想像，由 1947 至 1961 年間，

表 3：香港鑽石進出口值（港元）

年份	進口總值	出口總值	出口佔進口比例（％）	本銷貨值
1952	27,091,773	7,856,056	29.0	19,235,717
1953	30,851,170	1,142,353	3.7	29,708,817
1954	32,803,440	4,096,325	12.5	28,707,115
1955	60,741,781	7,585,448	12.5	53,156,333
1956	85,012,658	16,112,724	19.0	68,899,934
1957	93,619,811	12,430,648	13.3	81,189,163
1958	97,785,318	19,283,702	19.7	78,501,616
1959	144,453,445	28,174,449	19.5	116,278,996
1960	185,132,026	41,815,763	22.6	143,316,263
1961	228,069,631	50,050,212	22.0	178,019,419
每年平均	增長率 92.5%	增長率 104.9%	19.1	79,701,337

○ 資料來源：*Hong Kong Trade Statistics.* Hong Kong: Government Printer.

○ 1. 鑽石是指已切割打磨但未鑲嵌的鑽石。
　2. 每年平均是指 1952 至 1961 年間十年來的每年平均。
　3. 本銷貨值是進口總值減去出口總值。
　4. 增幅是與上一年比較的增幅。

鄭裕彤已累積相當豐富的經驗和客路，對專注鑽石買賣已很有信心。

1947 年，當鑽石貿易尚未有獨立統計數據，即貿易水平偏低時，鄭裕彤已開始到大行珠寶行買貨，1950 年鑽石貿易急速增長時，他專門做行家生意，在金飾業內可說是快人一步。鄭裕彤由傳統金舖出身，為何會涉足鑽石的生意？我們可以從傳統金飾業的狀況和運作

特色來理解他對開發新業務的興趣。

1950 年代進口黃金和黃金買賣是受管制的,金舖的生意和利潤受到直接影響,除了銷售量,利潤幅度也受影響。一件金飾的價錢包括金價、黃金買賣的佣金(公價規定佔賣價 2%)和師傅做鑲鑿的工錢;金價是依重量計算,工錢歸師傅所有,舖頭賺取的是佣金、火耗和黃金買賣的差價,57 佣金是固定的 2%,只有差價有變動空間。黃金管制令推行期間,金價非常穩定,1950 至 1971 年間,最高價和最低價一直徘徊在 250 至 330 元之間,一年內的高低波幅最少 5 元,最多54 元;58 金價穩定時差價幅度窄,利潤空間相當固定,挑戰性較低。

相反,鑽石和珠寶的議價空間很大,一顆鑽石的價值,除了看本身的大小、顏色、閃亮度及瑕疵,還要視乎買家的喜好,每顆鑽石各有它的特色,加上工藝師的手藝,價錢變化很大,商人可憑個人的眼光和膽識與買家議價。鄭裕彤曾經向傳媒講過自己是喜歡接受挑戰的人,59 當時鑽石買賣在起步階段,市場尚未成形,鄭裕彤比人快一步參與鑽石買賣,正好反映他愛挑戰的性格特質。話說回來,鄭裕彤對鑽石絕非門外漢,澳門周大福於戰時已涉足鑽石和珠寶,周至元聘用資深行家韓麗洲坐鎮,專門負責鑑別珠寶玉石的品質和定價,60 相信鄭裕彤對鑽石已有一些認識。因此,若周大福要拓展多一門生意,鑽石買賣是合理的選擇。

多元化的金舖生意

在門店銷售方面，鄭裕彤亦作出了新嘗試，包括在傳統金舖內增置珠寶飾櫃，在九龍人口密集的社區開設分行，1956 年深水埗青山道分行開業，1959 年油麻地分行開業。各分行開始引入新的元素，並因應分行所在社區的特色，附設非金舖的服務。

從金舖老員工的憶述，傳統金舖主要售賣足金金飾，有些兼營玉器，這樣的話，戰後初期的周大福金舖也是一間傳統金舖。鄭裕彤描述戰後初期的周大福金舖只有幾百呎大小，金舖只有 100 多兩金和少量玉器，規模有限。61 周大福的舖內陳設，與一般金舖無異，入門的右邊是一條長形的飾櫃，用來陳列足金首飾和玉器，另一邊放置了酸枝椅和茶几，供招呼客人用。跟傳統金舖一樣舖頭設計是前舖後工場，有幾個師傅在製造金飾、鑲鑿及修長補短的工作。

約於 1948 至 1949 年間，鄭裕彤將放置酸枝椅和茶几的一邊改裝為珠寶飾櫃，專門售賣珠寶首飾，與對面的金飾部分庭抗禮。依何伯陶的記憶，珠寶飾櫃是鄭裕彤與幾位行家合股設立的，62 可謂自己生意，與周至元轄下的周大福金舖是「兩盤數」。63 兩個字號共用一個舖位，以許爵榮的觀察，這是常見現象，既可分擔租金，更可吸引顧客注意，最佳的組合是一個做金飾，一個做玉器、珍珠和寶石，藉此增加貨類吸引顧客。64

此外，鄭裕彤亦在門店銷售方面作了新嘗試。1949 至 1959 年間，周大福分別有三間門店在中環以外的地區開業。1949 年他與胡有枝（雙喜月金舖老闆）合股在皇后大道西開設西盛金舖，後來這金舖改組為周大福西營盤分行；1956 年在深水埗開設青山道分行；1959 年開設油麻地分行；1967 年西營盤分行搬到九龍城太子道西，即九龍城分行。

1956 年，深水埗青山道已經有幾間金舖，包括老西盛金舖、東盛金舖、廣珍金舖及周生生分行，65 毗鄰周大福分行的是老西盛金舖和廣珍金舖，據老員工的憶述，幾間金舖的門面形式很相似，都是傳統金舖，主要賣金飾和金粒，珠寶只佔少數。深水埗青山道一帶是唐樓林立的舊式社區，靠山方向有蘇屋邨和李鄭屋徙置區，是普羅階層居住的社區，喜慶時買金飾，平日將積蓄買金保值。因此，周大福分行設有「存金」服務。馮漢勳曾服務於油麻地分行的櫃面，他對金舖的存金服務有這樣的理解。

「我們有做存金，年利率兩釐。接受存金有什麼用途呢？假設你經營一間金舖，需要 1,000 兩黃金存貨，如果你以存金吸收了 1,000 兩金，你便毋須用資金買貨，只需要準備每年支付 2% 利息給存戶客人。做存金對金舖的好處是將本來用作買金的資金，轉到其他用途上，方便了金舖的周轉，並且可以節省利息，因為當時借貸需要 10%，借金只需 2%。作風穩健的金舖不會將客人的存金用做其他投資，若果存戶要取回存金，金舖有流動資金應付提取；即使發生如擠提的情況，有很多存戶來提取存金，

金舖也可以黃金存貨應付。只要選擇作風穩健的金舖，市民到
金舖做存金是不錯的保值方法。」66（馮漢勳，2018 年 11 月 14 日）

昔日一般市民喜歡買金保值，但保險箱這類設施尚未普及，寄存在
相熟金舖可作保險，又可賺利息。周大福提供存金服務，既可利用
客戶寄存的黃金或金飾，擴充存貨，亦吸引鄰近坊眾光顧。除了存
金，青山道分行還有其他非金飾買賣的服務，包括匯兌、找換、換
零錢、存款等，主要對象是區內的台山人。

據曾服務於青山道分行的員工黃大傑憶述，相信鄭裕彤決定在青山
道開設分行，是為了吸引附近居住的四邑人光顧，原因是四邑（新
會、台山、開平、恩平）尤其台山是華僑之鄉，鄉民多到外埠找機
會，不少人曾經在美國謀生，退休後沒有回鄉，隨家人在香港定居，
又或者香港的台山人之中有親戚在美國。台山人兌現支票需要找相
熟的、可靠的途徑，所以鄭裕彤找來台山人劉顯仕擔任櫃面。

「其實四邑人都住在附近，非常近便，每月收到支票，都會來
周大福兌現，當時很少人選擇到銀行做兌換。那時我們舖面有
兩個台山亞伯，一個叫劉顯仕，他真的有很多熟客，四邑人喜
歡找同聲同氣的傾偈，每月到時到候一定過來做找換。最主要
的目的是什麼呢？老闆（鄭裕彤）希望增加客流，有客人入舖
頭，就有機會光顧買東西，其實做這些找換生意，不會賺到多
少錢的。」67（黃大傑，2018 年 12 月 13 日）

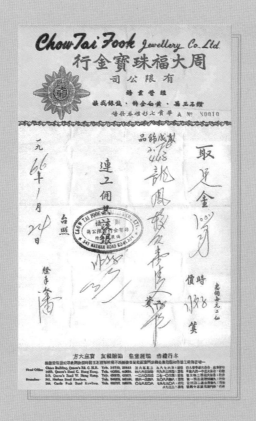

金飾買賣票據

上面蓋了彌敦道分行的印章，內容從右邊讀起：

「取足金 1 両 2 厘（1.002 両），時價（每両）295 元算，惠佣每元二仙

製成飾品（貨號）2.F6 443 龍鳳較鈪壹隻，工資 25 元

連工佣共該銀 326.5 元

台照

1966 年 1 月 24 日　經手人：潘」

龍鳳較鈪，即雕了龍鳳式樣的手鈪，「較」指鈪的開關，通常是在龍頭前設一顆珠狀的按掣，按下便可打開「較」，方便戴上或除下金鈪。經手人「潘」是潘祖蔭，當時是周大福油麻地彌敦道分行的金飾部頭櫃。

薛汝麟本來在青山道分行做櫃面銷售，後來被調入賬房，負責匯款和兌換服務。

「我轉了到賬房做事，做什麼的呢？所謂叫做找換，當時青山道有很多四邑人，四邑人大多在美國、加拿大等地方有人寄錢、寄支票過來，如果他從那邊退休後回來香港生活，每個月便會收到美國或加拿大寄來的支票。他們很少去銀行，與我們的同事熟絡了，便在我們那裡做兌換；另外，我們亦有國內匯款的服務，廣州、順德、南海等地方最多，尤其年尾時大家爭相寄錢回鄉，年尾時匯款方面的生意特別多。」68（薛汝麟，2018年12月13日）

不單青山道分行，油麻地分行和九龍城分行都設有兌換服務，由兌換服務再衍生出存款服務。曾服務於油麻地分行的馮漢勳解釋支票匯兌和存款服務之間的關係。

「為何做找換會吸收到存款的呢？那時最初在青山道分行先行，青山道有台山人、台山人的家屬，每個月都會收到美金支票，他們拿著那張美金支票到我們金舖來兌換，換到現金未必會拿走，根本日常毋須用到這筆錢，他們把支票兌換成現金後，在金舖開個戶口存起，當做存款收息，我們金舖又可以增加流動資金。」69（馮漢勳，2018年11月14日）

除了兌換外幣支票，找換服務也包括「唱散紙」（換零錢），例如一個普羅市民得到一張大面值的紙幣，會到金舖換成面值較小的紙幣零錢，周大福收取幾毫子手續費。兌換支票、美金換港幣、換零錢等，都是今日銀行的服務，當年銀行分行未普及，政府尚未實施存款管制法例，加上 1960 年代香港發生過幾次銀行擠提，令市民選擇到金舖接受類似銀行的服務。銀行擠提風波下，周大福仍然得到顧客的信任，原因是四邑籍的櫃台員工劉顯仕能安撫台山客人。

> 「以前金舖可以接受存款，存款額不算少，但那次擠提，我記得當時是新年，門店那棵桃花差點被推跌。開始時是海外信託，然後是恒生銀行，對我們都有一些影響，有人來提錢。不過我們應付得到，沒發生問題，而且很多人都信任那個台山亞伯櫃面，經他解釋一下便放心了，那個台山亞伯都幾有本事的。」70（薛汝麟，2018 年 12 月 13 日）

鄭裕彤在金舖設立買賣金飾以外的服務，當然是從生意角度出發，但他這對「生意眼」也確實注意到社區民生的需要，所以 1956 至 1967 年，在這幾處人口密集的地區設立分行。其後這些服務陸續取消，1972 年青山道分行搬到旺角山東街時，新舖不再提供兌換服務，存款服務至 2011 年周大福上市時便全面取消。

1959 年，鄭裕彤到油麻地彌敦道開新分行，這舉措令金飾業界震動。油麻地分行位於彌敦道 341 號，鄰近有幾間老字號金舖，東記、長興、

雙喜月分行、勝利、新新，這幾間金舖在 1949 年政府頒佈管制黃金法令時已獲發牌照，東記和新新是甲級金舖，其餘三間是乙級金舖。這一帶的彌敦道上有數間戲院，大華戲院、普慶戲院、平安戲院，大華戲院專門放映西片，普慶戲院經常有粵劇上演，平安戲院是油麻地區規模最大的戲院。[71] 金舖鄰近戲院，使這一帶的彌敦道是逛街看戲的消閒區。

油麻地分行有一段佳話，流傳於老員工之間。

「油麻地分行那時，我覺得資金非常充裕，我聽過當時開油麻地分行時，老闆預算投資的資金是 100 萬元。『嘩，100 萬元開一間金舖嗎，想炸沉九龍嗎？』轟動了整個珠寶業。那個時候 100 萬元是一筆大數目，買一個舊唐樓單位只需要幾萬元，100 萬的珠寶行等於多少個唐樓單位？以公司雄厚的資本，無論貨量、貨色，應有盡有。我們的金飾手工，我們的工藝師，一向都是與眾不同的，應該比油麻地的金舖品質較佳，周大福的檔次是高一些的，因為我們是從中環過來的嘛，跟九龍那些老金舖是不一樣的。」[72]（馮漢勳，2018 年 11 月 14 日）

除了貨色，裝修方面，與一般老金舖也是有所區別的。

「那些金舖主要以賣金為主，所以很多都以什麼老金舖命名，而且他們的裝修全部都用鐵欄，飾櫃裡面裝電燈膽；我們公司

周大福油麻地分行舊貌

位於彌敦道 341 號的油麻地分行。坐於飾櫃內最靠近店舖入口者,是俗稱「頭櫃」的櫃面銷售員,定必由經驗豐富的資深從業員擔任,有相熟顧客網絡的頭櫃尤其受僱主歡迎,因為他會為店舖帶來更多生意。右邊戴眼鏡的是油麻地分行第一任頭櫃盧祖文。

在 1960 年代已經用射燈，1962 年有冷氣，用開利冷氣的；射
燈我猜是用飛利浦射燈，可能你未必知道，皇上皇餐廳出品的
照燒雞，就是用聚光燈膽近距離照著燒雞的，我們也是用射燈
做裝飾。地板我們用膠板地，要打蠟的，老金舖的地下可能用
瓷磚，細細粒那種紙皮石。」73（馮漢勳，2018 年 11 月 14 日）

馮漢勳形容射燈是裝在天花板的，相比把燈膽裝在飾櫃的老金舖，
周大福的新店在外觀上燈火通明，比較吸引途人注意。油麻地上海
街是九龍的老金舖集中地，主要是乙級和丙級金舖；鄭裕彤選擇在
彌敦道開舖而不是上海街，而且選擇與東記、新新等甲級金舖為鄰，
反映這個時候的鄭裕彤，對周大福的競爭力已相當有信心。

**鄭裕彤的
足跡**

剛二十出頭的鄭裕彤來到戰後的香港，為周大福香港分行復店，戰後香港物質短缺，黃金更是政府嚴控的資源，鄭裕彤不但使香港周大福復業，更有長足發展，可見其辦事能力。復業同時，鄭裕彤亦開始踏上其從商之路，即使身為周大福女婿，卻不會死守故業，在舊式金舖裡注入新元素——引入珠寶和鑽石；他廣開門路，憑俗稱「行街」的推銷工作，累積見識、經驗、個人資金，最重要的是累積人脈網絡。鄭裕彤表現出的從商風格是謹守誠實的品德，來港十多年，鄭裕彤已是一位重誠信、廣結同業好友、具銳利觸覺的商人，準備好邁進他的珠寶大王之路。

註釋

1   參考王惠玲、莫健偉：〈何伯陶口述歷史訪談〉（2016 年 12 月 19 日）。

2   參考錢華：《因時而變：戰後香港珠寶業之發展與轉型（1945-2005）》（2006 年），頁 35-36。

3   參考留津：〈香港億萬富豪列傳之八：珠寶大王——鄭裕彤〉（1977 年）。

4   各專訪於 1978 年輯錄成書，書中 12 位富豪包括霍英東、趙從衍、李嘉誠、楊志雲、周錫年、方新道、馮景禧、鄭裕彤、蕭明、胡仙、邵逸夫、何鴻燊。參考王敬羲：《香港億萬富豪列傳》（1978 年）。

5   參考幾本有關鄭裕彤的傳記，藍潮將鄭裕彤描繪成「沙膽彤」，穆志濱則認為鄭裕彤注重細節是他的成功之道，陳雨認為鄭裕彤成為香港最大的鑽石進口商，是因為他看準女性喜歡珠寶的心態，眼光獨到。參考穆志濱、柴娜：〈「沙膽大亨」鄭裕彤：從珠寶大王到地產大王〉（2011 年）；陳雨：《黃金歲月：鄭裕彤傳》（2003 年）；藍潮：《鄭裕彤傳》（1996 年）。

6   參考留津：〈香港億萬富豪列傳之八：珠寶大王——鄭裕彤〉（1977 年）。

7   參考周大福企業文化編制委員會編：〈周大福與我——鄭裕彤自述〉（2011 年），頁 250。然而，根據何伯陶的憶述，香港淪陷時，周大福停業，至和平後復業。可能的情況是，香港淪陷後周大福繼續營業，一段時間後無法維持，唯有停業，戰後復業。參考周大福企業文化編制委員會編：〈草創時期——抗戰勝利前後的周大福〉（2011 年），頁 271。

8   參考〈港九珠石玉器金銀首飾業聯會會員芳名錄（中華民國三十六年度）〉。香港歷史檔案館檔案編號 HKRS939-4-57，文件編號 20。

9   參考周大福企業文化編制委員會編：〈周大福與我——鄭裕彤自述〉（2011 年），頁 250。

10   文件記載周大福自稱於 1941 年開業。參考香港歷史檔案館館藏，檔案編號 HKRS163-1-309，文件編號 142。

11   有關周大福金舖致函財政司申請輸入黃金的牌照。參考香港歷史檔案館館藏，檔案編號 HKRS163-1-309，文件編號 130。

12   參考同上。

13   參考王惠玲、莫健偉：〈何伯陶口述歷史訪談〉（2016 年 12 月 19 日）。1950 年以前，位於 148 號 A 舖位的是「新生金舖」；自 1950 年起，該舖位由「大陸金舖」經營。何伯陶談及周大福與大陸金舖的合作，發生於 1950 年代中後期。1949 年香港金舖

資料，參考香港歷史檔案館館藏，檔案編號 HKRS41-1-6706；1950 年的金舖資料，參考檔案編號 HKRS41-1-6708。

14　參考馮邦彥：《香港金融業百年》（2002 年），頁 64-67。

15　黃金炒賣熾熱，主因在於國民政府在國共內戰中節節敗退，以大量發行紙幣維持國庫收入，造成貨幣嚴重貶值，大量民間資金流入香港，引發市場炒賣外幣、黃金和白銀，上海、廣州及香港的行莊之間形成套匯關係，將內地巨額資金兌換成外幣、黃金或白銀，在香港進行炒賣或外逃境外。參考馮邦彥：《香港金融業百年》（2002 年），頁 64-67。

16　參考楊志雲：《楊志雲回憶錄》（2002 年）。

17　參考 Schenk, 1995, pp.387-402.

18　香港是英國殖民地，戰後各國為了恢復國內經濟，重建國際金融貨幣秩序，國際貨幣基金宣佈各國政府必須採取措施控制黃金的產量、出入口及買賣流通和價格。參考 Schenk, 2001.

19　參考〈金銀首飾商會議決　暫時停止營業四天　金飾售價及來源問題待請示〉，《工商日報》，1949 年 4 月 16 日。

20　牌照分為甲、乙、丙三級，甲級可持有 260 安士黃金，乙級可持有 250 安士，丙級可持有 100 安士，持牌金舖可以向註冊牙醫出售黃金，每次不超過 10 安士，向香港居民出售黃金，每日不超過 3 安士，香港居民可向持牌金舖或人士出售黃金，每次不超過 5 安士。參考〈管制黃金令（四則）〉，刊登於《一九四九年香港年鑑》，第三回中卷，〈法令規章〉，頁 19-20。

21　參考 Hong Kong Trade Returns, 歷年。

22　參考香港歷史檔案館館藏，檔案編號 HKRS41-1-5107；檔案編號 HKRS41-1-6708。

23　有報章分析香港黃金的來龍和去脈。黃金多來自南非和歐洲，香港商人向外商訂貨，貨物經越南運至澳門，因澳門沒有限制入口，經持牌的入口商並繳足稅款便可，專造熔鑄的銀號將入口的 997 黃金煉製成 99 澳門金條，偷運至香港；香港金商熔鑄為 945 成色黃金，向市場出貨，或者以 99 金條偷運至泰國、新加坡、印尼等東南亞地區。參考〈黃金的來源與銷路〉，《工商日報》，1951 年 5 月 15 日。

24　參考 Sitt, 1995, pp.14.

25　該書作者自稱曾與鄭裕彤做過獨家訪問。參考陳雨：《黃金歲月：鄭裕彤傳》（2003 年），頁 39。

26　參考王惠玲、莫健偉：〈何伯陶口述歷史訪談〉（2017 年 1 月 6 日）。

27　參考同上。

28   祐昌金舖位於皇后大道中 144 號，雙喜月金舖位於 146 號，周大福金舖與大陸金舖合租 148 號舖位，大南金舖位於 150 號。參考香港歷史檔案館館藏，檔案編號 HKRS41-1-6706。

29   1945 年戰後初期，何伯陶曾在廣州的天寶金舖做後生，他稱周至元為大老闆。參考王惠玲、莫健偉：〈何伯陶口述歷史訪談〉（2017 年 1 月 6 日）。

30   參考王惠玲、莫健偉：〈周桂昌口述歷史訪談〉（2018 年 12 月 18 日）；有關天寶金舖的資料來自何伯陶訪談，參考王惠玲、莫健偉：〈何伯陶口述歷史訪談〉（2016 年 12 月 19 日）。

31   參考王惠玲、莫健偉：〈鄭錫鴻口述歷史訪談〉（2018 年 12 月 17 日）。

32   參考周大福企業文化編制委員會編：〈周大福與我──鄭裕彤自述〉（2011 年），頁 248-255。

33，34   參考同上。

35   參考同上，頁 251。

36   若呂興合長記於 1875 年在汕頭創立，創立人應該是呂明才的父親呂祥光；日本侵華戰爭時，呂明才將汕頭的舖頭搬到香港。參考香港歷史檔案館館藏，檔案編號 HKRS163-1-309，文件編號 47。網上資料：文林：〈呂明才基金回顧〉，《基督教週報》，1999 年 5 月 16 日，http://christianweekly.net/1999/ta1723.htm

37   參考香港歷史檔案館館藏，檔案編號 HKRS163-1-309，文件編號 47。

38   參考同上。

39   參考周大福企業文化編制委員會編：〈周大福與我──鄭裕彤自述〉（2011 年），頁 250-251。

40   1930 年廣州時局不穩，金業商人分別到葡萄牙及英國統治的澳門和香港開店從商。參考歐陽偉廉編：《流金歲月：香港金業史百年解讀》（2013 年），頁 16。

41   參考香港玉石製品廠商會：〈香港珠寶業之演變〉（1995 年），頁 32。

42   參考 Kwok, 2003, pp.173-175.

43   參考同上。

44   參考周大福企業文化編制委員會編：〈周大福十大服務格言及其註解〉（2011 年），頁 108-113。

45   參考王惠玲、莫健偉：〈何伯陶口述歷史訪談〉（2017 年 1 月 6 日）。

46　　參考同上。

47　　參考 Wong, 1988.

48　　參考錢華：《因時而變：戰後香港珠寶業之發展與轉型（1945-2005）》（2006 年），頁 150。

49　　參考同上。

50　　參考香港歷史檔案館館藏，檔案編號 HKRS163-1-309，文件編號 104；王惠玲、莫健偉：〈冼為堅口述歷史訪談〉（2016 年 8 月 19 日）。

51　　參考王惠玲、莫健偉：〈冼為堅口述歷史訪談〉（2016 年 8 月 19 日）。

52　　「陳廣記珠寶行」於戰前由陳廣創立，戰後許爵榮的父親許步雲從澳門來香港，與陳廣合作經營珠寶行，獲發黃金限制令下的丙級牌照。未幾陳廣因年事已高打算退休，便將珠寶行的股份轉讓予許步雲。當時門店設於皇后大道中 210 號，店內有兩條飾櫃，分售金飾和珠寶。貨品除售予本地客人外，還通過金山莊出口至美國等外地市場。許爵榮一直輔助父親的生意，曾任香港鑽石會主席。參考王惠玲、莫健偉：〈許爵榮口述歷史訪談〉（2017 年 9 月 5 日）。

53，54　參考同上。

55　　參考 1949. *Hong Kong Trade Returns.* Hong Kong: Government Printer.

56　　參考香港經濟導報社：〈珠寶玉石業〉（1960 年），頁 118-119。

57　　火耗是指用來固定接駁位如扣子所加入的銅或其他金屬，重量算入黃金重量之中，顧客以黃金價格支付這些非黃金物料的成本，金舖便賺取了成本與價格之間的差價。

58　　參考周大福企業文化編制委員會編：〈1948 至 1984 年的九九金價格〉（2011 年），頁 292。

59　　鄭裕彤於 1978 年接受《信報財經月刊》的訪問，被問到為何從珠寶業轉至地產業時，他的答覆是地產業有較大挑戰。參考趙國安、梁潤堅：〈鄭裕彤先生縱談地產旅遊股票投資〉（1978 年）。

60　　香港鑽石會前主席許爵榮，戰時在澳門協助其父許步雲，經營位於澳門草堆街的誠昌珠寶行。許爵榮記得韓麗洲是行內資深的鑽石專家，受聘於周大福擔任鑽石買手，買入的鑽石有時在周大福門店出售，有時轉賣給行家。例如，韓麗洲買入鑽石後，或會與許步雲聯絡，若許步雲認為價錢合理，會買入再轉售予澳門的金飾珠寶店。參考王惠玲、莫健偉：〈許爵榮口述歷史訪談〉（2017 年 9 月 5 日）。

61　　參考周大福企業文化編制委員會編：〈周大福與我——鄭裕彤自述〉（2011 年），頁 251。

62　當年還沒有多少人做珠寶的時候，鄭裕彤和胡有枝（雙喜月東主）、劉紹源（珠寶經紀）合作做珠寶生意。主要是鑽石的批發、拆貨給行家。後來胡有枝拆了伙，只剩下鄭裕彤與劉紹源，後來又與李鄺合作做珠寶。鄭裕彤與劉紹源合作了五、六年後，劉紹源拆伙自設美時珠寶公司。參考周大福企業文化編制委員會編：〈周大福與我——鄭裕彤自述〉（2011 年），頁 253-254。

63　參考王惠玲、莫健偉：〈何伯陶口述歷史訪談〉（2017 年 1 月 6 日）。

64　參考王惠玲、莫健偉：〈許爵榮口述歷史訪談〉（2017 年 9 月 5 日）。

65　老西盛金舖設於青山道 216 號，廣珍金舖設於 218 號，周生生金舖設於 146 號，同昌金舖設於 143 號。1956 年東盛金舖設於 146 號，翌年東盛遷往佐敦道 37 號 C。參考《香港年鑑》，1956 年及之後歷年。

66　參考王惠玲、莫健偉：〈馮漢勳口述歷史訪談〉（2018 年 11 月 14 日）。

67　參考王惠玲、莫健偉：〈黃大傑口述歷史訪談〉（2018 年 12 月 13 日）。

68　參考王惠玲、莫健偉：〈薛汝麟口述歷史訪談〉（2018 年 12 月 13 日）。

69　參考王惠玲、莫健偉：〈馮漢勳口述歷史訪談〉（2018 年 11 月 14 日）。

70　參考王惠玲、莫健偉：〈薛汝麟口述歷史訪談〉（2018 年 12 月 13 日）。

71　參考〈油麻地社區記憶〉，《香港記憶》，http://www.hkmemory.org/ymt/text/index.php?p=home&catId=787&photoNo=0

72　參考王惠玲、莫健偉：〈馮漢勳口述歷史訪談〉（2018 年 11 月 14 日）。

73　參考同上。

第四章

整合珠寶金行一條龍

後來，我認識了不少做鑽石生意的猶太商人，

他們都願意給我賒賬。

因為我每一次都依期付款，故他們都很信任我。

1960 年後，他們從以色列寄鑽石來，

由於可以賒賬，我根本不用本錢。

此時，也有越南西貢的客人來買，

他們預付貨款訂貨，故每批貨到來，便立即可以售清。

由於生意愈做愈大，我覺得公司的發展要有規模，

故在 1961 年把公司改為有限公司註冊。

——— 節錄自〈周大福與我 ——— 鄭裕彤自述〉，2009 年。

1961 年周大福珠寶金行有限公司註冊成立，意味鄭裕彤正式接掌周大福，他將 1950 年代所建立的業務，全部納入新的公司架構內，將原料採購、首飾生產線、批發出口、門市零售，整合成一條龍的綜合性業務；1970 年代，鄭裕彤大力拓展鑽石業務，在南非投資鑽石廠，因而得到「珠寶大王」的美譽；但為媒體所忽略的是，鄭裕彤在組織管理上所推行的變革，他將傳統金舖改組為有限公司，以公司模式運作，以股份吸納人才，董事局由公司的核心管理層組成，公司業務全賴一班可信賴的員工，周大福才有日後的發展。

鄭裕彤把事業發展的重心更大程度地透過企業發展來達致，這一章讓我們檢視鄭裕彤如何強化企業組織，發揮集體的實力，以建立周大福企業品牌，使個人的成功和企業的成功互相滲透，互相彰顯。

因此，本章不單只講述鄭裕彤的故事，還有員工的故事，也就是周大福的企業故事。

接手周大福

1956 年，鄭裕彤開始逐步承接周大福的股份，至 1960 年完成股權轉易，1961 年，鄭裕彤將周大福以有限公司註冊，易名「周大福珠寶金行有限公司」，旗下有四間分行和一個工場，工場做生產，分行做零售，總寫字樓做出口和批發生意，形成金飾珠寶的一條龍業務。

坊間有一種說法，鄭裕彤娶得東主周至元的女兒為妻，順理成章地繼承岳父的生意和財產，說得白一點是「靠外父」發達。鄭裕彤本人的說法是，1956 年，岳父和另一位股東年事已高，無意繼續經營，便把股份轉讓給他。2 值得留意的是，從承傳的過程來看，繼承和轉讓是兩回事。

若鄭裕彤是繼承的話，為何周至元傳婿不傳子？周至元有三個兒子和七個女兒，三個兒子分別排行第四、第六及第八。四兒子樹森和六兒子樹堂均從事建築業，樹森已移居美國，是一位建築師，樹堂曾受僱於周大福，負責地產業務，八兒子樹榮在澳門另有生意。3 周家的女兒們認為父親周至元沒有傳統的父業子承的意識，兒子和女兒都依自己的興趣發展。

對於鄭裕彤如何接手周大福，周至元的三女兒周建姿講了一個富人情味的故事。周至元晚年逐漸減少參與周大福的日常事務，在澳門氹仔買了一個農場，起名「麗園」，醉心於耕種和飼養禽畜的事，加上身體欠佳，約於 1956 年起開始在農場內休養。4 周大福的股東除了周至元外，還有一些周氏親族，股東們認為周至元疏於業務，要求退股，以致周大福陷入財政危機。鄭裕彤不忍岳父的畢生心血毀於一旦，於是注入資金，變相買入周氏股東退出的股份。5

這時，澳門周大福已由黎洪和黎棉兩兄弟經營，黎棉本來是澳門周大福的老夥記，眼見老東主已淡出金舖的生意，於是向周至元以俗

稱「買枱」的方式，租賃周大福的招牌和店舖設備，繼續經營。6
1962 年，黎氏兄弟買枱期滿後，鄭裕彤將周大福贖回。1961 年周大
福珠寶金行有限公司成立時，澳門的周大福被納入旗下，作為澳門
的分行，7 而有限公司董事名單上列有周至元的名字，佔股 2%。8

周建姿憶述父親晚年的生活時，不忘強調鄭裕彤對岳父的孝心，雖
然注資解決了周至元的厄困，但鄭裕彤對岳父的態度仍然是恭恭敬
敬，不時從香港來澳門探望，絕無半點囂張氣焰。9 因此，周大福易
手的經過是一個注資收購加上親情孝義的故事，與坊間流傳的靠外
家的說法相去甚遠。

周大福珠寶金行有限公司於 1961 年 3 月 6 日註冊成立。鄭裕彤以有
限公司方式將周大福企業化，與傳統金舖的模式大相逕庭。鄭裕彤
解釋他的目的是吸納對企業發展有益的員工，10 尤其是非家族成員，
若保留傳統金舖的格局，非家族員工是外人，難以全力發揮，有才
幹的多會另起爐灶、另謀出路。若以有限公司方式運作，資本拆成
可發行的股份，員工獲分配股份便成為股東，持股的員工便是公司
的小老闆，以老闆心態投入公司的發展，對公司來說是非常有利的。

理論上有限公司容許非家族人士出任股東，不過有限公司仍然可以
由家族控制股權，在家族與非家族的比例上，究竟鄭裕彤進行了多
大突破？我們分析了周大福珠寶金行有限公司當時的股東和董事組
成，發現股東 11 人，鄭裕彤佔股 58%，是大股東，有絕對決策權，

父母、岳父和妻子共佔10%，他的三位弟弟裕榮、裕培、裕偉各佔
4%，即家族成員共佔股22%；其餘股東是三位非家族成員：何伯陶、
陳君容和黃國庭，共佔股20%。可見，鄭裕彤既保留個人的控制能
力，亦平衡家族與非家族成員的股權。

我們再觀察董事局的組成，名單上有七位成員：鄭裕彤、三位弟弟
和三位非家族成員，這就是鄭裕彤主理下的周大福第一代核心管理
層。股權加上管理權，可見鄭裕彤對非家族成員非常重視。

傳統金舖用人是非常著重信任的，家族關係是最常見的信任基礎，
因此鄭裕彤三個弟弟都曾擔任要職。二弟裕榮於戰時在澳門金舖做
後生，戰後來香港仍從事金飾業，約於1950年代後期加入周大福做
櫃面銷售，到1961年新公司成立時，裕榮已經是金飾業的資深從業
員，公司擴展時負責物色人才，做生意時熟悉行家狀況；[11] 三弟裕培
約於1954年來香港即加入周大福，負責管理賬目和財政，有員工記
述外國買家見到鄭裕培簽署的LC（Letter of Credit，信用狀），便立
即與周大福交易；五弟裕偉於1949年加入周大福後由後生升至櫃面，
鄭裕彤全力發展鑽石生意時，將鑽石部門交由五弟掌管。

三位非家族企業成員的重要性亦不遑多讓。何伯陶於1946年隨鄭裕
彤來香港，先在周大福做後生，逐步成為周大福珠寶的總設計師，
在金飾業內有廣泛的人際網絡，經常為周大福物色人才；陳君容懂
日語，代表周大福與日本人接洽生意；黃國庭懂英語，負責草擬英

1959年周大福同寅聯歡大會

當時周大福已有四間金舖，另在永和街設置珠寶工場，業務正蒸蒸日上。聯歡會設於上環德輔道中的大同酒家，出席者包括周大福的管理層、分行經理、櫃面、金飾師傅、寫字樓職員、家族成員，以及同業行家。第二排是周大福的主要成員，左起：鄭哲環、何伯陶、鄭裕培、鄭裕彤、鄭敬詒（鄭裕彤父）、陳君容、鄭裕榮、鄭裕偉。除了鄭敬詒和鄭哲環，其餘六位均是1961年註冊的周大福珠寶金行有限公司首任董事，黃國庭董事亦出席聯歡會，惟不在此照片中。

文書信和電報，在鄭裕彤的商務會議擔任翻譯，甚至洽商的角色。

1968 年，鄭裕彤將股東的範圍擴大，加入了十位股東，包括分行經理、石房、採購、貿易和會計等主要員工。十個新股東中有鄭氏家族成員，包括石房的鄭翼昂、負責玉器部和鑽石貿易的鄭翼成，是敬諭的孫兒、衍忠的兒子，即是鄭裕彤的堂侄；青山道分行經理鄭頌芬是鄭敬封的兒子，即是鄭裕彤的堂兄，是金飾業的資深櫃面；華人行分行副經理鄭本，是順德倫教人，與鄭家是同一太公，鄭本的父親鄭頌薈在周大福總店是負責管理帳房的；萬年珠寶公司經理鄭志令也是倫教人，與鄭家同屬一個祠堂但並非大松坊的支系。

即使非家族成員，業內口碑和表現也是信任的因素，例如鄧祖森、周錫禧，都是金飾業的資深從業員，分別擔任九龍城分行經理和油麻地分行經理。

周大福第一代管理層憑家族關係、同鄉、同姓、業內表現和口碑等被賦以重任，獲分配公司股份。鄭裕彤這套組織和用人策略，可謂融合傳統與現代的管理原則，既講關係，亦重資歷。

香港製造

約於 1956 至 1957 年間，何伯陶接到一宗外判生意的邀請。對方是大陸金舖老闆楊成，據何伯陶所知，楊成亦是另外四間金舖的老闆，

而周大福當時只是一間普通的小金舖。大陸金舖與周大福是鄰居，楊成與鄭裕彤當然互相認識，但楊成找何伯陶是看中他設計的珠寶首飾。原來楊成正安排生產珠寶出口到菲律賓，打算邀請何伯陶專門為他設計首飾，並指導工場生產。

> 「楊成約我去見面。原來他有一個菲律賓的零售商，有幾間舖頭的，生意非常興旺，進口意大利金飾出售，賣的意大利鍊是一捆一捆的。我上彌敦道平安大廈他的寫字樓，上面有很多首飾材料，珠呀、玉呀，他要求我當面做設計，我當場砌好模型，配好材料，帶返工場為他趕工。」12（何伯陶，2017 年 1 月 6 日）

當時何伯陶已是鄭裕彤的「助手」，13 特別在珠寶設計方面有出色表現，當時何伯陶所設計的珠寶在業內開始受歡迎，通過楊成的穿針引線，他接到第一宗珠寶出口生意，於是籌建周大福工場，吸納行內的金飾師傅。

何伯陶接過這宗委託，為周大福開拓了一個新的業務，以現代語言是 ODM（Original Design Manufacturing，原件設計製造），周大福工場依自己的設計師何伯陶的設計生產首飾，委託方經香港行家做中介，出口至委託方的國家菲律賓。與現代工業所不同的是，生產過程是人手製作，每宗產量只有十件八件，最多幾十件。然而，究竟楊成與何伯陶的合作，是個別生意性質，抑或預示戰後香港金飾業的新現象？

表 1：香港製造的首飾出口趨勢（1959-1969 年，百萬港元）

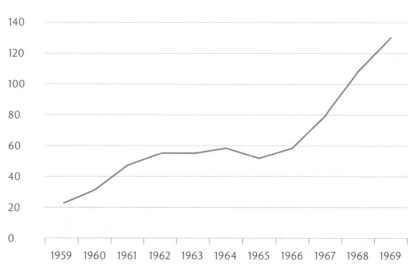

○ 資料來源：*Hong Kong Trade Statistics*. Hong Kong: Government Printer.

○ 所謂「首飾」，在香港標準行業分類中的分類碼歷年有所變化，1959 至 1963 年的分類碼是 673，包括 Jewellery, and goldsmith's and silversmith's wares（首飾、金匠及銀匠的製品）；1964 至 1969 年的分類碼是 897，包括貴金屬製的首飾、貴金屬及玉石製的首飾、貴金屬及其他寶石製的首飾、金器和銀器、工業用或實驗室用的貴金屬、珍珠及寶石製的首飾、金屬錶帶、仿首飾等。

我們翻查香港貿易統計資料，發現自 1959 年起，香港政府發表貨品總出口的數字，其中分為港產貨品出口的數字（local export），以及從海外進口再經香港轉口往海外的數字（re-export）。表 1 顯示 1959 至 1969 年間港產首飾的出口趨勢，整體上是持續增加。從中可見 1960 年代港產首飾出口是剛冒起、不斷擴展的行業。14 周大福可說是這個新興行業的先鋒，1956 年已經開始生產出口的珠寶首飾。

周大福早期品牌標誌

「周大福」三字雄渾有力，星形標徽中間有「大福」二字，寓意吉祥、昌盛、國泰民安。

何伯陶是做珠寶設計的，慣用珍珠、玉石配襯金飾，香港出口的港產首飾是怎樣的？

我們從香港貿易統計的分類得到答案，表2顯示了1959至1963年港產珠寶和首飾的細分出口貨值，首飾的出口值比珠寶大，佔港產珠寶和首飾總值約七至九成。港產首飾包括仿首飾和金屬錶帶，所佔比例較大，由二至五成不等，另外較重要的是由貴金屬及寶石鑲嵌的首飾。本地打磨加工的珠寶，只佔珠寶和首飾總出口值7至26%。

至於出口地區，貴金屬及寶石鑲嵌的首飾主要出口至馬來亞、日本及美國，金器銀器首飾主要出口至美國，仿首飾主要出口至英國、美國、馬來亞，金屬錶帶主要出口至美國、英國及德國。

由此可見，何伯陶接到大陸金舖老闆楊成的委託生產出口首飾，並非偶然的單一事件，這是當時香港金飾業的新趨勢。

首飾工場

為了承接大陸金舖東主楊成委託的珠寶出口訂單，何伯陶開設了周大福的首飾製造工場。這時大概是1956至1957年間，工場位於中環永和街一座唐樓的二樓和三樓，名叫「裕偉行」，15「裕」代表鄭裕彤和他的弟弟們，「偉」代表另一位合股人嚴偉廉。嚴偉廉是著名的電金師傅，經他電鍍的金飾特別耀眼生輝。黃金首飾的製造有幾

表 2：香港製造的珠寶首飾出口值（1959-1963 年，港元）

分類碼	分類	1959	1960	1961	1962	1963
672	寶石及半寶石、珍珠（包括已加工及未加工）	1,736,720	3,048,543	7,532,743	13,312,325	19,915,761
	（佔所有珠寶首飾出口貨值百分比）	(7.1%)	(8.9%)	(13.7%)	(19.2%)	(26.2%)
672022	寶石（已切割打磨，不包括鑽石）	0.007%	0.2%	1.1%	1.2%	2.6%
672023	玉石（已打磨，未鑲嵌）	6.7%	8.3%	12.0%	16.0%	22.6%
672024	半寶石（已切開打磨，未鑲嵌）	0.1%	0.3%	0.6%	1.9%	1.0%
672025	合成寶石（已切開打磨，未鑲嵌）	0.005%	0.015%	0.008%	-	-
672030	自然珍珠、養珠（未加工）	0.1%	0.1%	0.001%	0.003%	
672040	自然珍珠、養珠（已加工、未鑲嵌）	0.1%	-	-	0.1%	
673	首飾、金匠及銀匠的製品	22,851,561	31,325,537	47,251,118	56,114,756	56,161,915
	（佔所有珠寶首飾出口貨值百分比）	(92.9%)	(91.1%)	(86.3%)	(80.8%)	(73.8%)
673011	貴金屬及寶石鑲嵌的首飾	15.5%	14.2%	11.6%	13.8%	13.7%
673019	金器及銀器	1.0%	1.1%	0.5%	0.4%	0.2%
673021	金屬錶帶	39.2%	36.0%	19.2%	17.2%	21.6%
673022	仿首飾	37.3%	39.9%	54.9%	49.3%	38.4%
	所有珠寶首飾	24,588,281	34,374,080	54,783,861	69,427,081	76,077,676
	（與前一年比較的增長百分比）	-	(39.8%)	(59.4%)	(26.7%)	(9.6%)

○ 資料來源：*Hong Kong Trade Statistics.* Hong Kong: Government Printer.

○ 1. 百分比是該貨品分類與所有珠寶首飾的百分比。

2. 因分類碼歷年有更改，本表只採用 1959 至 1963 年的數字，方便比較歷年同一組分類碼細項的數字。

3. 小數點後數字採用四捨五入，各年百分比總和會輕微大於或少於 100。

個步驟：煉、打金、挑花或鑿花，最後必須經過打磨和電鍍才完成整個生產程序。

嚴偉廉在城皇街開設電金工場，與其他小工場一樣，由一個至幾個師傅加幾個學徒或工人操作，小的只有十人八人，較大的也只有十來人。裕偉行是由幾個本來為周大福承做珠寶首飾鑲嵌的「館口」（小工場的俗稱）合併而成。嚴偉廉是其中一個館口的老闆，由於擁有過人的電金技術，所以被邀請以合夥人的身份加入工場，其餘館口的師傅則以僱員的身份加入。

永和街工場創立之初，鄭哲環被調派協助管理工場。鄭哲環是鄭裕彤的堂兄鄭頌芬的兒子，即是鄭裕彤的堂侄，他於 1951 年在皇后大道中 148 號 B 的周大福總店做後生，1956 年轉到工場，1977 年被調派到外勤部推銷鑽石。他對永和街工場的創立有如下憶述。

「工場在二樓和三樓，門口有個招牌寫著『裕偉行』，一層做坯，一層做鑲鑿和打磨，完成鑲鑿之後要做打磨，首飾才會閃亮；天棚就做熔金，工人將師傅鑲鑿時打出來的金碎熔成金粒，可以再用。師傅完成鑲鑿打磨後，首飾便送往嚴偉廉的工場做電鍍，我們也有幾個相熟的電金師傅在左近，但不及嚴偉廉做得閃亮。」16（鄭哲環，2018 年 2 月 1 日）

1950 年代工場的訂單主要來自東南亞，最初是菲律賓，後來有馬來

亞和新加坡。來自外國的訂單由懂英語的黃國庭接洽。每張訂單的
數量多少不一，少的只有十件八件，多的有二三十件，間中才有超
過一百件的。貨種是時興款式，養珠、珍珠、寶石、緬甸玉、澳洲
玉等各適其適。

兩、三年後嚴偉廉退出，鄭哲環升任工場主管，1960 年他將工場搬
到蘇杭街，可容納超過 80 個師傅。何鍾麟於 1961 年加入蘇杭街工
場，目睹工場的擴充。

> 「蘇杭街的工場已經不再叫做裕偉行，工場設在三樓和四樓，
> 分為足金部和石口部。文咸東街有一間館口專門做周大福的足
> 金首飾和足金錶帶，有幾個師傅，1960 年併入蘇杭街工場，
> 成為足金部，做龍鳳鈪、項鍊和戒指等足金飾物；石口部的規
> 模大很多，有 70 至 80 個師傅，生產 K 白金鑲嵌的首飾。」[17]
> （何鍾麟，2019 年 4 月 17 日）

「石口部」即是原本在永和街工場做出口首飾的原班人馬。無論足
金部或石口部，每件首飾都是人手製作的。何鍾麟最初是石口部的
做坯學徒，學師五年後升任師傅。他指出何伯陶的擺坯技術是業內
特有的，何伯陶做坯的方法是，先以手工泥將設計意念做成模型，
師傅依模型的形狀、方向和位置做成行內俗稱的「坯」（即用來鑲珍
珠玉石或寶石的 K 金或 K 白金托），這樣便可以保證成品符合設計
的要求，否則，設計圖只是平面圖，師傅做立體首飾時，需要注入

個人的想像力，有時做出來的首飾會走了樣。因此，擺坯技術是周
大福首飾的品質保證。18

人手工藝至 1970 年代逐漸被淘汰，據鄭哲環和何鍾麟的記憶，至
1970 年代中，紅磡一帶增設了不少大型工場，19 以倒模方式生產，周
大福亦隨之引入倒模技術，產量增加，以前人手做一個款式只能做十
件左右，採用倒模方式後，一個款式可以做 100 件，甚至 1,000 件。

首飾材料也有不少變化。珠寶首飾的托大多使用 K 金，20 周大福是
使用 K 白金的。鑲嵌的寶石有珍珠、玉石、鑽石、紅寶石和藍寶石
等。1950 至 1960 年代初，以珍珠和玉石為主；1960 年代中起加
入 15 至 20 份的細鑽石（俗稱碎石）配襯珍珠或玉石，紅藍寶石佔
極少數；自鄭裕彤於南非設鑽石廠後，工場開始鑲嵌鑽石首飾。何
鍾麟記得在 1980 年代，他經常鑲嵌十卡或以上的大卡鑽石首飾，
有些客人喜歡親身到工場觀察鑲嵌的過程，還向師傅打賞貼士以示
鼓勵。

訂單來源方面，1960 年代的訂單主要來自新加坡，何鍾麟說這叫做
「坡莊貨」，主要做鑲鑽石的吊墜；工場也做本銷的貨品，訂單來自
周大福門市的顧客；另外亦承造行家的訂單，如位於皇后大道中 208 號
的寶光珠石玉器行，曾於 1960 年代初委託生產不少珍珠首飾。

1966 年，工場繼續擴展，周大福在德己立街興建一座五層高的新樓，

泥坯與成品

在人手鑲製首飾的時代，周大福總設計師何伯陶先以手工泥捏成模型（上），再
由金飾師傅依模型製造，以確保成品（下）符合原來的設計意念。

表 3：香港的首飾製造廠統計

	廠數	僱員人數	平均每廠人數		廠數	僱員人數	平均每廠人數
1959	6	93	15.5	1964	22	358	16.3
1960	6	145	24.2	1965	24	403	16.8
1961	18	198	11.0	1966	26	538	20.7
1962	8	151	18.9	1967	44	685	15.6
1963	16	243	15.2	1968	33	763	23.1

○ 資料來源：Commissioner of Labour, *Annual Departmental Report*. Hong Kong: Government Printer.

地下和二樓是足金工場，三樓和四樓是石口部，五樓是員工宿舍，天台是飯堂。1979 年，另一個專門承接周大福足金首飾的館口併入德己立街工場的足金部，工場定名「福群工場」。1998 年生產部寫字樓及工場搬到葵涌禾塘咀街世和中心，統籌周大福旗下的首飾製造。

周大福工場有幾個特色，首先是人手規模。有關首飾製造廠的政府記錄由 1959 年開始，當時註冊的首飾製造廠只有六間，共僱用 93 個員工，平均每廠 15.5 人，表 3 可見有記錄的頭十年，雖然工廠和僱員人數一直增加，但平均每廠人數不足 20 人。而周大福的裕偉行有約 60 人，蘇杭街工場有約 80 人，可算是非常有規模的工場。21

即使到了 1980 年代，香港的首飾製造廠仍然以家庭式小作坊為主。據香港貿易發展局的報告，每個小作坊只專注於某個手藝或工序，專門承接個人或金飾店的訂單。22 而周大福工場分為足金部和石口

部，兩個部門的師傅和器材足以完成整個生產流程，是一個非常全面的工場。學者錢華指出，1970 年代末大規模的珠寶金行都附設工場製造或加工珠寶首飾，[23] 周大福的工場比同業早 20 年開辦，而且規模和技術都絕不遜色。

珠寶金行

1961 年周大福珠寶金行有限公司註冊時，旗下只有四間分行，到 1977 年也只增加至七間，比較今日於香港和內地共有 2,000 多間門市分行，當然是小巫見大巫。然而，若我們微觀當時分行內的變化，可知當時鄭裕彤如何擺脫老金舖的傳統格局，引入新穎的珠寶金行模式。

1967 年，西營盤分行遷至九龍城太子道與城南道交界，附近是舊唐樓林立、人口密集的九龍城舊區，與長沙灣青山道一樣，是靠近普羅市民的社區。郭儉忠於 1966 年 7 月 18 日入職周大福，他對當時西營盤分行的佈局有這樣的記憶：

> 「舖面是直向的，入門左手邊的飾櫃賣足金首飾，右手邊的飾櫃是賣錶的，賣錶包修理服務；裡面有一個橫向的飾櫃，是賣鑽石和玉器的珠石部及西金部；再入就是賬房和夾萬；後面是工場。珠石部不是輕易讓人坐上去的，賣珠石需要有經驗，經理認為你勝任才把你調到珠石部。我是坐西金部的，賣 K 金、

日本養珠和雜石，我們叫西冷石，即是五顏六色的雜石，有些
客人負擔不起紅寶石、藍寶石，我們會推薦他們選購這些雜
石。」24（郭儉忠，2017 年 10 月 17 日）

九龍城分行承襲西營盤分行的格局。從郭儉忠的描述可見，1960 年
代中，一間周大福珠寶金行內有足金、錶、西金和珠石等幾個部分。
周大福曾代理名牌手錶例如勞力士，錶帶是經周大福工場鑲上碎石
的；西金部售賣 K 金、日本養珠、半寶石類的首飾；珠石部售賣鑽
石首飾和玉器。各部的員工所需要的知識和專長各異，足金部收買
客人送來的舊金飾時，要懂得鑑別黃金成色；西金部或珠石部的銷
售員要懂首飾設計，不時要親自到工場與鑲鑿師傅溝通；珠石部需
要掌握鑽石和玉石的知識，方能取得客人的信任。

可見，1960 年代中，周大福的珠寶金行已非只賣足金首飾和少量玉
器的傳統金舖模式，有員工估計，分行售出的貨品約有六成是足金
金飾，四成是珠寶首飾。1972 年，長沙灣青山道分行搬到旺角山東
街原瓊華酒樓的位置，為服務台山人而特設的匯兌服務被取消，沿
用九龍城分行的模式，銷售多元化的珠寶首飾，據悉生意比青山道時
更興旺，尤其黃金首飾和勞力士手錶是熱門貨品。1977 年，周大福
在山東街對面加開一間分行，加強西金和珠石方面的首飾以作招徠。

更大程度地擺脫老金舖形象的是中環分行，第一步是從中環舊商業
區遷往靠近銀行、酒店和大型商場的核心商業區。

九龍城太子道分行

1967 年，原來在西營盤的分行，遷至太子道與城南道交界的樓宇，地下是珠寶
金飾店，樓上則用作員工宿舍。

皇后大道中 148 號是鹿角酒店樓下，1962 年鹿角酒店業主打算將酒店拆卸重建（即今日鹿角大廈），周大福需要新的舖址，以便繼續營業。差不多同一時候，鄭裕彤在皇后大道中有兩項地產收購行動，先收購位於舊華人行的美華百貨公司，在百貨公司內設珠寶金飾櫃檯；後收購皇后大道中 38 至 48 號，重建為萬年大廈；1963 年，美華百貨改建為周大福金行，並正名為周大福珠寶金行總行，地下是金舖，閣樓做總寫字樓；1965 年，萬年大廈落成，鄭裕彤在地下舖位開設萬年珠寶公司，後來，周大福總寫字樓搬上萬年大廈 14 樓。[25]

在商業核心區的周大福中環分行，經營方式和裝潢設計都以迎合中環人，甚至上層階級的口味為目標。著重服務態度取勝的鄭裕彤，引入了幾個創新的模式：一、華人行總行內兼營代理 Bally 皮鞋，與九龍的分行的經營策略一樣，兼營的服務是為了吸引客流，既然位處中環核心商業區，賣 Bally 皮鞋可吸引在中環上班的高級消費者；二、在門口當眼位置設置櫥窗，以設計獨特的首飾及擺飾，吸引路人的視線；三、聘用女性銷售員，並奉上飲料，讓客人覺得賓至如歸。光顧的還有富豪級熟客，鄭志令是萬年珠寶行第一任經理，他的憶述折射了中環分行的客源和營業方向，是以時尚的裝修和貴重珠寶吸引上層社會的客人。

1965年萬年珠寶公司開幕

位於中環皇后大道中的萬年大廈於 1965 年落成，萬年珠寶公司位於地下街舖，
於大廈落成時開業。開幕儀式請得邵氏影星凌波（右四）剪綵，陪伴左右的是
鄭裕彤伉儷。前排左起：何伯陶、司儀高亮（曾是邵氏演員）、何伯陶太太、鄭
裕彤、凌波、周翠英、陳瑞雲、陳君容。後排左起：鄭志令、鄭裕彤二弟裕榮。
鄭裕彤、何伯陶、陳瑞雲及陳君容都是周大福董事。

外篇故事

第一代分行經理

鄭志令

鄭志令，1933 年順德倫教出生。1949 年，他從家鄉倫教到廣州的明珠金舖做後生，1950 年來香港，先後在南山珠寶行、美時珠寶行、雙喜月九龍分行工作，約於1958 至 1959 年間加入周大福做櫃面，1965 年出任萬年珠寶公司第一任經理，至 1995 年退休。鄭志令講述他自學的經驗，作為萬年珠寶公司分行經理做生意的手法，以及培養熟客的竅門等。

我先在南山珠寶行做後生，然後轉到美時珠寶行學畫樣和設計，之後去了一個工場做設計，老闆叫何蔭。以前上海幫設計的首飾，廣東幫遠遠不及。何蔭派人混入上海幫的工場偷師，一年後學到技巧，便開設工場造首飾，我去投靠他繼續學首飾設計。我做過後生，又懂設計，彌敦道的雙喜月分行有人來找我去做櫃面，雙喜月的經理何努三很用心教我做櫃面的工作。

那時金舖沒有懂英語的人，我晚上上夜校學英文，6時上課，8時半下課，下課後返金舖繼續工作。我學到多少英語便用來招呼外籍客人。不久，何伯陶便請我加入周大福。當時周大福有一位黃國庭，人稱「教授黃」，老闆供他去澳洲讀書，我是頂替他的位置，招呼講英語的客人。我的英文水平算是勉強應付得來。黃國庭的英文名是 Thomas Wong，所以我給自己起名叫 Thomas Cheng。哈哈哈哈。

周大福在大道中 148 號 B，隔鄰有幾間舖頭：雙喜月、祐昌、大陸，另一邊是大南、陳廣記，再遠一些有金爵。我做生意要突圍而出，怎樣做法呢？我經常站在門口，離遠見到有熟客，我已經跟她打招呼：「何小姐、黃太。」吸引她們過來，以免她們走入隔鄰的店舖。有人話我這是犯規。

當時有很多菲律賓遊客，那是菲律賓總統馬可斯時代，貪污風氣盛行，遊客買鑽石回去籠絡官員。他們進來找 Thomas，「我就是 Thomas，Thomas Cheng。」哈哈哈，這些客人都由我招呼。

那時有些鑽石首飾是寄賣的，我賣出時立即向客人收錢，但貨款則按行規，兩、三個月才向寄賣公司結賬，變相增加周大福的資金周轉；三叔（鄭裕培）最欣賞我，他替我起了一個外號，叫「即刻收錢」。一來賺到錢，老闆（鄭裕彤）可以盡快與合股的朋友分錢，二來幫助公

司增加流動資金，相信老闆欣賞我這方面的長處。

萬年珠寶公司吸引到很多富商和名流太太光顧。我做生意不會坐著等，我站在門口，有一次見到客人一家人去逛龍子行，我立即跑過去跟他們打招呼，「喂，有好東西介紹給你呀，過來看看啦。」當時舖頭用鮮榨橙汁奉客，後面街有一個水果檔，我立即派人買五杯橙汁來奉客，結果我們成交了幾十萬的鑽石鍊。客人戲謔說：「這幾杯橙汁真值錢呀。」

以前何伯陶會教我們看坯、擺坯，所以我們都懂得設計首飾。記得有一批綠寶石，我們做成一條心形的項鍊、一條方形的項鍊，一式兩套，項鍊、戒指、耳環，全部由我設計，一手配石、畫樣、擺坯。一套賣給郭家，一套賣給趙家。兩家人都讚不絕口，那個時候賣 300 萬至 600 萬元，非常名貴。

行家知道我銷貨快，經常通知我去看貨，比如大行、富衡、耀記、高利、興利，但最重要有好的記憶力。例如有一次，客人問有沒有兩卡半鑽石，員工說：「對不起，我們沒有貨。」我說：「怎麼沒有貨？」我記得大行珠寶行有貨，於是我一邊招呼客人聊天，一邊派員工去大行那邊借貨，還吩咐員工經後門若無其事地從賬房出來，讓客人覺得我們周大福存貨充足。

我們曾經聘用了一位女性櫃面：馮綺文小姐，因為她懂流利日語。那時我們有很多日本客，由旅行社導遊帶客人來的，一車一車，6 時打烊後遊客抵達，我們下半閘招呼客人。此外，最多新加坡客。有一次，老闆計劃到新加坡買一個木材廠，坐飛機親自視察，差不多要成交了，一位新加坡客人知道這件事，由新加坡打長途電話來通知我，他說：「千萬不要相信那個經紀，他是老千，專門騙人的。」所以周大福有很好的客緣，你有事他會幫你。

周大福在中環增設新店

是日萬年珠寶公司開幕,剪綵儀式尚未舉行,已收到友好的祝賀花籃;當日亦有不少名流賢達前來恭賀,圖中可見警察駐守,維持治安和秩序。萬年珠寶公司於 1985 年改名周大福珠寶金行中區分行。

南非鑽石廠

所謂業務一條龍,是指由原料生產和採購、進口、出口、批發、首飾製造、零售,一環扣一環的組合。加上南非鑽石廠,周大福珠寶金行才算得上是完整一條龍。

1977 年,記者留津親往中環萬年大廈 14 樓周大福總寫字樓,約了鄭裕彤進行採訪,在接待處的沙發上等候通傳期間,對周大福總寫字樓有這樣的描述:

> 「正中一重嵌有鋼條的玻璃門後面,就是鄭君辦公室所在地,門禁森嚴,職司警衛的印度人 26 手上的鳥槍烏黑得發亮,一股寒氣直迫上身。我們在客廳等候的時間,隔著玻璃門看見珠寶行的職員正在替幾粒大鑽石拍照片。鑽石放在紫色的絨布上,銀光閃閃⋯⋯」27

警衛森嚴、職員正在替大鑽石拍照,相信這就是周大福內部稱為「石房」的鑽石部所在。現在已無從查證石房的成立時間,只知道約於 1950 年代後期,鄭裕彤讓五弟鄭裕偉學習鑑別鑽石,所謂學習,其實是從實踐中累積知識。

老員工稱處理鑽石的辦公地方為「石房」,由鄭裕偉主理,稍後加入的員工有鄭翼昂、鄭翼成兄弟。石房的主要職責是採購鑽石,收到

進口的鑽石後，石房的職員便進行鑑別、分類、訂價、記錄存檔等。分類和訂價是石房最重要的職能，有經驗的鑑別人員依鑽石的大小重量、卡數、色澤、光度等，分門別類並訂出價錢；分行的銷售員經常到石房挑選合適的鑽石，設計成鑲鑽首飾；然後，石房的交收員依訂單進行交收工作，即寄運到外國買家或送到工場鑲嵌成首飾。石房可說是周大福鑽石業務流程的交通總部，有系統地將進口的鑽石，經過各個步驟後，流通至不同的銷售渠道。

除了門市分行，石房轄下有外勤部專門向行家拆貨。1971 年設立的外勤部，由業內資深行家何溢堂帶領，據說何是周生生金行的退休員工，在業內有廣闊的人際網絡，通過何的聯繫，周生生成為周大福鑽石其中一個主要買家。外勤部有幾位較年輕的員工，負責親自到各區的珠寶金飾店推銷鑽石，開始時主要到油麻地上海街，漸漸地，推銷範圍擴展至金舖日漸增多的新市鎮如荃灣、元朗等。

由石房至外勤部，周大福正在有系統地發展鑽石銷售業務，然而業務得以擴張，必須有充足、可靠的貨源，於是 1970 年代鄭裕彤決定投資南非，直接輸入南非鑽石。

1973 年，鄭裕彤在南非約翰內斯堡擁有第一間鑽石毛坯打磨廠，在約翰內斯堡的眾多鑽石毛坯打磨廠之中，只有鄭裕彤這位投資者來自亞洲，更特別的是，只有他是珠寶零售商，其他投資者大多是來自美國的鑽石批發商。

為什麼鄭裕彤會跑到南非開鑽石廠？我們先要回顧鄭裕彤做鑽石生意的進程。

鄭裕彤早於 1947 年開始做鑽石批發生意，向進口商買入鑽石，然後向行家推銷；與鄭裕彤合作的進口商，主要有大行珠寶行和富衡珠寶行，除此之外，鄭裕彤也直接向外地出口商進口鑽石。根據香港貿易統計，1960 年來自比利時的鑽石佔進口值 31.9%、南非佔 25.1%、以色列佔 23.1%，這三國一直是主要來源國。

進口香港的鑽石除了在本地銷售，也有不少是轉口到其他國家，香港以低稅制和自由貿易政策，成為東南亞地區主要的進出口市場。周大福進口的鑽石，除了用於鑲嵌首飾，還有不少是轉口的。例如，從現任鑽石部主管陳曉生敘述不同市場的口味和偏愛，可見一斑。

「石房的貨，最主要是供應自己周大福的網絡，我們生產出來的貨品，並非全部都適合香港市場，日本有客人親身來香港，選購適合日本人口味的貨品，所以我們跟日本的珠寶商有很多生意來往；日本人喜歡的鑽石偏向白色的、潔淨的。菲律賓人喜歡黃色的；菲律賓珠寶商也有親身來買貨。其他地方較少，越南也有一些買家，最主要是日本和菲律賓。」28（陳曉生，2017 年 10 月 11 日）

1980年在南非開普敦留影

這是位於南非開普敦最南面。鄭裕彤邀請好友楊志雲（左）及冼為堅（右），與
他一起參觀南非一個鑽石礦，這三位是一起創立新世界發展的親密夥伴。（圖片
由冼為堅提供）

雖然鑽石的價格以卡數（重量）、顏色、折射的亮度、形狀、客人的
偏好等多種因素來釐定，但總的來說，一顆完整的大卡鑽石比一批
同等重量的細卡鑽石較為珍貴，並具有較大的議價空間。因此，周
大福必須有充足的貨源，才可滿足多方面的口味和需要。以出產鑽
石聞名的南非，自然吸引鄭裕彤的投資興趣。

南非有原石礦，每年出產數量龐大、品質上佳的鑽石，若可直接向
鑽石商採購，便可保證充足的貨源。但從南非直接出口鑽石並非簡
單的事，必須依據壟斷南非鑽石開採和銷售權的戴比爾斯公司（De
Beers Group）所訂的規矩而行。當時戴比爾斯在南非和博茨瓦納
（Botswana）都有鑽石礦，據聞曾經壟斷全球八成以上的鑽石毛坯
供應，29 鄭裕彤希望直接向戴比爾斯購買鑽石，便可獲得充足且高
質素（尤其是大顆鑽石）的貨源供應。

初時鄭裕彤尚未有資格直接向戴比爾斯認購鑽石，他先與一家名為
Zlotowski's 的鑽石毛坯打磨廠簽訂合約，大量購入經該廠打磨的
熟貨（polished diamonds）。這家工廠持有戴比爾斯發出的配售商
（Sightholder）牌照，在每年戴比爾斯選定的十個銷售日，到戴比
爾斯的銷售部門選購鑽石毛坯，經工廠的專業師傅打磨成熟貨，出
口至世界各地，包括香港周大福；後來周大福以包銷形式，大量買
下 Zlotowski's 的產品，相信當時是 1971 年。不久 Zlotowski's 老闆
Louie Zlotowski 決定退休，這位猶太裔波蘭人答應將工廠轉讓予鄭
裕彤，1973 年，周大福便正式接手這家位於約翰內斯堡的鑽石毛坯

打磨廠（簡稱約堡廠）。自此，鄭裕彤便持有戴比爾斯的牌照，可以認購鑽石毛坯。

約堡廠內有幾十名專業打磨師傅，全是南非白人，以精煉的技術對鑽石毛坯做「足磨」，即將大顆鑽石打磨至 57 至 58 瓣，以達到鑽石的最佳效果。1986 年，周大福應南非政府的邀請，到當地新開發的紐卡素（Newcastle）工業區設廠，訓練黑人成為打磨工人，專門生產低於一卡的細鑽熟貨。2012 年，周大福在博茨瓦納加開打磨廠，生產一卡的鑽石熟貨。

周大福於南非的三間鑽石廠各有分工，約堡廠生產大卡鑽石，博茨瓦納廠生產中顆鑽石，紐卡素廠生產細鑽。大顆鑽石為收藏家及以購買鑽石來保值的人士所喜愛，中顆鑽石適合用於鑲嵌貴重首飾，細顆鑽石多用於中價首飾和錶帶。這時，鄭裕彤已是名副其實的「珠寶大王」了。

周大福人遠赴南非

郭寶康

郭寶康，1950 年於香港出生，1970 年加入周大福，1977 年由鄭裕彤親自邀請派往南非，協助管理南非的鑽石廠，1998 年起擔任總經理，直至 2016 年全部工廠結束。郭寶康與妻子兒女其後習慣了南非的生活，在當地落地生根。

1977 年鄭裕彤先生召見我，他告訴我
南非那邊有一間工廠，問我有沒有興趣
過去做事。當時有一位同事 David Lee
已經被派駐南非，我不是第一個去南非
的，David Lee 才是開荒牛，另外黃國
庭親身去過南非，周大福買南非工廠他
有份參與。

我回答老闆要跟老婆商量，當時我新婚
不久，總不能拋低老婆自己一個跑去非
洲，幸好老婆思想開通，認為年輕人應
該去闖世界。第一件事不是買機票，而
是到石房學習鑑別鑽石，1979 年我們才
出發往非洲。

在 非 洲，鑽 石 國 家 有 一 個 所 謂 local
beneficiation（本地得益）的政策，意思
是出口的鑽石要在當地先做打磨加工，
主要為製造本地就業機會，所以 De
Beers 的 Sightholders 一定要在當地設
廠，這是牌照規定。De Beers 當時有兩
個銷貨地點，一處在倫敦，銷售它全球
開採的鑽石，另一處在南非 Kimberley

（金伯利），銷售南非鑽石，當時我們
只有南非的牌照，所以買貨時要由約翰
內斯堡乘飛機去 Kimberley。

鑽石毛坯和鑽石熟貨不同，我們倚賴南
非人做鑑別，去 Kimberley 買鑽石坯時，
一定帶專家同去，有些是我們的打磨師
傅，有些是外邊的專家。打磨師傅經過
五年學師，通過考試才可註冊為師傅，
再經多年磨練才成為專家。

1970 年代或以前，只有白人才可以做打
磨師傅，這是種族隔離政策規定的。白
人工資比較高，若打磨細石的話，相對
成本便太高了。有廠家要求政府開放，
讓其他膚色的人也可以入行，希望可降
低工資成本。我們接手幾年後，政府容
許所謂有色人種入行，不是白人也不是
黑人，當時歧視黑人的政策仍然未變，
再過幾年，政府才容許黑人入行。種族
隔離政策之下，只有白人工會，白人工
會當然反對開放入行條件。後來是黑人
政府，全都改變了。

1986 年，我們在 Newcastle 開了一間新廠。那裡是一個工業特區，政府提供補貼吸引外商投資。我們的工廠僱用黑人，特區附近有一個黑人聚居的市鎮，人口差不多有 100 萬。黑人的工資每月 100 多南非蘭特，政府補貼 80 南非蘭特，若果僱用白人，工資要超過 1,000 南非蘭特。30 另外政府還提供搬運補貼、機器補貼。

白人師傅要學師五年，我們設計了速成班培訓黑人勞工，只需一兩年便會工多藝熟。工廠專門生產一卡以下的細石，細石的價值不高，手藝要求較低，最重要是大量生產。

Newcastle 廠發生過兩次罷工。一次在 1998 年 David Lee 過身後不久，我剛接替他的崗位，真的很頭痛，幸好特區有工會，大家依法律進行勞資談判，事情很快解決。第二次是野貓式罷工，當地兩間工會都叫工人復工，但工人不聽從下，變成非法罷工，我們跟零散的工人談不出結果來，結果解僱了大批工人，以新一批工人代替，培訓他們使用自動打磨機，年輕的黑人勞工對電腦不陌生，罷工時堆積的存貨很快便完成了。那時是 2014 年尾。

基於南非和中國局勢的變化，2016 年公司決定關閉南非的工廠，鑽石的切割打磨加工全部在順德倫教廠進行。

周大福位於南非紐卡素的鑽石加工廠

南非政府取消種族隔離政策後，黑人方可從事鑽石打磨的技術工作。周大福提供較短期的訓練，並重新設計生產流程，使黑人勞工盡快勝任細顆鑽石的打磨工作。照片攝於 2004 年。（圖片由郭寶康提供）

1980 年代以後的珠寶大王

踏入 1980 年代，鄭裕彤的兄弟班已經發展成熟，各司其職，期間新血加入，經過一段時間的培育，兄弟班進一步擴大，新血逐漸晉身為新一代管理層。這個時候的鄭裕彤，已經放心將周大福珠寶金行的日常業務交給管理層打理，據聞他對珠寶的興趣不減，每天必定到石房視察；若聽聞有特別的珠寶，石房的負責人必定徵得他的首肯，才敢出價買入；在日常的業務流程中，這班第二代新血皆感激老闆寄以重任，放手讓他們辦事。

1980 年代中，周大福不僅入口鑽石，還入口玉石。陳志堅於 1988 年從分行調上總寫字樓，加入珠石採購部，輔助鄭翼成主理的珠石部，負責玉器、寶石和珍珠的採購工作。那個時候，周大福分行已經增加至九間，亦快將在銅鑼灣開分行，對珠寶首飾的需求頗大。當時石房已經分拆為鑽石部和珠石部。陳志堅記得鄭裕彤對開玉石的石坯是充滿興趣的。

「以老總（周大福員工對鄭裕彤的尊稱）當時的財富，一千幾百萬根本視作等閒，但我們買一件石頭價值二三百萬元，他亦會非常關注，他會親自過來查問，『大家打算如何開刀？』他好奇想知道石坯內的玉料分佈。我們切一刀往往需要幾個小時，甚至全日，要慢慢地切，他有空便打電話過來：『石頭切開沒有？情況怎樣？』其實即使經驗豐富的師傅都只能

四四六六，沒有人可預知石頭裡面的情況，所以老總對開石頭是充滿興趣的，有點像賭啤牌時甩牌的刺激，想知道結局。老總亦試過親自去買石頭，其實這是一種心癮，多於為了生意利益。」31（陳志堅，2017 年 12 月 12 日）

陳曉生、陳志堅和李杰麟是鑽石部和珠石部的第二代，不約而同地感謝鄭裕彤給予支持和信賴，讓他們發揮自己的才能。

「我記得有一次，一粒鑽石從南非送過來，是已經打磨成 80 多卡的方石（方形鑽石），南非工廠那邊只顧卡數，因為鑽石的價錢主要視乎卡數，可惜打磨工夫做得不理想，我們計價錢時要打折扣，其實就算有折扣亦未必有買家。南非廠那邊稱為『全美』（無瑕疵），我們用放大鏡仔細鑑別過，發現有兩個點在底部的表面，不能算是全美。我說：『老總、五叔（員工對鄭裕偉的尊稱），這裡有花喎，需要再打磨成真正的全美。』老總說：『去啦、改啦。』於是我將方石寄回南非，每天跟對方保持溝通，那時已經有傳真機，我們以傳真往來，告訴那邊的同事我們的要求。方石寄回來，是真正的全美，非常漂亮。老總聽說鑽石回來了，立即趕過來，『嘩，怎麼少了十多卡？』立即到我的辦公室來質問：『阿生，你怎麼搞的？』我說：『老總，你先看清楚這顆鑽石的品質。』一看之下，他連忙點頭，沒有再說話，意思是：『阿生，你這個人沒有亂搞。』若單以卡數計算，價錢是少了一截，但全美可彌補損失，且更易吸引

買家。那時我真夠膽，做出這樣的決定，主要是因為老總給予很大的信心。」32（陳曉生，2017 年 10 月 11 日）

「其實我們做採購的，老總都有參與，但他給予的自由度非常高，他不會告訴你，今次只能花最多 200 萬，或者你要買 2,000 萬貨，不會的。我們負責採購，只要是適合的就可以決定買，不過，如果數額真的很大的話，應該打電話返香港，諮詢一下三叔鄭裕培的意見，若果的確是非常重要的決定，一定請老總參與，他的參與未必是要限制你的職權，而是他對珠寶這一行的興趣，他的興趣確是很濃厚，愈特別的東西，他的好奇心愈大，告訴他有關情況，讓他可以保持參與度。」33（陳志堅，2017 年 12 月 12 日）

「老總很喜歡珍珠，所以投入了很多資源在珍珠方面。比如要壯大採購的規模，必須有足夠生意量，生意好的時候，他就愈發放手讓我們去做，我感謝老總這種做法，一路都信賴我們、支持我們。我們必須知道市場的需求，什麼貨型最適合我們的客人，什麼價錢最切合我們的生意，我們只要掌握到這幾方面，便可以放心去買貨。因為市場夠大，我們可以挑選特別出色、有特色的貨，但需要老總的支持，放手讓我們去做。」34（李杰麟，2017 年 12 月 12 日）

陳曉生補充，若員工做事有眼光、有心得、放膽去嘗試，便會得到

鄭裕彤的信任和支持。周大福老闆與員工之間的互相信任，成為企業發展的良好基礎。

1990 年代初，第一代董事何伯陶建議邀請顧問公司，為周大福診脈，以提升公司的管理制度；大約同一時候，鄭裕彤二弟鄭裕榮的兒子鄭錫鴻加入周大福，從新一代的角度審視周大福的管理制度，認為舊的一套已不合時宜。配合顧問公司的建議，1994 年鄭錫鴻成立行政部，逐步引入現代管理的制度，最主要的變動是將分行各自為政的模式，改為中央集中管理，無論採購、生產、銷售、倉存記錄等，全部由中央統籌，並由中央督導分行的業績。

傳統的金飾業仗賴可靠的人事關係做事，所以第一代管理層是建立在家族成員的信任關係上。推動改革的行政部，從分行中挑選工作進取和積極的員工，把他們調升上總寫字樓，擔任行政經理，從他們的實際經驗出發，提出改革措施，各行政經理負責督導和協助分行改善不足之處，以提升銷售業績。除了鄭錫鴻是家族成員外，其餘都是非家族成員。2011 年，周大福上市，執行董事共有十人，其中五位是家族成員，35 兩人是鄭家第二代，三人是第三代；另外五位非家族成員，包括黃紹基、陳世昌、陳曉生、孫志強、古堂發，全部曾經參與行政部推行的改革。這十位執行董事便是周大福最新一代核心管理層，負責推動周大福的組織和業務變革。

攝於周大福 80 週年慶典祝酒儀式上。左起：鄭錫鴻、鄭志恒、鄭志剛、鄭裕彤、何伯陶、黃紹基、陳世昌。

黃紹基

新一代管理層的成長

黃紹基，1956 年於香港出生，1977 年加入周大福在萬年珠寶公司做練習生，1986 年升任旺角第三分行經理，1994 年升任行政經理，協助推行企業管理改革，及後參與周大福的中國業務，1999 年獲委任為內地業務總經理，2002 年擔任董事，2011 年晉升為集團的董事總經理。讓我們看看這位董事總經理是怎樣從練習生成長起來的，特別的是，作為新一代的管理層，黃紹基參與建立新的管理模式，親身體會鄭裕彤對新一代的接納和認同。

我在 1977 年加入周大福，那時叫做「練習生」，以前叫做「後生」。當時我入金舖做事，只需找一個相熟的簽一份擔保書，保證你的誠信，過程非常簡單。我依招聘廣告來應徵，廣告內文要求你勤奮、刻苦耐勞，反映這是公司的文化和價值觀。

我寫了一封中文求職信，由何伯陶董事面試；返工時向二叔鄭裕榮報到，他派我到萬年珠寶公司，可能因為我是中學畢業生、懂英語，中環分行的客人通常是高級人士和外國客人，相信分行需要這類櫃面員工。

跟現在不同，那時沒有什麼培訓課程，主要跟「師傅」做事，練習生是坐在尾櫃的，替頭櫃斟茶、買咖啡、買煙，如果他覺得你勤力、聽話的，或許會容許你坐在旁邊，觀察他招待客人的手法，否則你只能離遠觀察。師傅不會教你鑑別貨色，鑽石的顏色、玉石的真假等要靠自己觀察領會。其實師傅自己也是靠累積經驗學習，未必懂得用語言講解。

做練習生要帶棉被、枕頭上班，因為夜晚要留宿，一個雜務加一個練習生負責看舖，我是最後一批留宿看舖的練習生。做練習生這三年，我額外做了兩件事，第一，修讀寶石學，完成了美國寶石協會的函授課程；然後，我到珠寶首飾業文員會上珠寶設計班。

三年後，我開始做「發單」。做發單的，要經常上石房「使料」，意思是細看石房的存貨，挑選好賣的石料，返舖頭與設計師商量，該設計成什麼款式呢？然後到工場，跟師傅商量鑲嵌的方法。做發單就是設計珠寶、選擇材料，然後發一張單入工場。

我們學設計時，不單只學設計美觀，還要估算整件首飾的成本，考慮鑲嵌的方法等。我比起其他同輩的師兄弟升職較快，因為我主動去掌握所有的步驟，一件首飾由原料、設計、成本核算、交貨

給客人等，由頭到尾我都緊密跟進。

1986 年我負責開設旺角第三分行，我做了三件算是創新的事。第一，當時公司沒有培訓部，我挑選合適的人手，自己給予培訓。第二，關於定位，當時旺角已經有兩間分行了，新的分行不應分薄舊行的生意，要開發新客源。1980年代，旺角可說是九反之地，賭場、麻雀館林立，那些「撈家」（做偏門生意的人）有錢就買「撈」（勞力士手錶的簡稱）。當時旺角第一分行賣勞力士錶，是全行最了得的；賣金鍊也賣得多，金鍊要夠重，撈家身上常見金項鍊、金手鍊。旺角一行、二行主要針對這類客人，相當成功。

我考慮的新客路要闊一些。住在窩打老道、何文田一帶的是有錢人，我覺得他們會喜歡買珠寶和款式新穎的首飾。所以我著重款式設計，新分行那盤貨是很有特色的首飾，我有這方面的優勢，因為我在萬年珠寶公司做設計已經很有經驗。

第三，櫥窗擺設。以前櫥窗擺設是分行經理的職責，各分行各施各法，傳統的擺設是以大量金飾吸引途人，我選擇雅致、突出的產品，擺設成首飾系列，造成與眾不同的效果。

老總對制度改革有什麼評價？我們每月有例會，例必向董事會報告業績，老總是心水清的人，他喜歡看數字，見到生意一直增長，知道我們新一套是行得通的；在我眼中，老總不會講無謂的說話，他沒有出聲阻止，便是很大的認同，老總不會跟你說：「你做得好，你放心繼續做吧。」

例如，我們在中國推行特許經營模式。過往周大福的分行全部是直接投資的，我們推行特許經營必須向他交代、解釋。我記得在講解中國的特許經營方案時，他表示支持，並補充說：「你們不要賺人家太多喎，我們做生意的要讓人家也有錢賺呀。」

我明白，若果做直接投資的話，利潤 10
元，全屬於自己；用特許經營的話，合
作雙方是五五分賬。一般人會想，我本
來賺 10 元，現在被人分去 5 元了；老
總的意思是，這是人家幫你賺 5 元，如
果沒有人家，你連這 5 元也賺不到。我
覺得，這是老總的大智慧。他不是發出
指令，而是與你分享他的智慧。

鄭裕彤的
足跡

1960 至 1980 年代，鄭裕彤乘著香港經濟起飛，大力將
周大福推向更企業化的方向，除了門市分行，周大福擁有
相當規模的工場；正式接手後，將傳統金舖改革為有限公
司，以股本方式吸引有才幹的成員為公司效力，對有能
力、用心實幹的員工給予信任和空間，使其為企業全力
以赴。鄭裕彤深具長遠的目光，他遠赴南非建廠開拓鑽石
來源，奠定周大福在香港作為「鑽石大王」的地位。雖然
周大福的成長有家族企業的影子，但鄭裕彤的企業管治策
略，是以建立制度、培育有才幹者居之為原則。珠寶事業
成功之後，對於鄭裕彤，珠寶不再是生意，而是興趣。

註釋

1　　參考周大福企業文化編制委員會編：〈周大福與我──鄭裕彤自述〉（2011 年），頁 254。

2　　參考同上，頁 251。

3　　參考王惠玲、莫健偉：〈周建姿口述歷史訪談〉（2017 年 10 月 4 日）。

4　　周桂昌曾寄住於「麗園」，對周至元何時開始於「麗園」休養定居作了補充。參考 王惠玲、莫健偉：〈周桂昌口述歷史訪談〉（2018 年 12 月 18 日）。

5　　參考王惠玲、莫健偉：〈周建姿口述歷史訪談〉（2017 年 10 月 4 日）。

6　　黎棉是順德樂從人，日本侵華時逃難至澳門，約於 1941 年加入澳門大南金舖做後生。 以黎棉所知，周至元在大南金舖有股份，戰爭完結前大南金舖結業，黎棉轉到周大 福做櫃面。參考周大福企業文化編制委員會編：〈澳門新馬路上七十年──周大福舊 夥計黎棉的回憶〉（2011 年），頁 263-267。

7　　參考王惠玲、莫健偉：〈周耀口述歷史訪談〉（2017 年 3 月 1 日）。

8　　參考 "The Companies Ordinance, Particulars of Directors, pursuant to section 143." 公 司註冊處網上查冊中心公司資料檔案，1961 年 3 月 6 日。

9　　參考王惠玲、莫健偉：〈周建姿口述歷史訪談〉（2017 年 10 月 4 日）。

10　　參考周大福企業文化編制委員會編：〈周大福與我──鄭裕彤自述〉（2011 年），頁 254。

11　　綜合不同受訪者得出的敘述。例如鄭哲環憶述自己於 1976 年被派到外勤組，職責 是向行家推銷鑽石，與行內買家交易前，必先向鄭裕榮報告，經鄭裕榮確認為可靠 的行家金舖，才落實交易，鄭哲環認為鄭裕榮對行內的情況非常熟悉。參考王惠玲、 莫健偉：〈鄭哲環口述歷史訪談〉（2018 年 2 月 1 日）。

12　　參考王惠玲、莫健偉：〈何伯陶口述歷史訪談〉（2017 年 1 月 6 日）。

13　　鄭志令約於 1958 至 1959 年加入周大福，以他的觀察，何伯陶猶如鄭裕彤的助手， 代表鄭裕彤打理金舖和做決定。參考王惠玲：〈鄭至令口述歷史訪談〉（2018 年 10 月 29 日）。

14 　出口貿易的數字分為總出口（total exports）、出口（exports）和轉口（re-exports），
　　　出口值的定義是本地生產貨品的出口值，這名稱後來改稱為本地出口（domestic
　　　exports）。

15 　參考王惠玲、莫健偉：〈鄭哲環口述歷史訪談〉（2018 年 2 月 1 日）。

16 　參考同上。

17 　參考王惠玲、莫健偉：〈何鍾麟口述歷史訪談〉（2019 年 4 月 17 日）。

18 　何伯陶的辦公室設在總寫字樓，他做好的泥坯或師傅依泥坯做好的托，由學徒做交
　　　收，來回運送，經何伯陶確認後，鑲石師傅才鑲上珍珠、玉石等珠寶。

19 　較著名的是由謝瑞麟開設的工場。1953 年，當時只有 13 歲的謝瑞麟在金舖做學徒，
　　　至 1960 年，他已學曉足金首飾和珠寶首飾的鑲嵌技術。學師的珠寶店在尖沙咀區，
　　　東家給謝瑞麟 3,000 元和珠寶店後面一個小房間，讓他做工場為珠寶店鑲作首飾，
　　　這一人工場便是謝瑞麟第一間工場。1960 至 1970 年間，謝瑞麟的工場為尖沙咀區
　　　多間珠寶店承造首飾，規模不斷擴大，曾在尖沙咀一樓宇單位內設廠，既是工場也
　　　是住宅。1960 年代末，他搬入位於紅磡的工廠大廈，做正式的工場，位置上方便與
　　　尖沙咀的珠寶行保持合作。謝的工場當時已經有 200 多個工人，到 1980 年代增加
　　　至 800 多人，自稱是全港最大的首飾加工工場。謝瑞麟的工場亦曾為周大福、周生
　　　生、景福等珠寶店做珠寶加工。謝瑞麟憶述，他的工場是第一家在紅磡的珠寶工場，
　　　之後珠寶廠數目逐漸增加，至 2000 年代增加至 2,000 間。參考錢華：《因時而變：
　　　戰後香港珠寶業之發展與轉型（1945-2005）》（2006 年），頁 167-174。

20 　首飾的托不能使用純金，因為純金質地柔軟，做托必須使用混入其他金屬的合金才
　　　夠牢固，初時周大福使用的是 25 成色的 K 金，即白金或黃金貴金屬比例佔 25%，
　　　後來成色比例提升至 75，以增加首飾的價值。

21 　根據工廠條例，僱用 20 人以上或使用機器的工廠必須向勞工處註冊。工廠和僱員
　　　數字參考歷年勞工處年報。

22 　參考 Research Department, Hong Kong Trade Development Council, 1987, pp.2-4.

23 　參考錢華：《因時而變：戰後香港珠寶業之發展與轉型（1945-2005）》（2006 年），
　　　頁 44。

24 　參考王惠玲、莫健偉：〈郭儉忠口述歷史訪談〉（2017 年 10 月 17 日）。

25 　參考王惠玲、莫健偉：〈何伯陶口述歷史訪談〉（2017 年 1 月 6 日）；周大福企業文
　　　化編制委員會編：〈1956 年重組後的周大福〉（2011 年），頁 318-319。

26 　原文使用「阿差」一詞，昔日香港市民慣稱印度籍人士為「阿差」，但以今日的角度，
　　　有種族歧視之嫌，所以改稱印度人。參考留津：〈香港億萬富豪列傳之八：珠寶大
　　　王──鄭裕彤〉（1977 年），頁 40。

27 參考同上。

28 參考王惠玲、莫健偉：〈陳曉生口述歷史訪談〉（2017 年 10 月 11 日）。

29 參考王惠玲、莫健偉：〈郭寶康口述歷史訪談〉（2019 年 1 月 4 日）。

30 以今日匯率計算，1 南非蘭特相等於 0.55 港元。

31 參考王惠玲、莫健偉：〈陳志堅口述歷史訪談〉（2017 年 12 月 12 日）。

32 參考王惠玲、莫健偉：〈陳曉生口述歷史訪談〉（2017 年 10 月 11 日）。

33 參考王惠玲、莫健偉：〈陳志堅口述歷史訪談〉（2017 年 12 月 12 日）。

34 參考王惠玲、莫健偉：〈李杰麟口述歷史訪談〉（2017 年 12 月 12 日）。

35 包括鄭氏第三代鄭志剛、鄭志恒及鄭炳熙，鄭志剛是鄭裕彤長子鄭家純的兒子，鄭志恒是鄭裕彤次子鄭家成的兒子，鄭炳熙是鄭裕彤堂兄鄭衍昌的孫兒，父親是鄭禮東，鄭衍昌曾任青山道分行的櫃面，鄭禮東在石房鑑別珠寶。

第五章

地產江山

1960 年代，彤哥（鄭裕彤）住渣甸山，

我住宏豐臺（香港島東半山大坑道）。

每天早上，他一定開車載我一齊去金城飲茶，然後才返工。

飲完茶，彤哥返周大福，我返寫字樓在恒生銀行大廈的大行珠寶行；

楊志雲也一起，三個人每星期一至六都在金城那個茶檔聚首。

楊志雲當時經營美麗華酒店、景福珠寶行，亦開始轉做地產。

十幾年來每天早上一起飲茶，很多物業都在那裡成交，

包括籌備 1972 年新世界上市的事情⋯⋯。

——冼為堅，2016 年 8 月 19 日。1

本書第三章敘述了鄭裕彤 1950 年代涉足鑽石批發生意，與摯友冼為堅因為鑽石而相遇相交。這段友誼到了 1960 年代更加鞏固，鄭裕彤不單是冼為堅在大行珠寶行工作時的長期客戶，兩人也是友誼深厚的生意夥伴。上面是冼為堅憶述 1960 年代初三個緊密的生意夥伴——鄭裕彤、冼為堅、楊志雲——的日常生活片段，三人幾乎每天都在中環皇后大道中的金城茶樓「飲早茶」，暢談市道和拍板生意決定，當中不少重大投資決定都是在飲早茶時敲定的。這個三人小組是鄭裕彤在地產業大展拳腳的核心夥伴團隊，維持了十多年的茶聚，形象化地說明鄭裕彤做生意喜歡建基於信任和穩固的友誼，下文我們將會詳述鄭裕彤地產生意的人脈網絡的組成及其重要性。

鄭裕彤於 1950 年代開始涉足地產投資，開始時可說是「牛刀小試」，到 1960 年代初才正式在地產界啟航，由小型項目向大規模的項目進發，不單在數量上有所擴張，投資方式愈見多元化，形式上亦愈來愈有系統。1960 年代初，鄭裕彤於周大福珠寶金行內加設地產部，亦於 1961 年成立協興建築公司，由幾個股東合股發展到組織專責公司，統籌和督導地產項目的開發。累積到一定資產、經驗、識見、人脈基礎後，於 1970 年創立新世界發展有限公司（簡稱「新世界發展」），1972 年新世界發展上市後，公司逐步發展為地產、建築、酒店等業務多元化的集團。

這一章我們將敘述鄭裕彤在地產業發展的歷程，從他參與過的幾個關鍵的地產投資項目，探究他在地產投資的風格和特點。

戰後至1970年代初的地產市場

首先，我們從戰後的地產市場說起，一些重要的歷史脈絡將有助我們理解鄭裕彤參與地產投資活動的特色。1945 年二戰結束後，殖民地政府著手重建戰後的香港；其中一項急切的工作，就是規劃土地用途及其供應，以配合戰時受破壞的地區及工商業的重建工作。英國政府邀請了當時著名的規劃專家亞柏康比（Sir Patrick Abercrombie）來港考察，為戰後香港的土地規劃出謀獻策。1948 年發表的《香港初步規劃報告書》（簡稱《亞柏康比報告》），當中不乏前瞻性的建議，例如設立專責的城市規劃部門，引入分區規劃和發展的概念。報告也提出許多發展方向，例如發展港九沿岸地區如紅磡、油麻地、長沙灣，以至延伸工業區至尚未開發的荃灣；又如釋放港島區的軍事用地，重新規劃干諾道中、銅鑼灣、筲箕灣乃至北角沿海狹長地帶的發展；至於發展新界土地、興建新市鎮、海底隧道，甚至推動當時尚未形成的香港旅遊業等構想，當時都是具前瞻性的建議。2

對於《亞柏康比報告》，社會輿論是眾說紛紜，有人認為它成效不彰，報告只在香港政府年報提及過，最後的命運是被束之高閣；也有學者認為報告提及的規劃方向，雖然未能即時實施，但從 1950 年代以後香港城市發展的面貌看來，卻有不少不謀而合的地方。3 政府沒有即時按《亞柏康比報告》的建議落實施行，有論者認為主要原因是人口膨脹的速度遠超預期。亞柏康比估計戰後人口由 150

萬逐漸增加至 200 萬,他所設計的土地規劃應可滿足這規模的城市發展需要。4 然而現實是香港戰後人口的增長遠超政府的預期:由 1947 年的 180 萬 5 激增至 1961 年的 312.9 萬,至 1971 年更增至 393.6 萬。6 人口急增帶來連串社會問題——土地供不應求、房屋短缺、寮屋及木屋區大片地出現、樓房租金飆升、居住環境嚴重擠迫等。

人口膨脹、房屋需求和租金飆升等因素促使商人投資地產業,令地產市道興旺,但事實是戰後至 1971 年間,地產市道不是直線上升,而是有上有落,當中有幾個階段特徵值得細嚼,藉此可了解鄭裕彤投資地產業時面對的社會和經濟形勢。

為應對住屋需要的壓力,政府實施了一些法例改動,以解決燃眉之急,包括1947 年施行的《租務管制法例》和1955 年的《建築條例(修訂)》。1947 年施行的《租務管制法例》規定戰前所建之住宅及商業樓宇,不得超過其戰前租金水平,但新建或重建樓宇則可獲豁免。7 換言之,重修或重建舊樓可追求市值或更高水平的租金,這增加了修建和新建樓宇的誘因,因而提高了樓宇的供應量。至於 1955 年經修訂的《建築條例》,解除了新造樓宇的高度限制及把地積比率放寬一倍,8 自此新建大廈向更高密度的方向發展,此舉亦促成更多新建大廈出現。9

戰後至 1960 年代,收購舊樓拆卸重建、買地興建多層住宅大廈是地

表1：新建或修建住宅大廈數字（1947-1960）

年份	樓宇數目	年份	樓宇數目	年份	樓宇數目
1947	2,225	1952	3,224	1957	10,902
1948	2,579	1953	2,137	1958	13,725
1949	3,371	1954	2,321	1959	14,930
1950	2,620	1955	8,938	1960	16,242
1951	1,762	1956	6,983		

○ 資料來源：Commissioner of Rating and Valuation, *Annual Departmental Reports*, various years. 經差餉物業估價署進行估值的樓宇。

○ 修建指重建及樓宇結構被改動的樓宇；樓宇種類包括含多層單位的西式住宅大廈及中式大廈。數字涵蓋香港島、九龍及新九龍，新界及離島地區除外。

產業一個新現象。表1顯示經差餉物業估價署估值的新建或修建大廈數字，自1955年美國對中國的禁運結束，[10] 香港經濟重新起飛，加上1955年的建築物條例修訂後促使更多多層大廈落成，自1955年起落成樓宇的數量顯著上升。

1950年代，分層出售、分期付款的新興物業銷售方式，亦促進了房地產市場的活躍程度。過去樓宇買賣是全幢出售的，1948年地產商人吳多泰開始以分層出售的方式售樓，[11] 一來方便發展商盡快售清單位，二來鼓勵更多業主置業。1953年另一地產商人霍英東推出分期付款及預售樓花，使更多普通市民有能力置業。[12]

踏入1960年代，香港的地產市場經歷大起大落的波折。

尖沙咀「地王之王」記者會

1971 年 12 月 3 日香島發展有限公司在美麗華酒店舉行記者會。鄭裕彤説明洽購經過:「可追溯至 1970 年,當時原擬購入中間道停車場側旁的尖沙咀地王,由於一個外國集團的競投,且出更高價錢,我們決定讓步,由該集團購入該幅三萬方呎的地段。其後,經本公司及專家實地考察,認為藍煙囱地段,濱海向南,可稱地王之王,且更適宜發展,於是在半年前寫信給藍煙囱的倫敦總公司接洽,該公司委託太古公司洽商,雙方終於達成協議,於 12 月 2 日晚上在本港簽約,以 1 億 3 千 1 百萬元購入該地段。我們認為能夠購得這幅地段,是好幸運,而且好意外。」左起:冼為堅、胡漢輝、楊志雲、鄭裕彤。(參考《星島日報》,1971 年 12 月 4 日;圖片由星島日報提供)

表 2：私營新建住宅數目及空置單位狀況（1957-1969）

年份	新建住宅單位	空置單位	空置單位佔新建單位（%）	年份	新建住宅單位	空置單位	空置單位佔新建單位（%）
1957-1958	5,871	1,150	20	1963-1964	20,861	8,055	39
1958-1959	12,282	3,708	30	1964-1965	29,326	11,455	39
1959-1960	11,129	3,697	33	1965-1966	29,161	18,519[(1)]	64
1960-1961	7,860	1,777	23	1966-1967	25,864	16,389[(2)]	63
1961-1962	8,244	2,330	28	1967-1968	14,227	14,496[(2)]	102
1962-1963	11,294	3,483	31	1968-1969	8,817	7,282[(2)]	83

○ 資料來源：1957-1965: "Review of Unoccupied Premises", Commissioner of Rating and Valuation, *Annual Departmental Reports 1964-65*, Appendix 1, paragraph 18, pp.41-42.

1965-1968: "Review of Unoccupied Premises 1968", Commissioner of Rating and Valuation, *Annual Departmental Reports 1967-68*, Appendix, paragraph 8, p.41, and Table XIV, p.69.

1968-1969: "Review of Unoccupied Premises 1969", Commissioner of Rating and Valuation, *Annual Departmental Reports 1968-69*, Appendix, paragraph 8, p.45, and Table XIV, p.72.

○ 年份是上一年 4 月 1 日至是年 3 月 31 日；(1) 為至 3 月止計算；(2) 為至 1 月止計算。

1958 至 1960 年是戰後以來私營建屋量的高峰，1960 年初稍微回落，直至 1963 年再創高峰。人口增加、公共房屋供應不足固然是支持私營樓宇供應量增加的因素，但有媒體報道，1963 年高價洋房和樓宇及各區商業住宅地皮等的市況實際是相當疲弱的，只有下價唐樓（面積 400 至 500 呎，售價約 3 萬元的唐樓）的買賣較活躍；1964 年的情況更加不妙，業主要降價求售。[13] 主要原因是樓價的升幅太過急速，[14] 脫離了市民的購買力，1963 年以後，空置單位佔新建單位比率持續上升便是佐證（詳見表 2）。

1960 年代，土地價值持續飆升，吸引一些投資者在地產市場上追逐利益，伺機炒買地皮，把地皮抵押給銀行，旋即以貸款買入更多地皮。炒地風盛行，也吸引投資者積極參與借貸活動；市場上既有投資者經營抵押放款，為置業公司提供資金炒賣地皮，從中收取可觀的利息回報；[15] 銀行也積極參與其中，為投資地皮、建樓置業提供貸款，將大量銀行資金投入地產市場，既使地產投機更見熾熱，亦為 1965 年後地產市場不景氣埋下伏線。

1965 至 1967 年間，地產市場面對連番衝擊，包括銀行擠提及倒閉、[16] 1966 和 1967 年社會動亂，[17] 這段期間香港各行業均出現不景氣。1966 至 1967 年新落成單位數字仍然可觀，原因是 1963 年遞交，及後批出的圖則，直至 1966 年才完成施工工程，[18] 但樓宇需求疲弱，結果空置率高企。[19] 建築業迅即陷入低潮，工人數目由 1966 年約 13 萬減少至 1967 年約 9 萬。[20] 1969 年，買家於樓價下跌時趁低吸納，政府也推出刺激地產業的措施，[21] 房地產市道開始逐步回升。

在這個背景下，鄭裕彤參與地產投資的活動，究竟是人云亦云地跟著大環境趨勢走，抑或從中找到機會開拓自己的投資方式和風格？

牛刀小試

鄭裕彤本人曾表示，1960 年代時他覺得珠寶業的發展空間有限，認為地產業的前景較理想，當時已嘗試做地產，最初是「收購幾幢樓，

重建後便賣掉，賺到錢便再繼續」。[22] 我們相信鄭裕彤最早投資的地產項目是 1950 年代投資興建的藍塘別墅。[23] 位於跑馬地成和道及冬青道的藍塘別墅，是屋苑式豪宅，一排八座、樓高六層並設有地面泊車位。戰後一段時期，跑馬地藍塘道、成和道一帶依山建成了不少寮屋；1950 年代初寮屋陸續被清拆，政府亦加緊改善附近的道路，以騰出一幅新造地皮，為當時需求殷切的置業市場提供發展空間。[24] 藍塘別墅應該是在這幅新地皮上興建的。

鄭裕彤投資藍塘別墅並非獨資項目，當時是與一班珠寶同業合股投資的，其中一位投資者是周大福珠寶飾櫃合夥人之一——劉紹源。後來劉紹源因財政緊絀需要出讓手上的股份，經鄭裕彤推介，由冼為堅接手，冼、鄭二人亦合股接手未售出的泊車位。據冼為堅憶述，藍塘別墅不單只有鄭、劉兩個股東，還有幾位珠寶界行家合股，而且落成的單位很快在珠寶業行家之間認購清光。換句話說，藍塘別墅是鄭裕彤通過珠寶業人脈在地產業踏出的第一步。

由藍塘別墅，鄭裕彤結識了甄球。甄球是負責監督藍塘別墅建築工程的判頭，經過甄球轉介，鄭裕彤投資了他早期另一個地產項目——一個位於深水埗大南街的唐樓項目。早於 1912 年，商人已開始開發大南街附近的南昌街至桂林街、鴨寮街至汝州街一帶；[25] 1920 年代政府於深水埗開展填海工程，該區其後發展成多條十字相交的街道，包括鴨寮街、汝州街、基隆街、大南街、荔枝角道、醫局街、海壇街等。商人紛紛在此興建唐樓，促使戰前的深水埗成為唐樓密集和

人口稠密之地。26 雖然政府沒有明言依照《亞柏康比報告》進行城市規劃，但從結果看來，政府接納了當中一些思路，視西九龍地區包括深水埗、長沙灣、大角咀等地為提供住宅和工業用地的地區之一，並往荃灣新規劃的工業區方向延伸，意圖發展出一條九龍西部海岸的工業帶。27 在此背景下，深水埗及鄰近地區是戰後住宅和工廈建設的其中一個主要地區，一些戰前舊樓被清拆重建為樓層較多的大廈，包括鄭裕彤正要考慮投資的大南街項目。

1960 年，鄭裕彤和冼為堅經甄球介紹，以 47 萬元購入深水埗大南街 265 至 275 號一幅地皮，項目附有建築圖則，可興建六幢九層高的「唐樓」28。甄球向鄭裕彤建議以 53 萬元承建唐樓的建築工程，經討價還價後項目以 50 萬元建築費成交。合股人有鄭裕彤、大行珠寶行老闆蕭傑勤及冼為堅。

落成後的大南街項目取名「大福唐樓」，於 1961 年出售樓花，是年 10 月 15 日《華僑日報》刊登了一則唐樓廣告，內容註明大福唐樓位處南昌街、北河街之間，一梯兩伙，當時建成四層便開始宣傳，而且以周大福珠寶金行有限公司地產部的名義發售（下頁圖）。1960 年代初樓市暢旺，深水埗區的唐樓，1962 年初每層售價是 2 萬 6 千元左右，到年底每層已升至 3 萬元，增幅達 15%。這種價錢的唐樓，在人煙稠密的深水埗區甚為吃香。29

鄭裕彤在 1950 年代還有另一項地產投資：位於銅鑼灣的香港大廈，

這是一座有 280 多個單位的商住大廈，據說獲利頗豐。30 香港大廈
位於怡和街、百德新街、記利佐治街交界的一幅三角地，有說這是
他進軍地產的一次演習；31 亦有說他在顯示沙膽作風，在商業旺區買
地建豪華住宅大廈。32 亦有報章報道香港大廈原址是警察宿舍，公
開競投重建時，由何鴻燊牽頭與一眾商人合組的「興雲置業」投得，
興建為 23 層高的香港大廈，當時來說是區內最高的大廈；翻查報章
資料，興雲置業的董事名單，包括大生銀行主席馬錦燦、紹榮鋼鐵
創辦人龐鼎元、景福珠寶及美麗華酒店創辦人楊志雲、周大福鄭裕
彤，以及地產商人霍英東。33 此報道指何鴻燊是牽頭羊，另一報道
指霍英東是主要投資者；34 事實上霍英東在銅鑼灣禮頓道至加路連
山道一帶興建了多座住宅大廈，包括於 1955 年建成當時全港最高、
位於利園山道的蟾宮大廈。35 無論誰是帶領者，這個時期的鄭裕彤
只是其中一個投資者。

綜合而言，從這三項地產投資可見，鄭裕彤在 1950 年代初至 1960 年
這「牛刀小試」的階段沒有定型的方向，他既到跑馬地投資建高級
住宅，亦到銅鑼灣興建商住大廈，亦樂於到深水埗興建唐樓出售。
明顯特色是他是以合資方式投資的，藍塘別墅和大福唐樓都是與珠
寶同業的朋友合資，可見珠寶業商人將餘資投入到地產業增值，引
證了上文所述當時的社會趨勢。第三個特色是建成的樓宇全部放售，
售後各股東立即瓜分利潤，未有如後來常見的由發展商持貨收租的
做法，更沒有如後面所述的組成專責公司有系統地統籌股本組合和
開發工程。

大福唐樓廣告

刊登於1961年10月15日的《華僑日報》。（圖片由南華早報出版有限公司提供）

鄭裕彤一直喜歡夥拍好友一起集資買地起樓。根據他在地產業的好
拍檔、前新世界發展常務董事冼為堅的憶述，鄭裕彤處事以促成合
作為先，賺錢後必定盡快分紅，使合夥人之間建立了互惠和信任的
關係，有些甚至是長久合作的好夥伴，圈子裡是珠寶業好友，也有
銀行界、地產業的知名商人。這在後面將會再論及。

此外，大福唐樓的廣告中有兩個信息，反映當時鄭裕彤在地產投資
上的作風。第一個信息是預售樓花。1950 年代中地產界開始採用的分
層出售、分期付款、預售樓花等新模式，據說是由霍英東引入的。36
對鄭裕彤來說，他利用預售樓花來維持他的穩健作風。根據冼為堅
的憶述，鄭裕彤投資地產，必定以真金白銀支付地價，有時是自資，
有時是合資，鮮有用借貸的方法投資買地；建築費方面則視乎項目
而定，有時會借錢起樓，大多數使用預售樓花的方法，邊起樓邊預收
樓價，有時只需投入頭一筆啟動工程的資金便可完成整個建築項目。
鄭裕彤的穩健作風在於不會以貸款買地皮以免造成過度投資，預售
樓花的收入只用於建築工程，所以從沒發生過樓花爛尾的問題。

地產路上啟航

踏入 1960 年代，鄭裕彤開始向地產業進發。

第一步是加強組織能力。首先，他在周大福珠寶金行成立地產部。
大福唐樓於 1961 年《華僑日報》刊登的售樓廣告，是以周大福地產部

名義發出的。1965 年香港地產建設商會成立，一份 1966 年的記錄中，可見到鄭裕彤及「周大福珠寶金行有限公司」都是商會的會員。37

周大福地產部第一位員工是周大福創辦人、鄭裕彤岳丈周至元的兒子周樹堂。周樹堂於香港工專（即香港理工大學前身）修讀建築，畢業後任職則師樓，1960 年代初鄭裕彤邀請周樹堂加入周大福地產部。38 周樹堂於周大福地產部擔任繪圖員，後於 1967 年移民美國，繪圖員一職由周桂昌補上，周桂昌是周樹堂的堂弟，即周至元弟弟周植楠的兒子，他在加入周大福之前，曾於則師樓任職了八年繪圖員。

雖然周大福地產部只是一個「一人部門」，但兩位員工均以資深的則樓經驗為鄭裕彤效力。繪圖員既要熟悉建築條例，還要懂得建築設計，對珠寶業出身的鄭裕彤來說是他在地產業啟航的左右手。據周桂昌憶述，39 大項目的圖則由執業建築師設計，小型項目由作為繪圖員的周樹堂或周桂昌負責繪製，他們亦會代表鄭裕彤覆核建築師的圖則。40 決定買地前，鄭裕彤定必親自視察地盤環境以評估所在地的優劣，他通常與冼為堅結伴，有時甚至五、六個股東一組人同往。鄭裕彤亦會吩咐周桂昌於白天和晚上實地考察，以評估早晚上下班時間的交通和人流狀況。周桂昌亦會準備發展計劃書，內含建築層數、成本、單位售價及市場現價等資料，讓鄭裕彤於金城酒樓茶敘時，與楊志雲和冼為堅商議。

表 3：1950 至 1960 年代鄭裕彤的主要地產投資項目

物業名稱	建成／入伙日期
藍塘別墅（跑馬地成和道），8 座住宅樓宇	1960 年 7 月
大福唐樓（深水埗大南街），6 座唐樓	1961 年
駱克大樓（灣仔），A、B 兩座住宅	1963 年 10 月
芝蘭閣（港島大坑道），1 座住宅	1965 年 12 月
萬年大廈（皇后大道中 38-48 號），1 座商業大樓	1965 年
香港大廈（銅鑼灣怡和街），1 座商住大廈	1966 年 3 月
玫瑰新邨（跑馬地司徒拔道），6 座住宅	1966 年 12 月
購入碧瑤灣地皮	1960 年代末
熙信大廈（灣仔軒尼詩道），1 座商業大廈	1969 年
寶石戲院大廈（紅磡寶其利街），2 座商住樓宇	1970 年 12 月

○ 資料來源：建成／入伙日期、樓宇類型及數目，參考中原地產及美聯物業網上查冊資料、協興建築有限公司網站。41

○ 鄭裕彤於新世界上市前尚有其他地產項目。冼為堅曾提及跑馬地銀禧大廈，該大廈於 1959 年建成，惟沒有更多資料引證。口述歷史訪談中亦有人談及其他項目，如鄭志令談及大坑道的瑞士花園（1971 年入伙），周桂昌談及大角咀大志工廠大廈（1971 年建成），冼為堅談及干德道的翠錦園（1975 年入伙）。因這些項目於 1970 年新世界發展成立後落成，故不列入表中。

鄭裕彤另一個組織後盾是協興建築公司。這是鄭裕彤、冼為堅及甄球創辦的建築公司，協興的成立為鄭裕彤擴大地產投資作出了貢獻，使日後鄭裕彤透過新世界大展拳腳時有了有力的支援。協興的組織和故事將在後面專題詳述。

1960 年代初起，鄭裕彤的地產參與更見活躍（詳見表 3）。42

1956年碧瑤灣原址

碧瑤灣的前身是鋼綫灣臨海土地，原屬伯大尼修院所有，未發展前有農戶在該處種菜。曾擔任新世界發展集團總經理的梁志堅記得，當年他到上址視察環境時，見到農民以長竹竿為菜田施肥，一片農村景象。圖中下方為鋼綫灣村，山腰的車路是域多利道。（圖片由高添強提供）

這時，鄭裕彤參與的項目從量和質都有明顯變化，數量固然增加了，特別的是項目種類更多元化，包括大坑道上的高級住宅大廈如芝蘭閣、大型住宅組合如玫瑰新邨，甚至九龍邊陲地區紅磡的商住樓宇。鄭裕彤亦投資商業中心區的寫字樓，包括中環的萬年大廈及灣仔的熙信大廈。

細心拆解這些項目背後的組成，我們見到鄭裕彤的投資特色：持續與商界友人合作投資。例如玫瑰新邨是鄭裕彤投資到何善衡、楊志雲主導的項目中；熙信大廈是與楊志雲、胡俸枝、冼為堅的合股投資。這些合作夥伴中以冼為堅、楊志雲、何善衡最為重要。冼為堅是鄭裕彤的一生好友（詳見冼為堅〈序〉和外篇故事）。至於楊志雲，他是景福珠寶創辦人，與鄭裕彤素來認識，於香港大廈的項目已見合作，於玫瑰新邨再有合作機會；何善衡是恒生銀行主席，珠寶商人因生意來往常與銀行打交道，因此，鄭裕彤、楊志雲等都與何善衡素有來往。雖然冼為堅年紀較輕，但他與何善衡這位長輩亦有淵源，事緣何善衡太太是大行珠寶行的熟客，對冼為堅甚為信任，何善衡因此對冼為堅青眼有加，有扶掖後進之誼。這些來自珠寶業的人脈關係如何延伸至地產業，並一路發展至新世界發展的創立，中間的過程見證於玫瑰新邨和碧瑤灣地皮兩個項目。

玫瑰新邨的主要股東是楊志雲、梁銶琚、何善衡個人及其家族公司（詳見表 4），鄭裕彤以周大福名義投資，只佔 2.5%。這時是 1960 年代初，鄭裕彤雖已在地產業啟航，但與玫瑰新邨比較，主要是一、

表 4：1965 年 6 月大地置業有限公司主要投資者及股份配發數目及比例

股東	配股數量	持股比例（%）	說明
伯利衡有限公司	1,000	2.0	何善衡家族公司
恒茂置業有限公司	8,750	17.5	何善衡家族及其他投資者
何善衡	5,500	11.0	何善衡個人名義
楊志誠置業有限公司	7,000	14.0	楊志雲家族公司
鴻圖置業有限公司	4,750	9.5	楊志雲、何鴻燊及其他投資者
楊志雲	250	0.5	楊志雲及家族成員
楊秉正	250	0.5	楊志雲及家族成員
梁銶琚	1,500	3.0	梁銶琚及家族成員
梁植偉	1,500	3.0	梁銶琚及家族成員
周大福珠寶金行有限公司	1,250	2.5	鄭裕彤家族公司
其他小股東	13,250	36.5	—
配股總額	**50,000**	**100.0**	

○ 資料來源：公司註冊處網上查冊資料 43

兩幢樓宇的小型項目。玫瑰新邨位於香港島東半山司徒拔道 41 號，是六幢樓高 20 層的高級住宅屋苑，於 1966 年落成入伙。

玫瑰新邨的開發，是通過楊志雲與地皮的業主洽商落實，開發工程則由眾股東合組的新公司統籌，這些經驗都是鄭裕彤在啟航路上需要吸收和學習的地方。

玫瑰新邨的地皮原屬於天主教道明會所有，原址曾建有一座修道院，

1950 年代中曾用於教學用途，後來教會於 1959 年成立玫瑰崗學校，準備另建新校舍讓學校運作。楊志雲與創校神父江樂士（Fr. Eutimio Gonzalez）相識，故提出收購修院部分地皮用來興建住宅，並答允資助新校舍的興建費用。44 購地一事在 1962 年敲定，同年 4 月楊志雲集合一眾投資者成立「大地置業有限公司」，專責玫瑰新邨的開發工程。

大地除了幾個主要股東外，小股東之中有何鴻燊、何添、胡漢輝、郭得勝、利國偉、胡俸枝等，都是銀行業、地產業和金銀珠寶業的翹楚。玫瑰新邨於 1966 年市道低迷時推出，結果是虧蝕收場，但鄭裕彤從中所得的，超過金錢利益。首先，是項開發工程由鄭裕彤創辦的協興建築承造，1960 年代初的協興尚在草創階段，承接這項具規模的豪宅工程，對提升公司的能力和知名度大有裨益，這次經驗或許為協興日後承建碧瑤灣、賽西湖大廈等高級住宅項目奠下基礎。鄭裕彤亦可藉此提升自己在地產業界的名聲，事實上，後來不少地產界好友均邀請協興入標承接其他大型建築工程，例如富麗華酒店、大型屋苑偉恒昌新邨。

後來併入新世界發展的碧瑤灣地皮也是與楊志雲有關的。這時是 1961 至 1962 年間，大行珠寶行老闆蕭傑勤得悉薄扶林一幅農地有機會更改用途為屋地，這幅地是屬於天主教伯大尼修院的，同樣經過楊志雲的穿針引線，土地以農地價錢賣出。項目由楊志雲牽頭，以大行珠寶行蕭家與大地置業的股東組成的新公司——高雲有限公司——

1980年攝於啟德機場

地產界好友親到九龍城啟德機場為鄭裕彤（左四）、楊志雲（左六）及冼為堅（左三）的南非之旅送行，送行者包括新世界發展常務董事楊秉正（左五）、職員梁志堅（左七）及協興建築創辦人之一甄球（左二）。（圖片由冼為堅提供）

表 5：1964 年 4 月高雲有限公司主要投資者及股份配發數目及比例 45

投資者	配股數量	持股比例（%）	說明
大地置業有限公司	10,000	50.0	原玫瑰新邨股東
蕭傑勤（即蕭蘇）	3,586	17.9	大行珠寶行老闆
蕭文焯	3,685	18.4	大行珠寶行老闆
葉蕭麗霞	100	0.5	大行珠寶行老闆親屬
冼為堅	60	0.3	大行珠寶行僱員
高賢有限公司	375	2.0	鄭裕彤及楊志雲合股組成
主要投資者所佔股份數目	**17,806**	**89**	—
其他小股東所佔股份數目	**2,194**	**11**	—
配發股份總數	**20,000**	**100**	—

○ 資料來源：公司註冊處網上查冊資料 46

○ 高賢有限公司由鄭裕彤及楊志雲合股開設。據高賢有限公司於 1964 年 4 月 10 日向公司註冊處提交的股份配發申請書，已配發的股份共 398 股，由周大福珠寶金行有限公司及楊志誠置業有限公司各持一半。

持有股權及統籌開發工程（詳見表 5）。

雖然上述兩個項目的主要投資者並非鄭裕彤，他所佔的股份只有 1 至 2%，但仍樂於參與合資計劃，相信這樣有助他在啟航路上積累人脈、經驗、知識和眼界，可謂得益不淺。尤其有關更改土地用途方面，這是香港城市化其中一個開發新土地的方法，例如玫瑰新邨的原教會地和伯大尼修院的農地，都分別改為住宅地，很快鄭裕彤把這些知識和經驗應用到他的其他投資項目上，成就了 1970 年入伙的寶石戲院大廈，它正是從船塢地轉換為住宅地得來的。

1960 年代，當時黃埔新邨、黃埔花園還未興建，在當地居民的描述裡，紅磡大環道仍是海邊，紅磡填海工程亦未展開。當年黃埔船塢佔了紅磡一大片土地，今天寶其利街一帶包括明安街，本來是船塢的「圍牆」範圍。47 1960 年代中後期，鄭裕彤經協興董事甄球引介，得悉紅磡黃埔船塢準備賣出一幅市區的邊陲土地，鄭裕彤意識到該處鄰近地區即將規劃為商住用途，於是立刻購入該幅位於紅磡明安街 20 號的地段，最終建成兩座相連的寶石戲院大廈。48

1960 年代末，鄭裕彤在地產界已有相當的投資經驗，手上亦掌握了一些重要的物業，如萬年大廈、熙信大廈、碧瑤灣地皮、寶石戲院等。更重要的是，他對香港地產市場的前景充滿信心，認為應該以更大規模的企業組織和經濟實力去開拓地產事業，於是與兩個好友洗為堅和楊志雲，籌組成立新世界發展有限公司。

洗為堅（右）與鄭裕彤，1980年攝。（圖片由洗
為堅提供）

外篇故事

好友知己談鄭裕彤的
地產人情網絡

洗為堅

洗為堅，1928年佛山出生，萬雅珠寶有限公
司創辦人兼董事長、協興建築有限公司榮譽
主席。日本侵華時輾轉在香港和澳門生活，
1945年從澳門回來香港加入大行珠寶行。鄭
裕彤到大行買鑽石時兩人開始交朋友，後發
展為一生的知己；1950年代洗為堅開始參股
於鄭裕彤有份的地產投資，長期合作下，兩
人是新世界發展有限公司其中兩位創辦人；
1972年新世界發展上市，鄭裕彤出任董事總
經理，洗為堅是常務董事。洗為堅以他在香
港地產業的深厚背景，娓娓道出鄭裕彤在地
產投資上的人情世故。

我祖父是做當舖的，到先父的時候開始做珠寶，我們走難到澳門，在草堆街開一間小押由哥哥打理，父親在新馬路的恒盛珠寶做事，因而認識也是來澳門走難的大行珠寶行老闆蕭蘇（原名蕭傑勤）。蕭蘇建議先父讓一個兒子來跟他學做珠寶，他說做珠寶比做當押歡樂。於是先父把我交託給蕭蘇。蕭蘇對我關懷備至，還帶我到鐘聲泳棚教曉我游泳，使我一直有游冬泳的習慣。我在大行服務了 28 年。蕭蘇於 1968 年過身，我協助他的兒子接手生意，五年後我才離開大行。中國人有這種思想，東主教曉我做鑽石生意，我要待第二代上了軌道才安心引退。

我是於 1947 年認識鄭裕彤的，他經常上大行買鑽石，做完生意我們一起到順記吃雪糕，順記在雲咸街和安蘭街的街角，吃罷他返周大福，我回去位於東亞銀行大廈的大行寫字樓。後來大行搬到恒生銀行大廈。蕭蘇和恒生銀行的何善衡先生、何添、利國偉等非常熟絡，因

為大行和恒生經常有生意來往。

大概到 1950 年代中後期，我開始和彤哥合作做地產，他以周大福名義做，我只是「夾份」（參股），是個小股東，有時五個、十個 percent（百分比）。我記得藍塘別墅，應該是 1950 年代，有很多人夾份，全部是珠寶行家，股份很散，沒有誰是大份。當時劉紹源退股，[49] 他有一宗生意被人走數，當時藍塘別墅已起好，但碰上地產低潮，他要退股套現。於是由我承接劉紹源的股份，只是兩三萬的小數目，雖然沒有多少錢賺，既然劉紹源有需要，我接股算是盡朋友之義，我們是行家嘛。

我在周大福 148 號 B 舖認識甄球，他是做地盤的，代表業主在地盤監工。1960年有一天，我家還沒裝好電話，晚上有個小孩送信來，通知我明早打電話到深水埗「一定好理髮室」找甄球。第二天我打電話過去，甄球說：「喂！大南街有個地盤，你幾時得閒，跟鄭生一起過

來看看吧。」我立即約好彤哥坐油麻地渡輪去深水埗看地盤，買賣即日談妥成交。之後甄球鼓勵我們成立建築公司，他說毋須很大本錢的。有一天，我和彤哥又搭著艇頭去順記吃雪糕，我們邊行，邊吃雪糕，邊談生意經；半路上遇到甄球，於是決定由三人註冊成立有限公司。後來胡俸枝也想加入，他是雙喜月的老闆，剛巧在紅磡觀音街有兩個地盤；彤哥說大家是相熟的行家，預他一份吧。結果，彤哥和周大福兩份、胡俸枝一份、我一份，共四份，每份 10 萬港元；甄球夾 3 萬，為什麼呢？當時他以建築機器入股，彤哥說沒所謂啦，一樣算他是五份一（五份股東其中之一）。所以協興是由 43 萬開始的。

之後，銅鑼灣道、大坑道，我們愈來愈多投資。最特別是買碧瑤灣地皮，經過這次合作我發現楊志雲的為人忠實，後來他也是新世界發展的創辦人之一。

楊志雲是景福金行的創辦人，因為大行也代理入口錶，楊志雲間中會上大行看錶，但大行和楊志雲最大的交易卻是碧瑤灣。事緣蕭蘇從一個在政府做事的朋友身上聽聞薄扶林一幅農地有機會可以轉做屋地，如果以農地價錢買入，然後以住宅樓宇賣出，相信獲利潛質很高。那幅地是屬於天主教伯大尼修院的，蕭蘇的弟弟蕭文焯是天主教徒，但卻沒有這方面的人脈，所謂「狗咬龜」，真箇無從入手。於是我向蕭蘇提議找楊志雲，因為楊志雲也是天主教徒，可能有方法與修院洽商。很快楊志雲回覆，修院要價每呎 2 元，80 萬呎農地需要 160 萬港元。

大行和楊志雲一人一半夾股，成立高雲公司發展這幅地。楊志雲真有義氣呀，為何這樣說？原來楊志雲與朋友成立大地公司發展玫瑰新邨，剛巧遇上銀行風潮、六七事件，玫瑰新邨要蝕本。楊志雲提議由大地入股高雲公司，若碧瑤灣賺錢的話，好讓大地的股東填補損失。雖然我們未知道碧瑤灣那幅地是不是

「筍盤」（意思是以低價購入的優質地皮），始終地價低有賺錢機會，楊志雲寧願讓給朋友，不會獨食，我欣賞他為人有義氣。他後來向蕭蘇要求，讓他和鄭裕彤以 3 萬元入股高雲公司，佔股2%。

中國人社會喜歡交朋友傾生意。我有一班朋友早上一起飲茶，在永吉街茶樓，有時彤哥會過來，另外兩個是一起游冬泳的朋友，其中一個是珠寶行家。四個人天南地北無所不談，行家之間有時也會交換行情信息。

經過碧瑤灣買地之後，我開始跟楊志雲相熟，轉去他的「茶檔」飲茶，彤哥跟景福更加早已相識，他們是行家嘛。楊志雲在皇后大道中金城茶樓長期佔一張枱，由一九六幾年到 1985 年楊志雲過身，我們三個人一起飲茶十數載。除了星期日，每朝必定見面，飲茶時有很多經紀會走過來，哪裡有什麼地盤，誰人參股多少，若條件適合更會即場成交，

多數是舊樓清拆後買地重新建築。新世界也是這樣飲茶傾偈產生的。

新世界上市之前，彤哥做地產有很多合股的朋友，全部都是珠寶界行家，最主要是楊志雲，還有做金條貿易的余基溫、富衡珠寶的盧家聰、盧家驥兄弟、大行的蕭蘇等，我只是小股東。彤哥經手的項目，一收到錢他就會分派給股東，數目亦很清楚。所以彤哥人緣很好，大家對他很信任，喜歡跟他合作。這是他做地產最大的特色。

新世界發展的誕生

1965 至 1968 年地產業低谷時，鄭裕彤似乎以在黑暗中靜待黎明的策略應對。周大福地產部的周桂昌於 1967 年入職，他記得約有一年多沒有做過地產的工作，被調派到周大福珠寶分店負責皮鞋代理的事務，有時甚至兼做信差，直至紅磡寶石戲院大廈項目才重返地產部。50 1970 年地產業開始復甦之際，鄭裕彤準備投入 1 億 3 千萬港元，買入「地王之王」藍煙囪貨倉碼頭地皮，計劃興建集合商場、酒店、寫字樓、住宅的大型建築群。

鄭裕彤在地產市場剛恢復元氣時，旋即擲千金買地王，行動上表現得非常進取，亦反映他對香港前景甚有信心。回顧當時的社會經濟狀況，鄭裕彤的信心不是沒有基礎的。首先，1970 年代香港整體經濟是活力十足的，製造業發展蓬勃，51 帶動本地產品出口迅速增長。52 此時香港政府為了配合工業發展及人口膨脹，在多區進行新規劃和填海以增加土地供應。例如透過移山填海開發新的衛星市鎮荃灣、觀塘和沙田；53 清拆舊工業區重新規劃，如土瓜灣、牛池灣、長沙灣等；54 大型交通工程如海底隧道和地下鐵路的興建計劃亦促進香港的城市發展。

1960 年代末至 1970 年代初，香港股票市場出現重大變革，遠東交易所（簡稱「遠東會」）、金銀證券交易所（簡稱「金銀會」）及九龍證券交易所（簡稱「九龍會」）先後於 1969、1971、1972 年成立，

打破香港證券交易所（簡稱「香港會」）自戰後以來的壟斷地位。55
1969 年以前，香港會對上市企業的要求甚為嚴格，56 只接受歐美
巨商及少數地位顯赫的華資企業上市集資，一般華人企業多被拒諸
門外。例如 1968 年底，在 59 間上市公司中，37 間（近六成）是
英資公司，華資公司不足三成（16 間），餘下一成是猶太或菲律賓
背景的公司。以法定總資本計算，英資佔 72.2%，華資佔 11.5%。57

新的交易所成立後，開始了相互競爭的情況，四間交易所為了吸引
企業申請「掛牌」上市，於是紛紛降低對上市企業的標準和要求。
1972 年，上市公司增加至 195 家，新上市的有 93 家，其中華資企
業佔了絕大多數，有 79 家。58 這數字反映出不少中等規模的華資企
業在 1970 年代初正在積極規劃鴻圖大計，透過上市集資將企業大力
發展。

值得注意的是，新上市的華資公司中，經營地產或相關業務的（如
建築）佔過半數，達 44 家，今天四大地產商中的三大——新世界發
展、長江實業、新鴻基地產都是在 1972 年上市的。

1972 年 11 月 7 日，新世界發展公開招股，招股書上寫道：「新世界
發展有限公司於 1970 年由楊志雲及鄭裕彤創立，兩人希望將其許多
個人的地產投資和開發項目合併為一家控股公司；這家公司的主要
目的是收購一流的出租物業，並開發主要的住宅和商業用地的銷售
和投資。」59 以併合企業和資本為宗旨，新世界的組成有兩個重要的

特色：一、透過合併已有的地產項目，加強公司的資產基礎；二、以有實力的人脈基礎展示公司的信用。這兩點對鄭裕彤這個新晉地產商人在香港地產業內大展拳腳非常重要。

新世界發展有限公司於 1970 年 5 月 29 日註冊成立，然而它剛以 1 億 3 千萬港元購入藍煙囪地皮，需要資金周轉，所以創辦人們其實是以上市為目標的。1970 至 1972 年間準備上市的相關工作，公司於 1972 年 11 月 7 日刊登公開發售股票啟事，發行招股書列出公司資產值 3 億 5 千 1 百多萬港元，連同旗下 12 間附屬公司，當中 9 間是全資擁有，公司的資產總值是 4 億 9 千 5 百多萬港元。公開發售 9,675 萬股，每股面值港幣 1 元，發售價為港幣 2 元，即準備向市場集資 1 億 9 千 3 百 50 萬港元，正好用來支付藍煙囪貨倉碼頭地皮的地價。上市後的新世界發展立即受到股民熱捧，股價由 2 元、6.5 元、15.4 元、19.8 元一路飆升；60 股價急升令冼為堅於 45 年後仍然印象深刻：「兩個月內升至 20 元，當時股票市場實在非常狂熱。」61

相信雄厚的資產是新世界發展吸引股民的一個重要因素。這些資產大部分是已建成的地產物業，還有新購入的及有待開發的地產項目（詳見表 6）；部分附屬公司是來自新世界發展未成立前的現有物業資產，如萬年大廈、儉德大廈、觀塘戲院、寶石戲院大廈、好望角大廈、寶峰園、鋼鐵廠地皮等；部分是來自新世界成立後至上市前的交易，如慈雲山戲院、萬興商業大廈、堅尼地道 1-4 號、筲箕灣東大街的物業、藍煙囪地皮等（詳見表 7）。

IMPORTANT

If you are in any doubt about this Prospectus you should consult your stockbroker, bank manager, solicitor, qualified accountant or other professional adviser.

A copy of this Prospectus, together with the documents specified on the final page has been delivered to the Registrar of Companies, Hong Kong for registration who takes no responsibility as to the contents thereof.

新世界發展有限公司

NEW WORLD DEVELOPMENT COMPANY LIMITED

MANNING HOUSE, 14TH FLOOR,
38-48, QUEEN'S ROAD, C.,
HONG KONG.

新世界發展有限公司招股書

申請新股的期限由 1972 年 11 月 6 日至 11 月 14 日。新世界發展的股票受到股民熱捧，招股價 2 元，12 月 1 日升至 2.9 元，12 月 30 日 6.5 元，1973 年 2 月 9 日 15.4 元，同年 2 月 23 日升至 19.8 元，三個月內升幅 5.8 倍。（圖片由冼為堅提供）

表 6：1972 年新世界招股書內所列地產及發展項目

公司名稱 （有限公司）	成立日期 （年 / 月 / 日）	物業名稱	地點
用作收租的物業			
香島發展	1971/7/23	藍煙囪地皮	尖沙咀
新世界發展	1970/5/29	熙信大廈	軒尼詩道
建僑企業	1961/3/14	萬年大廈	皇后大道中
新世界發展	1970/5/29	皇后大廈	皇后大道中
儉德	1961/3/15	儉德大廈	彌敦道
浩成投資	1969/4/11	好望角大廈地庫及兩層寫字樓	彌敦道
新世界發展	1970/5/29	好望角大廈商舖	彌敦道
全美	1967/7/6	柴灣戲院	柴灣環翠道
全美	1967/7/6	寶石戲院	紅磡寶其利街
九龍投資	1970/3/3	萬年戲院 *	慈雲山毓華街
隆基置業	1962/10/20	觀塘戲院	觀塘通明街
用作發展的物業			
高雲	1962/10/25	碧瑤灣發展計劃	薄扶林農地
恒景企業	1970/7/24	定安大廈	馬頭角落山道
恒景企業	1970/7/24	位於筲箕灣的樓宇	筲箕灣東大街
好時投資	1969/9/11	寶峰園	北角英皇道
福信企業	1970/5/5	五福大廈	堅尼地城
九龍投資	1970/3/3	萬興商業大廈	皇后大道中
九龍投資	1970/3/3	萬年戲院大廈 *	慈雲山毓華街

年租收入 （港元）	估計稅前收益 （港元）	估值 （港元）	說明
85,000,000	—	135,000,000	該地皮於 1972 年仍未發展，租金收入是估算值
9,414,000	—	105,000,000	
4,800,000	—	58,000,000	
1,752,000	—	16,000,000	
1,680,000	—	16,000,000	
1,740,000	—	19,000,000	
227,400	—	2,500,000	
420,000	—	4,100,000	
444,000	—	4,440,000	
300,000	—	3,000,000	未落成，租金收入是估算值
528,000	—	3,000,000	
—	210,000,000	—	第一期預計於 1973 年底完成
—	25,000,000	—	預計於 1973 年 6 月完成
—	6,800,000	—	預計於 1973 年 12 月完成
—	8,732,000	—	已完成
—	7,448,000	—	預計於 1973 年 6 月完成
—	9,230,000	—	預計於 1973 年 12 月完成
—	3,000,000	—	預計於 1973 年 6 月完成

○ 資料來源：New World Development Co. Ltd. (1972), *Prospectus*, pp.13-14。

○ * 萬年戲院大廈內有商舖、住宅單位及戲院，大廈落成估計收益約 3,000,000 港元，而戲院部份將保留作收租用途。

表 7：1972 年新世界上市時擁有的附屬公司

附屬公司 （有限公司）	所持主要物業	新世界 佔股比例	公司成立年份 （年／月／日）
建僑企業	中環皇后大道中萬年大廈	100%	1961-03-14
儉德	彌敦道儉德大廈	100%	1961-03-15
隆基置業	觀塘戲院	100%	1962-10-20
全美	紅磡寶石戲院大廈	100%	1967-07-06
浩成投資	旺角山東街好望角大廈	100%	1969-04-11
九龍投資	萬年戲院大廈 皇后大道中萬興商業大廈	100%	1970-03-03
福信企業	堅尼地道 1-4 號	100%	1970-05-05
恒景	筲箕灣東大街物業	100%	1970-07-24
香島發展	尖沙咀藍煙囪貨倉碼頭地皮	100%	1971-07-23
好時投資	北角英皇道寶峰園	90%	1969-09-11
惠保集團	建築公司	55%	1968-03-19
信豐鋼鐵廠	鋼鐵廠地皮（位於將軍澳）	51%	1951-02-03

○ 資料來源：New World Development Co. Ltd. (1972), *Prospectus*, p.7.

新世界發展的創辦人將分散的物業合併為公司資產及附屬公司，以增強公司的資產實力，這過程是怎樣進行的？我們嘗試以碧瑤灣地皮為例子，說明箇中的安排。

持有碧瑤灣地皮的是高雲有限公司，於 1962 年註冊成立。原地皮的來龍去脈前面已詳述過。高雲公司的主要股東是大行珠寶行的蕭氏兄弟及大地置業，即玫瑰新邨原來的股東；冼為堅也有參股，但份

額甚少；楊志雲與鄭裕彤合組高賢有限公司，參與投資碧瑤灣的工程項目，佔高雲公司股份低於 2%。

新世界發展成立後，鄭裕彤以 2,400 萬港元增持高雲的股份，[62] 當年不少股東樂於把股份出讓套現，故此鄭裕彤以周大福企業為持有人，持有高雲的股權增至 8,200 股，佔高雲總股值的 41%。到新世界成立並籌劃上市階段，鄭裕彤、楊志雲等創辦人打算將高雲公司併入新世界發展旗下，故此以 8,500 萬港元購入高雲全數 2 萬股，即每股 4,250 元。然而交易並非以現金支付，而是兌換成每股面值 1 元的新世界股票。[63] 這宗交易為持貨多年的高雲投資者提供了套現的機會，也有保留新世界股份的，例如，高雲其中一個主要股東何善衡的家族公司伯利衡和恒茂置業，於新世界上市前夕仍持有高雲 2,800 股，按上述交易協議，何氏及其家族可兌換 1,190 萬股新世界的股票，成為新世界發展其中一位主要股東。[64]

據新世界發展招股書記載，收購高雲的協議於 1972 年 10 月 13 日簽定，並須於 1973 年底前完成交易。由於未能趕及把高雲併入新世界的全資附屬公司，故招股書只好把高雲視作「即將購入的附屬公司」，[65] 但這間還未到手的附屬公司所持有的碧瑤灣地皮已被列入新世界的土地資產之中，成為其中一項最具價值的資產：面積 80 萬平方呎的農地將用作發展豪華屋苑，估值達 1 億 4 千萬港元，碧瑤灣第一期至第四期住宅可帶來 2 億 1 千萬港元收益（詳見上文表 6）。[66]

上述併購高雲公司的模式，已沿用於其他附屬公司的併購中，鄭裕彤及一眾合資夥伴把各自持有的地產資產注入新世界，並以新發行的新世界股份支付買價（詳見表 7）。[67] 以股代資的好處是，新世界發展不必準備資金併購附屬公司，對於看好新世界股值的投資者，亦有機會得到豐厚利潤。結果，新世界股票迅速升值，各股東均獲利不淺。

這些附屬公司的利益持有人正是新世界發展的董事，尤其何善衡、楊志雲、梁潤昌、鄭裕彤。[68] 例如由儉德持有的儉德大廈，主要股東是梁潤昌及其家族公司燕昌有限公司，其他股東有何添、何善衡等；[69] 由建僑持有的萬年大廈，主要股東是恒生銀行及何善衡家族成員、楊志誠置業公司（楊志雲的家族公司）、俸爵有限公司（胡俸枝的公司）等；[70] 鄭裕彤的家族公司周大福企業亦持有儉德、建僑、隆基、浩成、福信等公司的部分股權利益。[71] 還有沒有出任董事的主要股東，例如從事金條貿易的余基溫及富衡珠寶的盧家聰、盧家驤兄弟，是持有萬年大廈的建僑企業的股東。[72]

除了增加資產實力，併購亦有利於建立新世界發展的人脈。這些在珠寶業、銀行業及地產業舉足輕重的人物成為新世界發展的董事局成員（詳見表 8），尤其以何善衡、楊志雲、胡俸枝、梁潤昌為主，亦是顯示新世界發展的實力，吸引股民的另一要素。由恒生銀行主席何善衡出任董事長（1972 至 1981 年間），加上何添、利國偉、梁潤昌出任董事，除了象徵恒生銀行的大力支持外，還以何善衡在商

新世界發展有限公司全體董事玉照
一九七三年元月十六日

郭董事得勝　胡董事仟枝　何董事添　沈鄉董事　鄧董事肇堅　梁副董事長潤昌　鄧董事總經理裕彤　何董事長善衡　楊副董事長志雲　簡董事悅強　利董事國偉　冼董事為堅　鄧董事裕培　楊董事東正　鄧董事家純

1973年新世界發展有限公司全體董事合照

全體董事共15人。在新世界發展的旗幟下，當年金飾業、地產業、銀行業的著名商人難得來一幅大合照。（圖片由冼為堅提供）

表 8：1972年新世界發展有限公司董事會成員

董事會職銜	董事會成員	背景
董事長	何善衡	恒生銀行主席
副董事長、常務董事	楊志雲	美麗華酒店總經理、 楊志誠置業及景福珠寶主席
副董事長、常務董事	梁潤昌	港澳飛翼船公司主席、 恒生銀行及香港上海大酒店董事
總經理、常務董事	鄭裕彤	周大福珠寶金行主席、恒隆銀行副主席
副總經理、常務董事	楊秉正	景福珠寶、美麗華酒店
常務董事	利國偉	恒生銀行總經理
常務董事	冼為堅	大行珠寶行、協興建築
常務董事	鄭家純	周大福珠寶金行
董事	簡悅強	東亞銀行主席
董事	鄧肇堅	九龍巴士公司董事長、恒生銀行董事
董事	何添	恒生銀行副主席
董事	沈弼	滙豐銀行董事總經理
董事	郭得勝	新鴻基地產
董事	鄭裕培	周大福珠寶金行
董事	胡俸枝	雙喜月金行、俸爵有限公司

○ 資料來源：New World Development Co. Ltd. (1972), Prospectus, p.5.

界的崇高地位，為新世界建立信心和穩健的形象。[73] 沈弼是滙豐銀行董事，簡悅強是東亞銀行主席，兩人出任董事亦反映銀行界對新世界發展的信心，事實上，恒生、滙豐、東亞都是支持新世界發展的銀行（banker）。

由大地置業、高雲公司，到新世界發展，鄭裕彤一直構建自己在地產業的人脈網絡，在這個可信度高、經驗豐富、充滿投資活力的圈子裡，鄭裕彤一直以可靠、值得信賴的品德獲得商界朋友的支持，74使他在推動創立新世界後，繼續在地產業得以更大發揮，亦使新世界成為1970年代地產業證券化和集團化的趨勢下其中一個新興地產集團。75

以下，我們回顧幾個鄭裕彤在地產業的耀眼項目。

協興建築

1961年，鄭裕彤、冼為堅及甄球共同創立協興建築公司，珠寶業的胡俸枝也加入為股東。後來甄球離開自立，成立球記建築公司。協興的「協」字有三個力，象徵三個創辦人齊心協力。初創之時，協興以周大福皇后大道中148號B總店為地址，76後來才在德輔道中萬宜大廈設立正式寫字樓。77

如前文所述，三人結識於1950年代的藍塘別墅項目，甄球是從事建築工程的承判商，當時負責監督藍塘別墅的建築工程，鄭裕彤對甄球信任有加，1960年鄭裕彤遷居渣甸山，便交由甄球負責新居的裝修工程；78差不多同一時候，經甄球穿針引線，鄭裕彤和冼為堅決定投資興建位於深水埗的大福唐樓。大福唐樓落成後，甄球向鄭裕彤和冼為堅建議，應成立自家的建築公司，有利日後在地產市場的發展。

地產建設和工程建造有兩套不同的工序，地產商買地、規劃、市場
策略、銷售是一套工序，建築公司則有另一套，需要由富經驗、有
專業知識的人員負責。於 1962 年加入、2005 年退休、曾任協興建
築中國有限公司董事總經理、協興建築執行董事的梅景澄，細述建
築公司的功能和職責。

> 「一個發展商買了一幅地，限於地契的規定，樓高、面積，即
> 是容積率多少，政府已有規定。通常地產商買地後就開始計
> 數，計算建成後的樓面面積，計算賣樓面積多少，當時市價多
> 少，這樣計算出收入。也要計算成本，除了地價，最大成本是
> 建築成本，建築包括打樁、上蓋、裝修、機電這些項目，每個
> 部分必須由不同人員估算。鄭裕彤是一個珠寶商人，他不懂這
> 些東西的，建築公司的功能是提供這些資料，他便可以清楚計
> 算各方面的價錢。而且，建築費大多靠銀行貸款，建築期多久
> 呢，牽涉貸款數目和利息。這樣才可以計算出一個總成本，他
> 才會明白這個投資實際有多少利潤。」79（梅景澄，2018 年 5 月 11 日）

梅景澄解釋，建築公司按政府工務局批准的施工圖則及已簽訂之建
築合約完工後，工務局通常會提出多項尚待地產發展商批核的增減
工程，全部工程完成後，建築商須按政府工務局規定完成各項上報
完工和驗樓手續，地產發展商方可取得樓宇入伙紙。部分不良的建
築商經常在完工驗樓手續這關節上要手段，要求地產商提高建築費
才肯完成獲取驗樓證明的程序，企圖對已預售樓花的地產商施以時

間壓力，地產商為了如期交樓予小業主，唯有乖乖就範。

鄭裕彤成立自家的建築公司，可以有可靠的成本估算、可控制的完工程序，更重要是可以保證地產項目的質素。事實上，協興建築對鄭裕彤在地產發展方面的確作出了重要的貢獻。

協興剛起步時是一間只有六個員工的小公司，「麻雀雖小、五臟俱全」，六個人分擔各項職能：會計、估價、材料、施工、機械等，為鄭裕彤提供所需的專業知識和功能。[80] 甄球負責公司的日常管理，初期協興承接的工程數目不多、難度不高，例如重建單幢唐樓；[81] 另有位於鴨脷洲的發電廠；[82] 至 1965 年，鄭裕彤的地產投資不斷增加，項目類型更趨多元化，包括將於 1966 年落成、有六座高級住宅大廈的玫瑰新邨，單憑甄球已不能承擔。故此，冼為堅從澳門請來年輕且富建築知識和經驗的陳錦靈加入。陳錦靈畢業於廣東省建築工程學院建築工程專業，在澳門做過建築判頭；他初到協興時，負責為鄭裕彤投資的地產項目監督施工工程，甄球離開後升任總經理，為協興日後的發展立下不少汗馬功勞。[83]

1973 年，協興被併入新世界發展旗下，成為其中一間附屬公司，陳錦靈晉升為董事總經理。乘著新世界急速發展，陳錦靈主理下的協興不斷茁壯成長，1970 年代的代表性項目包括新世界中心、中環高級商廈新世界大廈，以及大型住宅屋苑偉恒昌新邨第一、二期共 20 座樓宇。[84] 協興不但承建新世界發展的地產項目，還承接其他地

產商的工程，尤其是鄭裕彤和新世界發展的友好夥伴，例如承接於
1973 年尾開幕的富麗華酒店。85

1970 年代末至 1980 年代初，鄭裕彤正積極嘗試到中國內地投資，
1983 年他與香港的其他地產商合資，興建位於廣州的中國大酒店（詳
見第六章），協興以境外建築公司身份，協助完成酒店的施工及管
理。1986 年協興在中國成立協興建築（中國）有限公司，專門處理
新世界在中國的建築工程業務。86

作為直屬的建築公司，協興為鄭裕彤大力拓展地產投資作出了重要
貢獻，為新世界發展在香港地產市場上大展拳腳提供了堅實的支援。
自成立至今，協興參與的工程包羅萬有，由專上學院、醫院至寺廟、
酒店、商廈等，包括香港科技大學第一期、將軍澳醫院、志蓮淨苑、
麗晶酒店、柏麗購物大道及力寶中心等。87 協興憑著卓越的工程和
技術，為新世界發展創下佳績，也為香港建築業作出貢獻。88

興建香港地標

新世界中心是新世界發展上市時的核心項目，亦是其中一個令鄭裕
彤自豪的成就。新世界中心原址是太古集團旗下的太古貨倉碼頭。
這貨倉碼頭於 1910 年由藍煙囪輪船公司及太古洋行合作興建，89 專
供藍煙囪貨輪使用，故又稱藍煙囪貨倉碼頭（以下簡稱藍煙囪）。90
藍煙囪位於九龍半島的最南端，側旁是九廣鐵路九龍總站，火車站

藍煙囪貨倉碼頭

藍煙囪貨倉碼頭毗鄰九廣鐵路九龍總站，圖中貨倉前面可見鐵路路軌。1975年九龍總站由尖沙咀搬至紅磡現址，火車站舊址陸續改建為太空館（1980年落成）及香港文化中心（1989年開幕），加上1980年新世界中心建築群完全落成，尖沙咀海濱的景觀已全然不同。（圖片由星島日報提供）

亦連接天星碼頭，若要坐火車，這裡是從香港島前往九龍、新界甚至中國內地的轉車站；連同尖沙咀東面海旁的九龍倉貨倉碼頭，這裡也是海上貨運的樞紐。不過隨著葵涌開始發展現代貨櫃碼頭、尖沙咀火車總站遷址紅磡，藍煙囪一帶作為交通樞紐、貨倉和船運的功能消失；太古洋行亦計劃在葵涌投標興建貨櫃碼頭，加上藍煙囪的業權將於 1977 年屆滿，91 輪船公司和太古決定將貨倉碼頭放售，由太古代理洽商。

是次賣地放盤並非以價高者得，因地權即將屆滿，買家必須與政府洽談買地條件，包括一個獲政府接納的發展方案。政府打算將尖沙咀發展為商業旅遊區，因此要求買家在這幅土地上興建一個能代表香港的地標建築。最後，鄭裕彤憑美國著名 SOM 建築設計事務所（Skidmore, Owings & Merrill）的設計勝出。

1971 年 12 月，鄭裕彤以 1 億 3 千萬港元從太古手上買入藍煙囪地皮，由鄭裕彤及楊志雲合組的香島發展有限公司持有，92 消息傳出立即轟動全城，地皮被視為尖沙咀「地王之王」；市場流傳貨倉碼頭「會成為一個古色古香的中國城」，「發展成一座中國古城模樣的酒店」。93 不過，一切構思只是初步階段，鄭裕彤還要繼續與政府洽商工程的細節。

當時香港啟德機場位於九龍城，尖沙咀的樓高受到限制，無法向高空發展，於是這個地標建築選擇以宏偉為特色。藍煙囪原來的面積

有 199,687 平方呎，鄭裕彤向政府表示土地面積不足以興建，結果，政府批出多 20 萬平方呎，94 部分建築——麗晶酒店——便是建在水中樁柱上的。經過一年多磋商，這宏偉建築命名為「新世界中心」，「配備 720 間客房的豪華酒店、兩座服務式公寓、一座辦公大樓，和七座提供面積介乎 700 平方呎到 1,450 平方呎不等的住宅大樓，所有這些都會建在包含商店、食肆的綜合商場之上」。95

曾經擔任新世界發展集團總經理的梁志堅，憶述新世界發展與政府商討建築的細節，如更改土地用途必須符合法例，而建築設計中使用水樁是新世界中心特色之一。

「我記得當時在恒生銀行頂樓，邀請了政府人員來聽我們做 presentation（匯報），是規劃署和建築署的人，則師都參與會議向政府解釋構思。……政府的概念是做一個 landmark，即『地標』，既然它已經批准了設計構思，態度是盡量容許我們自由發揮，總之符合法例便可。當時政府不容許我們填海，於是地基打樁就用了『build on pile』（樁柱上建築），樁柱打入海床，然後在上面鋪 pile cap（樁面上蓋）。我記得，工人在海床上向深挖兩三呎，海水竟然從海床的泥裡不斷湧上來，當時真的擔心工程不會成功。幸好效果非常好，反而很有特色，你可以見到以前的麗晶酒店很大部分是站在水樁上面的。」96（梁志堅，2018 年 10 月 25 日）

誠如坊間所描繪，鄭裕彤買下藍煙囪地皮是一「沙膽之作」。雖然日後新世界中心的確是香港地標之一，但當時廣東道一帶仍然是九龍倉的貨倉，斥鉅資購入周圍只有貨倉和車站的地皮，地價卻佔新世界發展上市時總資產 3 億 5 千萬港元的三分一。新世界招股書也開宗明義表明，上市目的是籌集 1 億 9 千多萬港元，為了支付藍煙囪貨倉第二期、第三期合共 3,930 萬港元的付款，以及籌集 2 億港元作開發新世界中心項目之用。[97]

從鄭裕彤這沙膽之作，可見他對香港的發展充滿信心。到 1980 年代，他對香港前景投入更大信心，這便是押在香港會展中心之上的一票。

1980 年代的香港，一直被前途問題的陰霾所籠罩著。香港商界及普羅市民對香港主權回歸中國的態度有疑惑、觀望甚至抗拒，但也有樂觀和歡迎的。[98] 中英雙方談判香港問題期間，香港整體的投資氣氛十分疲弱，尤其香港地產市道，即使中英兩國於 1984 年 12 月 19 日正式簽署《中英聯合聲明》，仍然陷於低潮。[99] 這時香港政府有意發展灣仔北的填海區，並打算興建會議展覽設施，供各界舉辦大型國際會議或展覽，以促進香港的會議及展貿行業。項目由香港貿易發展局（簡稱「貿發局」）統籌負責。

政府公開招標，但正值中英談判前途未卜之際，加上工程浩大、投資額不菲，結果竟是無人問津。時任貿發局主席的鄧蓮如積極邀請投資者，她是太古集團董事，也是立法局非官守議員，透過同是立法局

新世界中心建造工程

矗立於維港海濱的新世界中心，由美國建築設計專家 Skidmore, Owings & Merrill 擔任則師及工程設計師。工程需要在海床上打樁，在水面上興建中的建築，是 1980 年建成的麗晶酒店，2001 年易手改稱香港洲際酒店。（圖片來源：協興建築季刊《協興‧雋語》，2015 年第 69 期。）

議員、時任新世界發展董事的利國偉穿針引線，最後接觸到鄭裕彤。鄭裕彤對香港主權回歸中國抱樂觀態度，[100] 雖然會展中心建築的工程費用最初估算耗資 18 億港元，[101] 所涉金額龐大，但他認為這是難得的機會，對宣傳香港回歸後的經濟前景可說是一口強心針，於是一口答允下來。當時參與會展中心項目商談，曾任新世界發展集團總經理的梁志堅憶述，出乎意料，貿發局與新世界發展快將落實合作協議前夕，鄭裕彤竟遇上競爭對手。

> 「鄭裕彤剛答允，翌日鄧蓮如就表示有一位競爭者提高了競價，願意多付 5,000 萬港元爭取項目。利國偉找鄭裕彤、冼為堅和我一起商議新世界的應對策略。我們質疑是否有人將新世界的投標價外洩，但鄭裕彤認為毋須多疑，決意追加 5,000 萬。老闆顯然是志在必得，我們亦認為這是新世界發展的良機，18 億之上不必斤斤計較那多出的 5,000 萬，而且他有信心把項目做好。不過，條件是鄧蓮如必須承諾不會再反價，項目除鄭裕彤外不作他人想。」[102]（梁志堅，2018 年 8 月 21 日）

同是 1984 年 12 月，《中英聯合聲明》簽署之際，貿發局與新世界發展亦簽訂協議，把合作計劃落實下來。[103] 新世界發展為貿發局興建會展設施，投資回報是：兩間酒店、寫字樓和停車場於建成後歸新世界發展所有，新世界亦負責會展中心首 40 年的管理服務。35 年後梁志堅回顧事件，認為鄭裕彤確實有眼光。雖然是次投資額鉅大，建築費由預算 18 億實際增至 25 億，但當時有財力的機構亦大有人

在，差別在於在前景不明朗下是否願意踏出冒險一步。104 鄭裕彤決意踏出這一步，可說是「沙膽彤」作風，也可以說是他對香港前途充滿信心。1986 年的新世界發展年報有這一段主席報告：「英女皇陛下伊利沙伯二世在 1986 年 10 月 21 日首天訪港時曾為此中心主持奠基典禮，標誌著香港站在國際貿易及商業中心的地位將更大為提高，亦反映出香港前景將繼續蓬勃，充滿信心地向前邁進。」105

鄭裕彤參與會展的興建還有下文。1985 年 5 月中英聯合聯絡小組成立，負責就《聯合聲明》的實施進行磋商，下設多個專家小組，其中「移交儀式專家小組」負責討論和安排香港回歸中國的交接儀式。過渡期內，中英兩國關係交惡，不論是關於興建新機場及相關基礎建設，以至過渡期內的政治改革，雙方都出現爭拗，關於交接儀式及其安排亦不例外。交接儀式的專家組於 1995 年 12 月開始工作，惟經多次會議仍未能達成共識，直至 1996 年 9 月方達成了原則協議，其中關於儀式場地的安排，中英雙方選定當時仍在擴建中的會展中心前廳作為交接場地，場地需要提前完工，並修改部分設計以配合儀式的舉行，令時間變得異常緊迫。106

其實早於 1994 年貿發局已接獲通知，香港回歸的儀式將考慮在會展中心舉行。接替鄧蓮如出掌貿發局主席的馮國經在接到政府的任務後，立即尋找合適的建築商承辦工程，結果由一國際著名建築商投得，而當中最艱鉅的任務是工程必須在 1997 年 7 月 1 日前完成。

「可以說是突來的託付：『請你把這件事辦妥！』我知道中英
聯合聯絡小組已考慮多個地點，最終拍板在會展中心。鄧蓮如
時代興建的會展中心稱為第一期，我們必須在三年四個月內建
成第二期。人生面對如此重大的挑戰，沉重的壓力，就好像有
兩把槍指著我，遲一天完工都不成。二期工程遇上不少困難，
鋼材供應商有問題，施工不順利。到了最關鍵時刻，再也沒有
容讓空間下，我決定撤換原來的國際承建商，並拜託鄭裕彤先
生幫忙，鄭先生答應由協興接手。當時只剩一年多時間，鄭先
生可謂是臨危受命，和陳錦靈先生不眠不休地工作。結果，在
1997 年 7 月 1 日來臨前一個多星期，整項第二期工程如期大功
告成，當中可以說根本沒有任何喘息的空間。」（馮國經，2019 年
09 月 20 日）107

臨時撤換承建商一事再一次證明，協興的工作能力經得起考驗，是
鄭裕彤的好幫手，這也展示了鄭裕彤的沙膽作風，還有他對香港前
途的信心和投入。

香港會議展覽中心開幕

香港會議展覽中心第一期（俗稱「舊翼」），於 1988 年 11 月 25 日由港督衛奕信主持開幕啟用禮。圖中出席者，左起：何善衡、鄧蓮如、李嘉誠、鄭裕彤。（圖片由南華早報出版有限公司提供）

外篇故事

鄭裕彤的得力夥記

梁志堅

梁志堅，1938 年廣州出生。1971 年加入剛成立的新世界發展有限公司，是新世界發展第一個員工，後來升任公司的執行董事兼集團總經理，至 2011 年退任。鄭裕彤本是珠寶商人，從事地產建築業需要大量專業知識，今時今日可能由持有專業資格的人員效力，但早年鄭裕彤重用由紅褲子出身的員工，把他們培育為得力夥記，梁志堅是一個好例子。

我的背景是做地產的，當時我幫姑丈做地產已經十年。姑丈是望族，李眾勝堂保濟丸的後人，保濟丸風行全球，在東南亞很受歡迎。姑丈對地產有興趣，保濟丸就交給老夥記打理，自己則投身做地產。後來姑丈和姑媽移民，便放我出來闖世界。

當時新世界請職員，我寫求職信應徵，陶叔（何伯陶）和冼為堅負責面試；第二天，鄭裕彤約我面見，他告訴我：「梁先生，我桌上有 30 幾個申請書，當中有律師、會計師、工程師，所有人的學識水平都比你高，我偏偏選中你，因為你有十年地產經驗。」我非常感激鄭裕彤對我的賞識。

幫姑丈做地產令我涉足到很多方面。1961 年我剛到李眾勝堂時，姑丈剛建成麗池花園，我第一個工作是新樓發售，當時已經有分期付款，我們是跟羅文錦律師樓合作的；姑丈的做法是向銀行借錢買地，買到第一塊地後，他把地向銀行按揭，然後買第二塊地，我一個二十出頭的青年，經常出入銀行借錢，去到滙豐銀行時是心慌慌的，緊迫時甚至向「九出十三歸」借貴利（高利貸）；姑丈曾有「淺水灣皇帝」的美譽，他曾經在淺水灣有過十個地盤，我也負責去地盤收地。經過 1965 年銀行擠提、六七事件，地產業最受傷，銀行立即迫你還錢，我的確見識過很多艱難時期。

我是新世界第一個職員，1971 年 6 月入職，2011 年我退休，我追隨彤哥 40 年，不是沒有原因的。絕對不是物質理由，彤哥是白手興家的，他為人可以說是「孤寒」（節儉）。但是他信任我、將責任交託給我，他在朋友面前講過：「梁志堅應承過你的，我一定負責。」因為這一句說話，其他人對我的信任度提升不少，亦因為這句說話，我在新世界做足 40 年。

40 年來有什麼難忘經驗？第一個是美孚新邨，那時是 1979 年。美孚新邨的

住宅售清後，商場和車位全部未賣出，我聞悉後向美孚公司要求全部買下。有一個小故事，期間我因為尿酸發作，膝蓋又紅又腫，無法行動，鄭裕彤來電問候，臨掛線前他著我盡快打針治理，什麼也不要管，最緊要做成美孚的生意。成交後兩年我們開始賣舖位，當時商場舖位已全部租出，曾經有租戶拉橫額抗議我們賣舖的計劃，我跟他們解釋：公司的計劃是現有租戶可優先買舖，並有10% 折讓。結果紛爭平息了，公司有非常滿意的利潤。

新世界很幸運，我們再與油公司合作，另一難忘經驗是荃灣德士古道油站清拆重建。1984 年，我剛巧到加拿大探望家人，當年介紹我買美孚商場的外籍朋友告知，他約了 Caltex（加德士油公司）的老闆見面，希望我第二天來美國參加會議。一見面，我嚇了一大跳，對方 20 幾個美國人，連董事長、副董事長等全部出席，我只有一個人，兩天會議裡，我向對方介紹新世界的規模和項目，尤其是跟美孚公司的合作，以及與政府部門的交手經驗，讓他們對新世界有信心。一星期後，原班人馬計劃飛香港繼續洽談，想不到對方如此有效率。

我把這件事告訴鄭裕彤，他說：「我不認識這班人，你代我招呼他們吧。」幾天會議後，加德士團隊返回美國，再過一個星期書信來往，我們達成協議和細節安排。加德士計劃把荃灣德士古道油庫拆卸，改建為大型住宅，即今日海濱花園 20 座樓宇和商場。加德士派高級人員在香港親自監督，圖則、售樓等他們都有專人過問；新世界擔任項目經理，負責解決所有香港法律上的要求，與政府部門溝通聯絡，並監督協興和金門建築的施工至完成為止。我為美國夥伴租寫字樓，連他們的公餘生活也照顧到，為他們申請私人會所會籍，直至項目完成後加德士的人員返回美國。利潤方面，新世界佔股 20%，結果收益也非常理想。

這兩宗超大型項目，在我心目中可算是代表作。我跟美國人商討後，一直都會向鄭裕彤匯報，因為他做事一向是親力親為的；這些是利潤豐厚的生意，鄭裕彤不會拒絕，他一直給予我發揮的自由度，所以說，可以把我綁在新世界40年，不是沒有原因的。我不獨在香港得到人家的信任，連美國人都信任我，我非常多謝彤哥對我的信任。

可以說，我是靠一張嘴做事的人。鄭裕彤很少去投地，通常向舊業主收購，地皮連舊屋一併買入重建，所以我經常用說話去說服賣家。干德道新世界有四、五個地盤，列堤頓道又有四、五個地盤，全都是我四出跟人家解說洽談成功得來的。最難忘的是繼園臺那個項目。繼園臺是以前國民黨走難的排長、連長等人聚居的地方，他們買了繼園臺後興建石屋安置隨隊的軍人。這個項目便是跟這些排長、連長洽談的，他們在香港靠勞力謀生，有些半夜凌晨才放工，我便一直等他們回家見面，商量安置、賠償的安排；難忘的是，到離開時經常被狗追趕，那時我已經60多歲，要跑也不大跑得動。

這幾十年來有很多難忘經歷，話匣子打開便停不了。鄭裕彤的確給我很多機會，所以幾十年來我不只是打工出糧，還有很多滿足感。雖然後來有少少不高興的地方，但我仍然感謝他給予機會。我亦學懂盡量給予夥記發揮的機會，你只有一個人，可以做到多少事情？若果沒有幫手的話，如何得到這些成就？這些都是在鄭裕彤那裡學習得來的。

**鄭裕彤的
足跡**

鄭裕彤投資地產的經歷，規模從小到大，從單個項目的投
資到開創新世界發展上市，過程見證了香港戰後地產業從
萌芽階段步向高度發展的時期。鄭裕彤在地產市場的角
色，有論者以「沙膽彤」來形容他勇於投資，在逆市時具
膽識把握機遇，開創大型的投資項目。我們認同這觀點之
餘，還要強調鄭裕彤的才能，才能不單指看準市場機遇的
獨到眼光，還有他擅於與人合作、建立人際網絡、用人唯
才的能力，乃至他在進取中保持穩健投資的決策力，這些
都是鄭裕彤作為成功企業家，創造市場和創業的特質。明
智眼光背後，還有他對香港前景及中國 1980 年代改革開
放的信心。

註釋

1   參考王惠玲、莫健偉:〈冼為堅口述歷史訪談〉(2016 年 8 月 19 日)。

2   參考 Abercrombie, 1948, pp.4-5, 10, 20-21.

3   參考 Lai, 1999, pp.61-87.

4   參考 Abercrombie, 1948, p.6.

5   參考 *Hong Kong Statistics*, 1946-67, Table 2.2, p.14.

6   參考 *Hong Kong Annual Digest of Statistics*, 1978, Table 2.1, p.23.

7   該條例又於 1953 年修訂,戰前住宅樓宇獲准按照標準租金加租 55%,而戰前商業樓宇則獲准加租一倍半。參考《香港一九七三:一九七二年的回顧》,頁 100。

8   新修訂把地積比率由三倍提高至六倍。自此新建大廈向更高密度的方向發展,1950 年代初新建樓宇以三至四層高「唐樓」為主,1954 年起出現五六層,甚至 11 層高大廈;1950 年代末至 1960 年代,港九各區有許多 20 多層高的商住大廈,取代了低矮的唐樓。參考龍炳頤:〈香港的城市發展和建築〉(1997 年),頁 238;《香港經濟年鑑》,1955-1960 年各期。

9   參考 Bristow, 1984, pp.154, 158;馮邦彥:《香港地產業百年》(2001 年),頁 69。

10   1950 年 6 月 25 日,朝鮮半島內戰全面爆發;同年 10 月,中國派軍支援北韓共軍。為此,美國對中國實施禁運政策。1951 年 5 月 18 日,聯合國亦通過決議案,對中國及北韓實施禁運,要求成員國不得向兩國輸出武器、石油及其他戰略性物資,避免增強兩國的軍事力量。在禁運政策下,香港不能將美國出口的產品轉運至中國,也不能將中國出口的產品轉運至美國,嚴重影響香港作為轉口港的角色;而香港工業也難以從美國取得所需原料如化學品、棉花等,以致不少工廠倒閉。1953 年 7 月,北韓、中國與聯合國達成南北韓邊界及停火協議,但禁運措施仍未撤銷,直至 1955 年才大幅放寬。自此,香港經濟重新起步,進出口值上升,工業起飛,資金也再度投入地產與建築業。參考 Szczepanik, 1958; Hong Kong Commerce and Industry Department, *Annual Departmental Report, 1954-55.*

11   有說分層出售是由戰前興起的地產商吳多泰首創。他原是柬埔寨華僑,在中國內地完成土木工程專科畢業後於 1938 年來港發展,代理租售房屋。戰後創辦鴻星營造公司,與高露雲律師樓研究大廈分契的方式賣樓,得田土廳(即今日土地註冊處)批准後,1948 年首次以分層方式推出位於山林道的單位。參考馮邦彥:《香港地產業百年》(2001 年),頁 63。

12 霍英東原籍廣東番禺，1923 年生於艇戶家庭，曾就讀於皇仁書院，二戰後至朝鮮戰爭爆發後，從事將戰後剩餘物資運往內地的生意而累積財富，1953 年創辦霍興業堂置業有限公司，開始投資地產。霍英東為加快新建樓宇出售，亦與高露雲律師樓研究新的方法，在樓宇開始興建時先收取部分樓價，餘款以分期付款付清，興建期大約需時一至三年時間，樓宇落成時買家需付清房價方可領得入伙紙。參考馮邦彥：《香港地產業百年》（2001 年），頁 65。

13 參考〈房地產〉，《香港經濟年鑑》，1964 年，第一章，頁 224-227；1965 年，第一章，頁 240-244。

14 以中環舊樓為例，1960 年位於皇后大道中的太平行出售價每呎 800 多元；1962 年初，廖創興銀行售出德輔道中一連八幢舊樓，富商馮秉芬售出德輔道中一連六幢舊樓，平均售價每呎 1,000 元；年底，德輔道中爹核行、皇后大道中石板街口一連五幢舊樓易手，平均售價每呎 1,325 元。參考馮邦彥：《香港地產業百年》（2001 年），頁 73-75。

15 例如澳門富商傅德蔭的廣興公司於 1950 年代積極經營借貸業務，以地產項目為主，客戶多為建築商，貸款利率周息可達 1% 至 1.5%，比投資股票的利息收入更高。參考鄭棣培編、傅厚澤記述：《傅德蔭傳》（2018 年），頁 204-206。

16 1965 年初發生的銀行風潮，廣東信託商業銀行因擠提而倒閉，擠提風更蔓延至恒生、廣安、道享等幾家華資銀行。參考馮邦彥：《香港地產業百年》（2001 年），頁 99-104。

17 1966 年，因天星小輪加價引發社會騷亂，為時一個多月；1967 年，因受中國內地「文化大革命」影響，由新蒲崗一間人造花廠的工潮開始，社會發生為時數月的騷亂，對香港經濟民生和社會秩序，造成嚴重衝擊。有關 1966 年的騷亂可參考 Johnson, 1998, pp.51-59；1967 年的深入分析可參考張家偉：《六七暴動：香港戰後歷史的分水嶺》（2012 年）。

18 參考〈建築業〉，《香港經濟年鑑》，1967 年，第一篇，頁 182。

19 1968 年空置單位比落成單位數量多，估計原因是上年累積下來的空置單位仍無法出售。

20 建築工人數目：1964 年 121,800 人；1965 年 127,900 人；1966 年 133,700 工人；1967 年 90,180 人；1968 年 92,370 人；1969 年 93,840 人。參考〈建築業〉，《香港經濟年鑑》，1970 年，第一篇，頁 214。

21 為刺激地產市道，政府調整賣地付款的方式，減少發展商即時支付大量款項的負擔。過去，政府以公開拍賣方式出售工商業樓宇住宅之用的土地，價高者得，投得者須立刻繳付底價一部分，餘額須於短期內付清。1969 年，政府修訂，中區土地的底價達 1,000 萬元或以上，可分十年付款，利息全免。1971 年，政府再度修訂有關付款辦法，拍賣投得後一個月內先繳成交價 10%，餘額另加週息一分，分十年清付。參考《香港一九七三：一九七二年的回顧》，頁 88。

22   參考周大福企業文化編制委員會編：〈周大福與我——鄭裕彤自述〉（2011 年），頁 255。

23   口述歷史及坊間刊物均指藍塘別墅是鄭裕彤最早參與地產業的項目，惟參與時間略有出入，冼為堅記憶約於 1950 年代中後期；作者藍潮於他的著作寫是 1952 年；地產代理的資訊指是 1960 年入伙。綜合推論，這項目是 1950 年代初至中期開始，1950 年代末落成。參考王惠玲、莫健偉：〈冼為堅口述歷史訪談〉（2016 年 8 月 19 日）；藍潮：《鄭裕彤傳》（1996 年），頁 57；中原地產，http://estate.centadata.com/pih09/pih09/estate.aspx?type=2&code=OSUFQRDRRS&ref=。

24   參考香港歷史檔案館館藏，檔案編號 HKRS156-1-1728、HKRS156-1-3770。

25   參考施其樂：〈深水埗：從村落到工業城市的綜合〉（1999 年），頁 217。

26   參考 Bristow, 1984, p.38; 梁炳華：《深水埗風物志》（2011 年），頁 35-41、48。

27   參考 Lai, 1999, pp.75-79.

28   作者參考冼為堅的憶述寫大福唐樓是九層高的唐樓；有文獻指唐樓只有八層高。參考 Lo, 2019；王惠玲、莫健偉：〈冼為堅口述歷史訪談〉（2019 年 5 月 10 日）。

29   參考《香港經濟年鑑》，1963 年，第一篇，頁 236。

30   參考藍潮：《鄭裕彤傳》（1996 年），頁 57；陳雨：《黃金歲月：鄭裕彤傳》（2003 年），頁 65。

31   參考陳雨：《黃金歲月：鄭裕彤傳》（2003 年），頁 65。

32   參考藍潮：《鄭裕彤傳》（1996 年），頁 65。

33   參考〈印傭大廈星光熠熠〉，《壹週刊》，2005 年 11 月 10 日。

34   參考〈最後的愛國商人，疍家仔變富豪商人之路〉，《明報》，2006 年 11 月 2 日。

35   參考馮邦彥：《香港地產業百年》（2001 年），頁 81-83。

36   參考同上，頁 64、82。

37   參考同上，頁 86-91。

38   參考〈「沉香大王」周樹堂一生迷醉木中鑽石〉，《信報》，2019 年 11 月 25 日。

39   周桂昌服務新世界集團多年，至 2011 年 3 月榮休，亦曾任新世界發展、新世界中國地產及協興的董事；見新世界發展有限公司官方網站。參考王惠玲、莫健偉：〈周桂昌口述歷史訪談〉（2018 年 12 月 18 日）。

40   參考同上。

41   表 3 是作者參考冼為堅的憶述而編成，除表中所列，冼為堅亦曾提及鄭裕彤曾投資
      跑馬地的銀禧大廈、大坑道豪景花園等，可惜這些項目都沒有更多確實資料；參考
      王惠玲、莫健偉，〈冼為堅口述歷史訪談〉（2016 年 8 月 19 日）；〈冼為堅口述歷
      史訪談〉（2018 年 10 月 10 日）；〈周桂昌口述歷史訪談〉（2018 年 12 月 18 日）；
      中原地產及美聯物業網上資料；協興建築有限公司網站。

42   表中所列項目是從幾個不同的來源綜合而成的，冼為堅詳述過藍塘別墅、大福唐樓、
      熙信大廈、玫瑰新邨、碧瑤灣項目，亦略述過芝蘭閣、萬年大廈項目；周桂昌詳述
      過紅磡寶石戲院項目；鄭志令略述過瑞士花園項目；香港大廈的資料來自藍潮：《鄭
      裕彤傳》（1996 年）；陳雨：《黃金歲月：鄭裕彤傳》（2003 年）。

43   本章引述的公司檔案來自公司註冊處網上查冊中心公司資料檔案。Great Land Investment
      Company Limited, Annual Return, 30 June 1965; Hung To Investment Company Limited,
      Particulars of Directors, 21 July 1962; Hung To Investment Company, Return of Allotment, 1
      June 1962; Hang Mow Investment Company Limited, Particulars of Directors, 4 April 1960;
      Hang Mow Investment Company Limited, Return of First Allotment, 4 April 1960.

44   楊志雲和何善衡亦成為玫瑰崗學校贊助人。參考《玫瑰崗校刊 1966/67》，頁 12-
      14；〈從街道建築找歷史：玫瑰崗學校〉，2012 年 12 月 12 日（網誌：http://
      lausoldier.blogspot.com/2012/12/blog-post_12.html）

45   參考 Ko Wan Company Limited, Annual Return, 15 April 1964.

46   Ko Yan Company Limited, Return of Allotment, 10 April 1964.

47   參考梁操雅主編：《匠人・匠心・匠情繫紅磡——承傳變易》（2015 年），頁 35-36。

48   1967 年加入周大福珠寶金行地產部的周桂昌，負責跟進紅磡寶石戲院大廈項目；周
      加入之初，該項目已開始動工興建。參考王惠玲、莫健偉：〈周桂昌口述歷史訪談〉
      （2018 年 12 月 18 日）。另據冼為堅所述，項目是由甄球介紹的。參考王惠玲、莫
      健偉：〈冼為堅口述歷史訪談〉（2019 年 5 月 10 日）。

49   劉紹源是與鄭裕彤合作經營周大福珠寶飾櫃的合夥人之一。

50   參考王惠玲、莫健偉：〈周桂昌口述歷史訪談〉（2018 年 12 月 18 日）。

51   香港製造業於 1960 年代起飛，紡織、製衣、塑膠和電子等行業蓬勃發展，產品主要
      出口至歐美市場。參考盧受采、盧冬青：《香港經濟史》（2002 年），頁 202。

52   1960 年香港對外貿易總額為 98 億港元，到了 1965 年出口總額增至 154.9 億港元，
      增長了 58%，1970 年總額較 1965 年更翻逾一倍，達 328.4 億港元。參考同上，頁
      212。

53　參考何佩然：《地換山移：香港海港及土地發展 160 年》（2004 年），頁 143、148。

54　參考 Leeming, 1977, p.23.

55　香港股票交易所的歷史可追溯至 1891 年，期時「香港股票經紀會」成立（後易名為香港經紀商會，英文名稱為 Hong Kong Stock Exchange）。戰前，除香港經紀商會外，尚有兩家交易所，分別為 1921 年成立的香港證券經紀協會，及 1924 年成立的香港股票及物業經紀會社（該會社於 1933 年結業）。戰後 1947 年 3 月，香港經紀商會與香港證券經紀協會合併，組成「香港證券交易所」（簡稱「香港會」），並成為香港唯一一間股票交易所。其壟斷地位要到 1969 年才被打破，商人李福兆、王啟銘等人於 1969 年 12 月 17 日創立遠東證券交易所（簡稱「遠東會」）。在遠東會開業後的第一年，即 1970 年，兩家交易所（香港會和遠東會）的總成交額達 60.5 億港元，其中經遠東會的股票成交額佔了 49.5%。市場迅速拓展，吸引更多新成立的交易所加入競爭，1971 年 3 月 15 日金銀證券交易所開始運作，翌年 1 月 5 日九龍證券交易所開業；前者由金業翹楚胡漢輝開設（1970 年胡是金銀業貿易場理事長），後者由會計師兼投資者陳普芬創立。上述新成立的三間交易所連同歷史悠久的香港會，開啟了股票市場的「四會年代」，各交易所鼎足而立又互相競爭，直至 1987 年四家交易所合併成為「香港聯合交易所」，「四會年代」才正式告終。參考香港聯合交易所：《百年溯源》（1998 年），頁 10 至 17；鄭宏泰、黃紹倫：《香港股史 1841-1977》（2006 年），頁 200。

56　一家企業若果要上市，不但要有良好的營運記錄、盈利前景和資本質素等嚴格要求，還有一些非正式的上市「門檻」，如要在殖民地政府內有一定影響力，與香港會的會員有聯繫，而所有上市文件也以英文往來。鄭宏泰、黃紹倫：《香港股史 1841-1977》（2006 年），頁 251。

57　參考同上，頁 251-53。

58　作者根據列表的資料計算出來。參考同上，頁 272-74。

59　參考 New World Development Co. Ltd. (1972), Prospectus, p.9.

60　新世界發展的股價見《華僑日報》以下各日〈香港四間證券交易所股票市價綜合統計〉的報道（以當天最高價計）：1972 年 12 月 1 日為 2.9 元；12 月 30 日升至 6.5 元；1973 年 2 月 9 日錄得 15.4 元；同年 2 月 23 日升至 19.8 元。

61　參考王惠玲、莫健偉，〈冼為堅口述歷史訪談〉（2018 年 10 月 10 日）。

62　參考同上。

63　周大福企業為鄭裕彤私人名義的投資公司，招股書內列出收購高雲當時全數股東的名字及持股量，當中顯示鄭裕彤所持的股份已大幅增加；參考 New World Development Co. Ltd. (1972), Prospectus, pp.24, 29, 34-36.

64　參考同上，頁 35。

65   參考同上，頁 34。

66   參考 Valuation Report: Pokfulam Road. Farm Lot No.24 sec.A., New World Development
     Co. Ltd., 14th July 1972, HKSMAAC; New World Development Co. Ltd. (1972),
     Prospectus, pp.11-12.

67   參考 New World Development Co. Ltd. (1972), Prospectus, pp.27-29.

68   參考 New World Development Co. Ltd. (1972), Prospectus, Directors Interests, pp.31-34.

69   1971 至 1972 年儉德配發已繳足股款的股票共 3,500 股，梁潤昌及其家族公司燕昌
     有限公司佔了 2,850 股，即 81.4%，是儉德的大股東，其餘小股東如何添、何善衡
     等人只佔 50 至 100 股不等。儉德於 1972 年 9 月 25 日併入新世界，後者發行 250
     萬股面值港幣 5 元的新股作交換。參考 Annual Return of Kim Tak, 31st December
     1971; Annual Return of Second Allotment of Kim Tak, 31st July 1972; Annual Return of
     Kim Tak, 20th October 1972； New World Development Co. Ltd. (1972), Prospectus,
     p.23.

70   依 1971 年底的股權分配資料來看，恒生銀行佔 33.7%，余基溫及其家族成員佔
     25.5%，楊志誠置業公司（楊志雲的家族公司）佔 18.4%，盧家聰兄弟合共 10%，
     鄭裕彤、鄭裕培及周大福企業是小股東，合共只佔 1.45%。後來，這家公司的股
     權也全數轉讓給新世界，以換取 1,050 萬股面值港幣 5 元的新世界股票。參考
     Annual Return of Kin Kiu Enterprises, 24th December 1971; Annual Return of Kin Kiu
     Enterprises, 20th October 1972; New World Development Co. Ltd. (1972), Prospectus,
     p.23.

71   參考 New World Development Co. Ltd. (1972), HKSMAAC.

72   參考同上。

73   作者引用冼為堅的意見。參考王惠玲、莫健偉：〈冼為堅口述歷史訪談〉（2018 年
     10 月 10 日）。

74   冼為堅經常讚譽鄭裕彤數目清楚、投資成功後即分錢，受到合資夥伴們的支持。參
     考本書冼為堅〈序〉。

75   參考馮邦彥：《香港地產業百年》（2001 年），頁 149-151。

76   參考〈協興建築有限公司註冊地址通告〉，1961 年 1 月 10 日；〈協興建築有限公司
     更改註冊地址通告〉，1962 年 5 月 5 日。

77   參考《協興建築有限公司》專刊，頁 4-13。

78　作者參考梅景澄的憶述。參考王惠玲、莫健偉：〈梅景澄口述歷史訪談〉（2018 年 5 月 11 日）。年份是從鄭裕彤女兒鄭麗霞、鄭秀霞憶述遷居的時間推算出來。參考王惠玲、莫健偉：〈鄭麗霞、鄭秀霞訪談〉（2018 年 2 月 28 日）。

79　參考王惠玲、莫健偉：〈梅景澄口述歷史訪談〉（2018 年 5 月 11 日）。

80　建築地盤的工作通常是以分判形式由富建築經驗的判頭負責，協興則聘用管工去監督判頭的工作，管工由建築業內富經驗的人員擔任。參考王惠玲、莫健偉：〈梅景澄口述歷史訪談〉（2018 年 5 月 11 日）。

81　梅景澄記得他於 1962 年加入協興時，鄭裕彤買入上海街一幢舊樓的地皮，然後重建為新唐樓。參考王惠玲、莫健偉：〈梅景澄口述歷史訪談〉（2018 年 5 月 11 日）。

82　參考《協興建築有限公司》專刊，2001 年，頁 87。

83　陳錦靈（1940-2009），曾任新世界發展、新世界基建及新世界中國執行董事；亦曾任新世界創建有限公司、協興建築有限公司、中法控股（香港）有限公司及澳門自來水有限公司之董事總經理，及澳門電力股份有限公司之董事。參考《新世界中國地產有限公司二零零二年年報》，頁 57。中法控股乃法國蘇伊士里昂水務集團及周大福企業有限公司之合營企業，2010 年 1 月 7 日陳錦靈獲法國總統追頒法國最高榮譽騎士勳章（Chevalier de la Légion d'Honneur），以表揚他所作出的努力和貢獻。參考〈陳錦靈先生 BBS 獲追頒「法國最高榮譽騎士勳章」〉，《新世界發展有限公司集團新聞》，2010 年 1 月。

84　偉恒昌新邨位於土瓜灣道、貴州街和新碼頭街之間，處於土瓜灣東北面海傍，原來是新填海的土地，1950 年代初填海地上開設了偉倫紗廠。1970 年代，偉倫紗廠結業，原址被恒生銀行收購，隨即重建成大型住宅屋苑，即今天的偉恒昌新邨，全邨分三期完工，每期十座樓宇，當時在土瓜灣是最耀目的新型住宅屋苑。參考維基百科，https://zh.wikipedia.org/wiki/ 偉恒昌新邨

85　富麗華酒店是澳門商人傅蔭釗所屬的傅氏家族所有，酒店管理由傅氏家族和美麗華酒店合作經營，酒店主席正是新世界發展董事長何善衡，董事有新世界發展副董事長楊志雲。參考鄭棣培編、傅厚澤記述：《傅德蔭傳》（2018 年），頁 228-234。

86　參考《協興建築有限公司》專刊，2001 年，頁 23。

87　參考《新世界發展有限公司一九七三年年報》，頁 27。

88　至 2018 年 6 月 30 日為止，協興的手頭合約總值達 471 億港元，有待完成的項目總值約為 212 億港元；2018 年財政年度內，協興及新世界建築共有 46 個建築工地獲得 ISO 14001 環境管理系統及 ISO 50001 能源管理系統認證。會展中心是香港首個獲得 ISO 20121 活動可持續發展管理系統認證的場地。參考《新創建集團有限公司 2018 年年報》，頁 65、83。

89 藍煙囪輪船公司原稱海洋輪船公司（Ocean Steam Ship Company），太古洋行創辦人是海洋輪船公司其中一個合夥人；後來太古代理該輪船公司往來中英之間的船運業務，並於香港尖沙咀建貨倉碼頭供藍煙囪貨輪停泊。參考鍾寶賢：《太古之道：太古在華一百五十年》（2016年），頁16-18。

90 有關藍煙囪貨船，參考同上，頁20-21。

91 藍煙囪貨倉碼頭的地段屬九龍海軍88號地段，租期75年；自太古1902年11月3日承租起算，該地使用權將於1977年到期。地段若再續租75年，需由政府重新評估地價。參考 Valuation Report: Kowloon Marine Lot 88, Salisbury Road, Kowloon, New World Development Co. Ltd., 1st July 1972, HKSMAAC.

92 參考 Annual Return of Hong Kong Island Development Limited, 31st December 1971; New World Development Co. Ltd. (1972), Prospectus, p.36.

93 參考〈尖沙咀「地王之王」〉，《工商日報》，1971年12月4日。

94 參考陳雨：《黃金歲月：鄭裕彤傳》（2003年），頁101-104。

95 參考 New World Development Co. Ltd. (1972), Prospectus, p.10.

96 參考王惠玲：〈梁志堅口述歷史訪談〉（2018年10月25日）。

97 參考 New World Development Co. Ltd. (1972), Prospectus, pp.15-16.

98 各界對香港前途問題的關注，由1979年初港督麥理浩赴京訪問開始，麥理浩與當時的中國領導人鄧小平商討新界租借條約期滿後的安排，因香港島和九龍半島在《南京條約》下割讓予英國，香港的主權頓成疑問。時任英國首相戴卓爾夫人於1982年9月訪華，正式揭開中英兩國就香港問題談判的序幕。中英談判過程曲折，充滿爭議，至1984年12月中英簽署聯合聲明，確定香港1997年回歸。有關香港主權爭議至落實的過程參考司馬義：〈榮耀全歸鄧小平的香港前途談判〉（1984年）。有關港人意見紛紜，可參考1984年3月14日立法局議員於「羅保動議」的辯論發言，可謂反映了各界想法，參考羅保：〈解除束縛暢論港人對協議的期望〉（1984年）。

99 1982年香港前途問題談判揭開序幕後，港幣弱勢、地價下跌、樓宇滯銷、股市低迷，但原因複雜，政治因素是其中之一。可參考地產商香植球的看法，見張國雄：〈香港的政治前途與投資前景——泰盛發展主席香植球訪問記〉（1982年）。

100 證諸鄭裕彤在《中英聯合聲明》簽署後的發言：中英聯合聲明有助「投資者信心回復」，「使地產商對前景不明朗的疑慮一掃而空」。參考《新世界發展有限公司一九八四年年報》，頁9、17。

101 參考《新世界發展有限公司一九八五年年報》，頁14。

102　參考王惠玲、莫健偉：〈梁志堅口述歷史訪談〉（2018 年 8 月 21 日）。

103　項目涉及興建一個展覽廳、兩間酒店（後來建成君悅酒店及新世界海景酒店）、一幢 37 層高寫字樓、一幢豪華住宅大廈，總面積由初擬的 350,000 平方米增至 409,000 平方米，投資額也由原先估計的 18 億港元增至 20 億港元，到 1988 年會展中心開幕時，整個計劃的投資額為 25 億港元。參考《新世界發展有限公司年報》，1985 年、1986 年、1989 年，頁 14、頁 12、頁 46；〈香港會議展覽中心資料快訊〉，《香港會議展覽中心》，https://www.hkcec.com/。

104　參考王惠玲、莫健偉：〈梁志堅口述歷史訪談〉（2018 年 8 月 21 日）。

105　參考《新世界發展有限公司一九八六年年報》，頁 12。

106　參考趙稷華：〈憶香港回歸交接儀式背後的中英博弈〉（2017），頁 82-87。趙稷華時任中國外交部港澳事務辦公室主任、中英聯合聯絡小組中方首席代表。

107　參考王惠玲、莫健偉：〈馮國經口述歷史訪談〉（2019 年 9 月 20 日）。

第六章

鄭裕彤在中國

1977 年的清明節，鄭裕彤一身筆挺西裝，

與家鄉同屬順德的好友李兆基，在何賢的引領下，

來到位於廣東順德大良的縣委辦公廳，拜候當時的縣委書記黎子流。

黎子流身穿灰色中山裝，一派典型的中國共產黨幹部打扮，

迎接這兩位來自香港的貴賓。

1950 年代鄭家陸續離開家鄉祖居，1977 年之行是鄭裕彤第一次重返
順德。自此，鄭裕彤在中國內地的活動漸趨頻繁，最初捐助家鄉的
建設和發展，1980 年代初開始參與投資，起步點在廣州，由酒店業
做起，繼而投資基建設施；自 1992 年起在北京、武漢、天津、瀋陽
等地，透過新世界發展投資國內主要城市的基建、城市建設、房地
產等，到今天，新世界的房地產項目遍佈中國主要及二、三線城市。
我們發現，鄭裕彤在中國的投資活動，除了為維護企業的利益，還
蘊含他的中國視野和商人以外的身份意識。以下，我們將敘述鄭裕
彤在中國的一些經歷，以發掘鄭裕彤鮮為人觸及的一面。

重返順德

1977 年鄭裕彤重返順德，有兩層特殊的意義，一層是個人的、家族
的，另一層是社會的、國家的。讓我們先談個人的、家族的一層。

第一章我們談到鄭氏家族的男兒，陸陸續續地跑到城市謀求經濟出
路，而鄭家真正離開家鄉的背景，是於 1950 年代初在全國推行的土
改運動下 2，鄭裕彤的父親鄭敬詒被捲入鬥爭的漩渦中，聽說曾受過
皮肉之苦，更有說被送往勞改；至 1958 年鄭敬詒來港與兒子們團聚，
1960 年代初，鄭裕彤的三弟鄭裕培的妻兒獲批來港，大松坊鄭敬詒
一房人可說是完全離開了倫教家鄉。

1949 年中華人民共和國成立，堅持共產主義思想的新政權，最初仍

然容許和利用私人資本的企業，以助解決民生所需，後來在韓戰下受到國際禁運制裁、新政權推行「三反」、「五反」運動、土地改革運動等不利環境下，外國資本和私人資本都紛紛離開中國，香港是主要的避難所，戰後的移民有不少對內地存在恐懼的心理。3

不過，鄭敬詒沒有隨戰後移民潮來香港，而是繼續在家鄉倫教經營紗綢生意。順德倫教是鄉鎮地區，新政府採取公私合營的政策，逐步將地方上的私人企業吸納、重組和合併為國營企業，一個例子是位於倫教的國營絲織廠，它是由倫教的小型至中型紗綢織造工場合併而成的，被合併的小工場之中，包括鄭裕彤的堂兄鄭衍忠的工場，他在大松坊開設了一所小型織造廠，只有 10 台織機和 12 個工人，於 1956 年與其他小工場一起，連同工人和機器被合併重組為公私合營企業，名為「蘇聯記絲織廠」，至 1958 年再改組為國營企業，鄭衍忠由工場經理變成絲織廠工人。4 據倫教小學的退休老師孫杏維的記憶，公私合營改造的過程是和平的，沒有使用過暴力。5

公私合營這種吸納私人資本的政策，並不應用到與外國資本或國民黨有連繫的企業。6 鄭敬詒當時經營三益紗綢莊，被指與國民黨有連繫，原因是他曾任倫教鎮商會和倫教曬莨業同業公會的理事、監事等職務，這些商會被指與鎮政府有連繫，間接與國民黨有連繫。7 因此，鄭敬詒受到較嚴厲的對待，他所經營的三益紗綢莊和曬莨工場被充公和遣散，需要繳付遣散費予曬場工人；8 1950 年代初當廣東省各地推行土地改革運動時，鄭敬詒被冠以「公堂地主」的罪名而

在中國設首飾鑽石廠

鄭裕彤在家鄉倫教設廠，名為「裕順福首飾鑽石加工廠」。1988 年先設立首飾
加工廠，1989 年增設鑽石加工廠。首飾廠承造周大福的足金、K 金和鑲嵌首飾；
鑽石廠吸收泰國及南非的打磨技術，開始時專門做細顆鑽石加工。圖中是裕順
福廠內情況，最初是為了讓倫教的中學畢業生有就業和學習技術的機會而建廠，
技術和設備只是初階水平，經過多年不斷進步，現在已是行業翹楚，產能超群
的龍頭企業。照片約攝於 1988 至 1989 年。

遭受批鬥。9 一份順德縣檔案館的記錄顯示，1979 年鄭敬詒獲平反；10 大松坊祖屋曾被沒收，亦於 1990 年獲退還。11

1946 至 1954 年間，鄭裕彤的三弟鄭裕培在廣州和倫教生活，幫忙父親打理紗綢生意。12 他是五兄弟中唯一目睹父親的慘痛遭遇的，然而，鄭裕培一直活躍於順德家鄉的建設，廣東推行開放改革政策之初，鄭裕培已經回鄉，並積極透過捐款，協助家鄉的建設和發展。一份順德檔案館的記錄顯示，1979 年 2 月 24 日，順德縣革命委員會同意接受鄭裕培捐贈順德縣倫教公社一部由日本豐田客貨車改裝的救護車，供醫療救護之用。13 由 1979 至 2008 年過世，鄭裕培一直關顧順德的教育和社福需要，根據順德倫教政府僑辦及教育局的資料，這 30 年間鄭裕培捐助順德各鄉合共人民幣 4,453 萬元，用於教育、醫療、敬老及救濟貧孤等方面，14 關心倫教鄉民的需要可謂無微不至，除捐資興建幼兒園、小學及中學，亦留意到貧困家庭和孤苦無依者的需要。

對於鄭裕培的捐獻，其子鄭錦超認為是源自傳統中國人的愛鄉、愛國之情。

「我的父親是一個比較傳統的中國人，對於家鄉和國家，他特別有認同感、愛國心，這是我對父親的感覺。為何我有這種感覺？以前共產黨鬥過我的祖父（鄭敬詒），即是他的爸爸，甚至祖屋被沒收了、被破壞了，他也從來沒有表達過仇恨的情

緒。相反，他曾經跟我說：『如果沒有共產黨，今日的中國人
沒有那麼團結。』這就是我的印象。父親對國內捐了很多錢，
若果按比例計算，是超乎常人的，什麼意思呢？例如，一個人
身上只有 1,000 元，他捐出 500 元，比例是很高的，若果是一
個富人捐 500 元，比例就很小了。所以按比例計算的話，我父
親的貢獻是很大的。」15（鄭錦超，2016 年 5 月 4 日）

羅國興於 1981 年加入周大福，主要協助鄭家處理家鄉的事務，較多
時間協助鄭裕培在家鄉的活動。對於鄭裕培捐助建設家鄉的設施，
他認為是出於一顆摯誠的慈善心。

「我們在倫教興辦鑽石加工廠時（約 1986 至 1987 年），留意
到貧窮的問題，窮家孩子天冷時連鞋子都沒有，老人家的景況
更悽涼，因為我曾經在香港社會福利署工作過，於是跟三叔
（周大福員工對鄭裕培的尊稱）研究，當時有批評說有了老人
院子女便不再孝順父母，但三叔不管鄉間的輿論，決意開設老
人院，所以 1992 年開辦了倫教頤老院，這是鄭裕培親自一手
捐助的。

「三叔亦留意到倫教的中學不足，於是個人捐助興建培教中
學。順德縣政府計劃興建學校，必定向香港的鄉親募捐，每次
到香港，必定拜會鄭裕培，三叔的回應是：『你們盡力去籌募
捐款，然後告訴我結果，我做包底。』所以我說，只要是順德

的學校，都有三叔的一份。」16（羅國興，2019 年 1 月 18 日）

鄭裕培除了個人捐贈外，亦以鄭裕彤基金的名義，居中走趨，積極推動完成多項倫教和順德的社會建設，代表鄭家參與建設家鄉的行動。

除了公益活動，鄭家兄弟和子孫還重修和加建祖屋，每年清明和重陽必定到祖墳拜祭，春節亦回鄉度歲。可以說，鄭裕彤於 1977 年在順德大良會見縣書記黎子流一事，啟動了鄭家眾人重返家鄉的行動，對家人、家族產生了重要影響。

願做領頭羊

至於社會和國家的層面，當時接見鄭裕彤、李兆基的順德縣委書記黎子流有這樣的評價：

> 「我回望過去，『一石擊起千層浪』，鄭裕彤博士這個行動，
> 為港澳的鄉親，甚至世界各地的華僑的聯繫工作，起了不可磨
> 滅的作用。今日順德有這樣的進步，千萬不要忘記港澳同胞、
> 熱心鄉賢的貢獻，沒有華僑和鄉賢的連繫，我們如何談國際
> 化？如何吸收國際的消息？所以鄭裕彤博士、李兆基博士，為
> 我們順德的發展，打開了非常好的開端，帶動了港澳知名人士
> 和鄉親，為後來順德的發展建立良好的基礎。盡在不言中，兩
> 位以實際行動來發揮影響，『啊，鄭博士他們都可以返家鄉，

我們都可以啦，會有什麼事呢？不會出事的。』」17（黎子流，
2018 年 8 月 16 日）

2018 年是中國開放改革 40 周年，恰巧同年我們與黎子流進行訪談。
1977 年是中國對外開放政策推出的前夕，廣東是最早推行開放政策
的前哨省份，而黎子流是積極推行此項政策的廣東幹部，18 因此，他
對鄭、李二人之行，賦予重大的政治意義。

雖然 1972 年中美建交，象徵了中國願意與資本主義世界建立外交關
係，但長期在政治思想主導的氣氛下，中國與國際社會的關係一直
維持疏離，黎子流不諱言，一旦推行開放政策，無論在制度、法律、
辦事方式、語言、思維，甚至服飾等，都需要進行改革，才可逐步
與國際社會接軌。中國政府施行開放政策，首先向香港和澳門招手，
把這兩個地方稱為中國的南大門，除吸引港澳資金投資到中國內地，
還特別在香港舉辦招商活動，利用香港與外國市場的密切聯繫，吸
引外資進入中國。可是在多年的閉關政策下，外國投資者未必立即
就對中國抱有信心。黎子流的見解是，鄭、李二人之行，正好向對
中國抱有懷疑的港澳商人，展示正面示範。

黎子流憶述，當時宴請兩位貴賓於中國旅行社吃飯，席間兩位主動
提議捐助擴建順德華僑中學，這是 1977 年為即將推出的開放政策踏
出第一步。事實上，廣東的經濟開放過程，除了吸引港澳資本投資
外，呼籲華僑捐助家鄉的社會建設，也是重要的一環。

1989 年 6 月 2 日，倫教的首飾鑽石加工廠舉行開幕剪綵。黎子流（右二）、廣東省常務副省長于飛（右三）及鄭裕彤（右四）主持儀式。

黎子流

廣州市市長遇上鄭裕彤

黎子流，順德縣龍山人。1951 年加入中國共產黨，在順德縣擔任公社幹部。1977 至 1983 年擔任順德縣委書記，1983 至 1989 年調任江門市委書記，1990 至 1996 年擔任廣州市委副書記兼市長，1997 年退休。黎子流談及鄭裕彤和李兆基重返家鄉順德的經過，形容他們作為順德鄉賢，在促進順德的發展，留下了重要的印記。

1977 年，他（鄭裕彤）第一次返順德，跟李兆基兩個人，這是我第一次跟他的接觸，由何賢先生帶領著。為什麼他們由何賢帶著呢？後來鄭裕彤告訴我，他們兩個擔心呀，擔心一旦踏入中國，回不了來。所以何賢就拍心口：「沒事的，你們回去啦，順德是你們的家鄉嘛。」這是鄭裕彤離開家鄉之後，第一次回來順德大良。

當時的社會背景是四人幫剛被打倒，毛主席去世，這個時期中國還處於很微妙的階段，加上兩位是大商家，說到會擔心是可以理解的。就此一見，我跟鄭博士初步建立了友誼，日後還做了好朋友，後來我們在祖國建設中動員出力，大家都互相信任，怎麼說呢？他相信我做事只有一條心，一心為國家、為社會，所以我們彼此建立了互信。

席上兩位博士談到香港的情況，我細心聆聽，鄭博士當場提出：「我想邀請你們的主要領導到香港參觀。」我覺得這提議非常好呀，不單止我一個，還有其他縣委幹部都應該去香港學習學習。

我辦出國手續是向廣東省管外貿的副省長曾定石申請，我跟他比較熟，他說熟歸熟，手續要照辦，逐層向上級請示，足足辦了半年。1980 年，我帶著倫教公社書記及其他公社書記，總共十個人，由順德聯誼會接待，鄭博士是順聯會永遠名譽會長嘛，順聯會熱情招呼我們，肯定是鄭博士發揮的影響。

為了到香港之行，我們做足準備。第一，我們認為到香港有很多值得學習、了解的地方；第二，喂，人家個個西裝革履喎，說到底我們是代表順德、代表中國出去的，不能失禮，所以我度身訂造了人生第一套西裝，只得一套，沒有替換，晚上速洗，明早又再穿。有一件難忘的事，我拿西裝去酒店洗衣房做速洗，有幾百元港幣留在西裝口袋裡，有人打電話上房間：「喂，你西裝袋裡有幾多錢呀？」問我喎，我說：「是的，放了錢，

但沒留意有多少錢呀。」很快他們全數交還過來。我心想：「啊，香港酒店的服務的確誠實可靠，如果在國內，錢肯定沒有了。」今天當然不會再有這種情況，但以前人民窮嘛。

我們下榻新世界酒店，鄭裕彤博士已在門口迎出來。雖然大家是順德鄉親，但以他這位香港富翁如此禮賢下士，令我們很感動。在香港逗留11天，早、午、晚都有緊密行程，走勻香港、九龍、新界，特別過海隧道、地鐵解決了交通問題，令我們印象深刻。胡耀邦探訪順德時直接問我：「喂，你們順德到底幾時可以趕上香港？」當時已實施改革開放，順德亦行得很快，我答道：「趕上香港呢，不是說沒有信心，只是說不出一個確實時間，若說要趕上澳門的話，五年應該可以。」不過，那時澳門尚未開放賭業。我對香港的認識是，很多方面都值得我們學習、借鑑，唯獨一樣我覺得問題比較大，就是貧富懸殊方面。

廣東省來說，順德的確走得比較快，例如龍舟大賽，順德縣是全廣東第一個恢復過來的。過去辦龍舟比賽，被「三頂帽」限死了，說扒龍舟是封建迷信、大浪費、破壞生產。1980年我們參觀過香港後，1981年便恢復扒龍舟，由順德縣的領導親自指揮。洪奇大河有一道橋，我們在那裡放100多隻大龍船，一路扒落去，全縣震動。其實扒龍舟是一種運動文化，健兒要鼓足幹勁、同心協力、力爭上游地扒。所以，文化思想要解放，不要守舊，要創新，順德才能走得快一些。改革開放後，它是廣東四隻小老虎之一，南海、順德、東莞、中山。

由於鄭裕彤博士和李兆基博士帶頭辦教育，順德的發展更加快，旅港的順德鄉親，有能力的，返到家鄉都辦起修橋、築路、建學校的公益事業來，梁銶琚圖書館、李兆基中學、鄭裕彤中學等。那年順德要籌建大學，當時我快要從廣州退休，返家鄉負責推動這件事，李兆基博士一口答應捐助5,000萬，鄭裕彤博

士那邊由鄭家純先生代表，當時縣委書記給我一個任務：「你跟鄭博士比較熟絡，請他和李博士一齊做，也捐 5,000 萬吧。」我一邊坐車，一邊思量怎樣講法，最後鄭家純先生答覆捐 5,000 萬，相信已跟他的父親商量過。雖然後來順德大學要改為職業學院，但以 1 億元帶動興辦大學，對縣的經濟人才影響很大的啊。

順德鄉親由辦公益和教育開始，逐步轉向經濟投資，亦由鄭博士帶頭。我講兩件事，第一，周大福珠寶玉石加工廠，是 1989 年開張的，我有份去參加慶典，工廠就以倫教作為基地，現在已發展得很先進，兩年前我再去參觀，已經全部現代化、機械化，一直辦得有聲有色。順德倫教是珠寶業基地，周大福就是領頭羊。

另一個就是新世界萬怡酒店，在大良清暉園對面。這幅地本來是種菜、養魚的，地理位置很優越，縣政府本來計劃用來興建中國旅行社大廈，但農民不願意，幾經周旋和說服，我答應他們以好價錢賠償才斟成，豈料中旅社項目成不了事，幸好鄭博士願意接手，付足賠償給農民，雖然萬怡酒店是四星級，但新世界的管理和服務是五星級的，這麼多年仍保持新淨。

我們見物思人，見物知情，鄭裕彤博士、李兆基博士，兩位留下了不可磨滅的功績，一定永遠刻在順德人民世世代代的心中。

參與開放改革

中國的開放政策於 1978 年底掀起序幕，目標是吸引外來投資、設備、技術和知識，最早的具體措施是於 1979 年 7 月決定在深圳、珠海、汕頭和廈門設立經濟特區，以來料加工和補償貿易的政策吸引外資和技術，尤其香港和澳門的資金。中國招商局以推動四個現代化為目標，主要邀請工業資本到經濟特區和中國主要城市投資，包括棉紡、電子、塑膠、機械、五金等工業。[19]

鄭裕彤所屬的珠寶業和地產業，在開放改革初期，仍不是被邀請的對象，但有一項服務業的商業協議卻在醞釀中。1979 年初已有消息指，中國政府正與香港的華資地產商研究興建酒店，[20] 1980 年，鄭裕彤與李嘉誠、馮景禧、胡應湘、郭得勝等五人合組財團，與廣州市的國營機構簽訂協議，在廣州市興建中國大酒店。[21] 合作形式是廣州方面提供土地、材料及勞工，港商負責建築圖則設計、酒店管理及訓練從業員。[22]

其實 1977 年之行，並非鄭裕彤第一次到共產黨治下的中國訪遊。1973 年霍英東帶領香港地產建設商會會員到北京旅遊，當時鄭裕彤亦有參與，參觀過萬里長城、故宮等文化古蹟；約於 1976 年亦參與過由馮景禧帶領的桂林旅遊團。[23] 1978 年 10 月，當時啟動中國開放改革路線的中共第十一屆三中全會尚未召開，鄭裕彤已向香港傳媒表示，他對中國的旅遊業抱有信心，奈何當時內地的交通和酒店業

設備不足,他曾向內地官員表示願意提供技術人員和意見,[24] 所以參與中國大酒店的興建和管理,是將這些想法付諸實行。

中國大酒店於 1983 年落成,由新世界負責酒店管理,這可說是鄭裕彤在中國的第一項投資。[25] 當時,位於尖沙咀東的新世界中心已經落成,這個地理位置優越和外形設計突出的建築群,包括新世界發展旗下兩間酒店:新世界酒店和麗晶酒店。新世界酒店在 1978 年開始局部營業,由新世界酒店有限公司管理;麗晶酒店於 1980 年開始營業,由麗晶國際酒店集團管理。[26] 當新世界參與興建中國大酒店時,合約內列明由新世界酒店有限公司協助工程設計事宜,並由新世界擔任酒店顧問,[27] 當時的新世界已擁有管理五星級酒店的經驗。新世界的酒店管理經驗是否真能發揮影響力?鄭裕彤接受《信報財經月刊》記者的訪問時,憶述他特意到中國大酒店咖啡廳測試員工的服務水平。

> 「我到 coffee shop 叫了一杯熱奶,侍應生說沒有,『卜』的一聲掉了個餐牌來,說:『你看啦!』我成個人嚇到跳起,我追問總經理何解,他說自己也無法控制員工。」[28]

一年後,有評論認為中國大酒店已超越了國營的東方賓館,把外商吸引到中國大酒店開設寫字樓;習慣到東方賓館洽談生意的港商,亦轉用中國大酒店的服務,原因是負責酒店管理和職員培訓的新世界,採用西方現代化管理方法。中國大酒店的員工從全國招募,必

須經過筆試和面試，錄取者簽訂僱傭合約，管方有權解僱表現不佳的員工，這套管理制度使這間中外合作酒店超越國營的東方賓館。29

中國大酒店之後，新世界更廣泛地為中國旅遊酒店業提供管理服務，1982 年新世界酒店（國際）有限公司成立，第一個酒店管理項目是深圳灣大酒店。30 之後，新世界在中國的酒店管理業務拓展至多個主要城市，十年後，旗下管理的酒店共七間，分佈在主要的旅遊城市，包括廣州、杭州、桂林、西安、上海、北京及蘇州。31 中國政府向外資招手，鄭裕彤一方面配合集團酒店業務的擴展，另方面協助實現中國酒店管理現代化。

廣州故事

到了 1980 年代中，鄭裕彤開始在中國進行較大規模的投資，與廣州市政府洽談基礎建設和房地產方面。這時，中國政府正進一步落實開放政策。1984 年 5 月，中央決定進一步開放 14 個沿海港口城市，包括廣州、上海、天津等，容許市政府利用免關稅、扣減利得稅等優惠政策吸引外資，優惠的範圍不再限於工業生產，還包括能源、交通、港口建設等項目。32 鄭裕彤與廣州市政府洽談的項目正是興建高速公路和發電廠。

鄭裕彤在廣州的投資或許是被沿海城市的優惠政策所吸引，又或許是回應國家經濟發展的需要，無論如何，在能源和基建方面投入資

廣州北環高速公路全線竣工

1993 年 10 月，廣州市政府舉行慶祝典禮，時任廣州市市長黎子流（站立，左）
與鄭裕彤（右）合照。（圖片由星島日報提供）

金，的確可以幫助廣州以至廣東省的經濟發展。1985 年 2 月國務院
批准將珠江三角洲發展為沿海經濟開放區，33 範圍包括廣州、深圳、
東莞、佛山、惠州、博羅、江門、珠海等 14 個市、區、縣。經濟急
速增長必須有相應的交通網絡和能源基建配合，對於這連串開放政
策，新世界的確積極回應。1999 年，新世界已在廣東省投資了多條
公路，連接廣州、肇慶、佛山、順德、中山、新塘、東莞、惠州、
惠陽等縣市，南至深圳、北至清遠。34

讓我們返回 1989 年。當時鄭裕彤正在商談參與廣東省的基建項目，
北京卻發生學生運動。其實於 1988 年時，鄭裕彤已經與廣東省政府
商談興建深圳惠州高速公路等基建工程。35 1989 年之後，中國旅遊
業頓告萎縮，西方國家對中國實行一定程度的經濟制裁，部分西方
國家的外資撤離中國；36 而且，當時中國經濟亦正面對高通脹、價
格失衡的問題，開放改革十年，國策正徘徊於市場經濟抑或計劃經
濟之間，加上世界銀行和亞洲發展銀行考慮停止向中國提供新貸款，
有些外國投資者表現躊躇不前的態度。37

撤離還是不撤離？相信鄭裕彤也曾思考這個問題。翻看新世界 1990 年
年報，可以見到鄭裕彤並沒有從中國撤出，反而落實了本來在洽談
中的基建投資。6 月 29 日，新世界與廣州市政府簽約，初步同意合
作興建廣州北環高速公路及珠江電廠。廣州北環高速公路全長 26.5
公里，總投資約為人民幣 10 億元，預期 1994 年全面通車；珠江電
廠的總投資額估計達人民幣 18 億元，預計可於 1993 年中開始投

產。38 以投資額來看，這兩項工程不算是小兒科，同年，新世界屬下的協興建築有限公司全年的建築合約總值68億港元，39 相比之下，這兩項基建工程，已相等於協興建築全年合約總值的41%。

1989 年後不撤資，關於鄭裕彤的想法，1990 年新世界年報有這個說法：

> 「集團對此兩項工程的承擔，屬長期性的投資，而展望有可觀的利潤回報。……香港的經濟前景與中國，尤其是廣東省的發展有非常密切的關係。集團參與此類基建工程的發展，除有利於中國的現代化及經濟發展外，亦顯示出集團對香港的前途充滿信心。」40

既然這不是短線投資，投資者必須對當地經濟前景和政府有信心，所以鄭裕彤透過年報向公司股東表達這一點，他的視野在於香港與廣東省之間的密切聯繫，更大的視野在於廣東的進步對中國現代化和經濟發展的貢獻，這一切都與香港的前景相關。鄭裕彤的中國視野從中已見一斑。

1990 年代初，新世界與廣州市政府共簽訂了五個發展項目協議，三個是基建工程：深圳惠州高速公路、北環高速公路和珠江電廠；兩個是房地產項目：接手法國資金撤離後遺下的廣州二沙島低密度屋苑工程及位於水蔭路的福萊花園。41

北京故事

1992 年鄧小平南巡，標記著鄭裕彤在中國投資的另一個階段。1992 年 6 月，新世界發展（中國）有限公司（簡稱新世界中國）成立，便於集中資源、更有系統地開發中國的房地產市場。新世界中國在 1993 年一年內共簽訂了 15 個合約，分佈於廣東、北京、上海、天津；1992 至 1995 年短短三年間，新世界在中國的投資項目擴展至 32 個，項目類別包括中大型基建及安居工程、物業投資及發展、舊城改造、旅遊及百貨，分佈在廣東、北京、上海、天津、大連、南京、武漢等主要城市。42

鄧小平南巡在中國開放改革的路程上是一個重要標記。1992 年初鄧小平到武昌、深圳、珠海、上海等地視察時，向當地幹部發表講話，令中國的經濟開放改革進一步擴大和深化，43 對外開放的範圍和領域進一步擴大，由經濟特區、沿海港口城市及沿海經濟開放區，擴展至沿長江經濟區、內地中心城市、鐵路公路沿線和沿邊地帶等不同區域的發展。44 在這背景下，我們集中講鄭裕彤在北京和武漢參與投資城市建設和房地產的故事。

1949 年中國共產黨取得政權後，全國實行社會主義制度，住房變成公有財產，出租和出售都是禁止的。1978 年實施開放政策後，房地產市場慢慢重新萌芽；1992 年鄧小平南巡講話後，刺激了房地產投資，1992 至 1993 年間，房地產投資每年急增 1.17 至 1.65 倍，投資

過熱，完全脫離當地消費者的購房能力。1994 年國務院發出《關於
深化城鎮住房制度改革的決定》，實施各種促進住房市場化的制度性
改革，中國房地產市場才穩步發展下來。45

1992 年鄭裕彤初到北京投資房地產業，並非著眼於短期利潤，而是
回應市政府招募外資協助推行城市基礎建設及危舊房屋改造的計劃。
北京是中國首都，一直吸引鄭裕彤的注意，1992 年北上投資，第一
個地點便是北京。原來早於鄧小平南巡講話尚未公開時，鄭裕彤已
派員到北京進行社會和市場調查，了解到北京舊城的居住環境特別
惡劣，亦明白市政府計劃透過舊城改造工程改善「困難戶」的居住
環境，於是，當市政府向外資招商時，他主動請纓重建崇文區，包
括清拆危舊房舍、興建現代化樓房及擴闊交通要道。

崇文區是什麼地方？崇文區位處北京市東南部，內地報章將崇文區
的居住環境比喻為電影《城南舊事》裡位於北京城南的四合院，以
「髒、亂、差」來形容，區內街道狹窄、陳舊的四合院交織、居民
密集、經濟滯後。46 負責實地調查的新世界員工蘇鍔向鄭裕彤報告
他在北京市的發現，鄭裕彤聽罷立即計劃親自視察這個老城區。蘇
鍔這樣形容當時的情況：

> 「這班住在破爛房屋的首都市民，連小便的地方都沒有，是一
> 個非常貧窮的社區。我們抵達居委主任家裡，老總（鄭裕彤）想
> 小解，詢問洗手間的方向，居委主任反問老總在說什麼，老總

普通話不靈光，我代答：『請問洗手間在哪裡？』主任再問：『什麼是洗手間？』我答：『廁所在哪裡？』主任指著地上兩個陶罐，說：『這就是我們的廁所。』鄭裕彤再看不下去，轉身走出門外，一巴掌拍在我的肩膊上，說：『阿蘇，不用再囉唆，我們看著怎樣幫幫這班老百姓。』」47（蘇鍔，2018 年 8 月 14 日）

所謂「幫幫老百姓」，原來是自此以後的 14 年裡投入人民幣 105 億元，重建了除去天壇和龍潭湖以外整個崇文區，改善了大約 1 萬 7 千戶居民的居住環境。重建工程的初期，由於市政配套不足，新世界首先投資水、電、路等基礎設施，例如為了擴建崇文門外大街投入人民幣 12.9 億元，當時鄭裕彤堅持必須拓展至 70 米寬，既可疏導交通，亦可有足夠地底空間鋪設各種喉管，使日後重建的新社區有足夠設備。48 除了這條 70 米寬的主幹道外，舊城改造還要開拓 30 至 40 米寬的次幹道。49

難度最高的是安置受拆遷影響的居民，一方面需要大量資金作賠償之用，另方面北京市的舊城改造政策限制了樓宇高度，以防破壞古蹟建築周邊環境的視野和城市景觀。面對歷史文化保護和成本效益的矛盾，新世界採用「邊拆、邊建、邊回遷」的策略，以及提供房屋安置、金錢補償、原地回遷等不同選擇，使崇文區的居住問題得以解決和改善，人均居住面積由 6.9 平方米提升至 25 平方米。50

北京崇文區舊城改造的經驗，成為新世界參與中國舊城改造的藍本，及後於天津、瀋陽、濟南、廣州等城市，新世界繼續參與舊城改造

鄭裕彤洽談北京崇文區舊城改造計劃

1993 年 11 月，鄭裕彤（右四）在北京崇文區龍潭湖公園內的貴賓接待室，與崇
文區區長（右三）會面，洽談崇文門大街危改規劃區內，危陋平房拆遷事宜。
武漢市建委主任（右五）應鄭裕彤之邀，從武漢到北京參與會議，就拆遷安排
提供意見。

計劃。鄭裕彤的孫兒鄭志剛是新一代接棒人,他以「城市建設者」
來形容新世界在內地的角色,整個理念和實踐由 1993 年北京崇文區
舊城改造開始。51

武漢故事

武漢座落長江沿岸,比沿海港口城市稍晚推行開放改革。1992 年 6 月,
中央政府決定進一步開放長江沿岸的城市,繼上海、南京之後,再開
放蕪湖、九江、岳陽、武漢、重慶五個內陸城市。同時,國務院亦決
定開放內陸 18 個省會城市,當中包括鄭州和長沙。鄧小平南巡講話後
不久,中部三個省份(湖北、河南和湖南)都主動邀請外商投資,鄭
裕彤接到中央領導人的邀請,52 希望新世界再次擔當領頭羊的角色,
推動三個省會──湖北武漢、河南鄭州和湖南長沙──的基建發展。

這時的鄭裕彤已經被中央政府視為可靠的夥伴。時任中央政治局常
委、中央書記處書記的李瑞環,通過聯絡代表向鄭裕彤轉達,希望
新世界可以參與中部的城市建設工程。這位聯絡人是胡耀邦的兒子
胡德平,胡德平時任中央統戰部秘書長,後兼經濟局局長,除了官
方身份,胡德平和鄭裕彤之間也是朋友,他以多重身份邀請這位香
港商人參與中部城市的建設。

1992 年 9 月,新世界中國成立後三個月,鄭裕彤又再派員到這三個
城市視察,了解當地的發展需要和政府狀況。結果鄭裕彤決定在武

漢投資，他是看中武漢被形容為「九省通衢」[53] 這個地理優勢。鄭
裕彤很快便承諾了多個項目，不久新世界在武漢開展第一期投資，
基建方面有武漢天河機場、武漢機場公路、長江二橋的興建工程，
後來有房屋、百貨、工廠、酒店等投資項目。[54]

「1992 年下旬，我們抵達武漢南湖機場，沿路塞車嚴重，在
車上悶了三小時才抵達與市政府見面的地方。聽罷匯報，老總
說：『阿蘇，我想去 toilet（廁所）。』我明白他已經有想法了。
他說，『武漢是九省通衢的要塞，居然連個像樣的機場都沒
有。』因為南湖機場是舊機場，空間狹小，即使市政府派警車
去迎接老總，連警車都擠不入去。

「在我們返回會議廳後，老總說：『書記，你們好，我幫你搞
供電塔，但我有一個條件，我要改圖紙。』嘩，飛機場的圖紙，
老總都夠膽動它？原來他已經心中有數，他續說：『現在圖紙
上的跑道長 2,800 米，可以讓七四七客機升降，可是，如果要
做到軍用，跑道便要增長至 3,400 至 3,800 米，若邀請我們來
投資修建機場、跑道，我不能馬虎，必須配合國家的國防需
要。』[55]（蘇鍔，2018 年 11 月 7 日）

鄭裕彤又再在國家的「大項目」下，提出他的「小見解」，上次是擴闊崇
文門大街，今回是增長武漢機場跑道，表現了他對參與城市建設的興
趣。其實武漢市政府並非沒有這種知識，但機場跑道建築所費不菲，[56]

縮短跑道只為節省資金，當時市政府對待外資只為吸引投資，對鄭裕彤發表這樣的意見感到訝異，驚訝這位投資者竟是一位有心人。

鄭裕彤真正引入外來知識和技術的是參與「安居工程」項目，他借用香港「居者有其屋」的概念，向武漢市政府提議，由政府以廉價批地和補貼，供地產商以較低成本興建廉價房屋，讓低收入階層有能力自置居所，政府將這種資助房屋概念命名為「安居工程」。[57] 新世界第一個安居工程是武漢的常青花園，及後成為全國的示範模型。常青花園的選址是武漢機場高速公路附近的一大片湖區魚塘，即東湖和西湖，鄭裕彤與市政府簽訂合同，開發東西湖成為房地產土地，在上面興建廉價房屋。2000 年，常青花園完成一個試點小區，被國家建設部高度評價，獲「全國城市物業管理優秀住宅小區」的稱號，達到示範水平。[58]

1992 年鄭裕彤到達武漢時，中國政府尚未有「安居工程」的政策，故此，初時新世界以「居者有其屋」命名武漢常青花園的工程，[59] 1994 年國務院發出的《關於深化城鎮住房制度改革的決定》中，把加快解決中低收入家庭的住房問題定為其中一個目標，以北京為例，目標是把人均居住空間由 4 平方米提升到 14 平方米。[60] 政府綜合各地的經驗，1995 年國務院發出《轉發國務院住房制度改革領導小組國家安居工程實施方案的通知》，安居工程政策獲正式落實。這時，武漢常青花園安居工程已在興建中，及後，新世界將武漢安居工程的模式，推廣至天津、瀋陽、惠州等不同地區。[61]

鄭裕彤與武漢市政府官員研究投資項目

1993 年 5 月，鄭裕彤與武漢市委書記、市長及負責城市規劃和建設的幹部召開
聯席會議，眾人正在聆聽香港建築師明嘉福（坐排右一藍衣者）及蘇鍔（坐排
右二）的解說，研究中的項目是武漢安居工程，即日後的常青花園。

老員工眼中
鄭裕彤的中國情懷

蘇鍔

蘇鍔,生於廣東。蘇鍔於 1986 年認識鄭裕彤,一直協
助他在中國的投資活動,主要在新世界發展投資部任
職,新世界中國地產有限公司上市時出任執行董事,至
2003 年退任。蘇鍔與鄭裕彤有緊密接觸,他生動的憶述
描繪了鄭裕彤的多個面相——支持國家,盡力造福人民,
既保護新世界的企業利益,又重視民族大義。

1989 年 6 月 4 日早上 8 時，我枱頭的電話聲響起，我當時在廣州中國大酒店辦公室。電話那邊傳來老總（鄭裕彤）焦急的聲音：「阿蘇，今日解放軍是否又再開入廣州城？」我一頭霧水，答他：「老總，你為何有這個問題？1949 年 10 月 19 日，解放軍和平進入廣州，至今從未撤走，何來有今日又再入城之說呢？」老總說：「啊，我明白喇，你今天下午回來香港一趟。」就這樣，我帶著新世界的文件夾上路，裡面有三個項目在洽談中：深圳自來水廠、二沙島、深圳惠州高速公路，正準備簽合約。

返抵新世界總部，我向老總匯報情況：「中國大酒店 1,000 多個房間只剩下 27 個客人，外資辦事處全部關門撤走了。這是新世界國內投資的文件夾，如果你要撤走，我放低文件夾，自己返廣州的錦鯉魚場。」因為養魚是我的嗜好。

老總沒有回應，著秘書小姐把兩個兒子叫來。兒子坐低後，老總把文件夾推回來，說：「是誰說我會撤退，你管好這個文件夾。」我心裡稍定。老總續說：「你明天替我轉達葉選平省長三點意見，第一，廣東省是內地改革開放的排頭兵，現在北京發生變故，它一定比其他地方遇到更大難題，只要領導堅持開放的政策不變，我作為一個有能力的中國人，我不會制裁自己的國家和民族；第二，我原來承諾省長的三個工程，一切不變；第三，酒店服務是我們的強項，將來我的投資要擴大到其他領域上。」我說：「老總，我如何可以轉達這些重要訊息？人家問我有何憑證，我該怎麼說呢？」於是我致電廣東省副省長于飛，請老總直接向副省長表達。

後來我問老總，你不是共產黨員，為何會信任共產黨？他說：「任何一個國家，任何一個政府，只要它真心為平民百姓著想，我不介意它是什麼黨。」這是他再三跟我講過的說話。

1992 年在崇文區簽約儀式上，老總在台

上演說：「北京是我們的母親，是我國首都，可惜市內有很多危樓平房，為了老百姓，我作為一個有能力的香港人，我會盡我能力來幫助政府，使老百姓居者有其屋。」講到這裡，北京市長陳希同立即叫停，請各級領導注意：「你們聽聽，這位不是老共產黨員，居然講共產黨的說話，為老百姓、為人民。」老總聽不懂普通話，嚇了一跳：「喂喂，阿蘇，他在說什麼呀？聲音這麼嚴厲，我是否講錯了什麼？」我說：「放心，人家在表揚你呀。」

老總不是講空話。那年他到北京研究崇文區的重建，當時北京市政府出示規劃圖，說明把崇文門大街由原來 30 米擴闊到 50 米，老總手執紅色鉛筆，毫不客氣地在規劃圖上拉兩條直線，大街每邊各加闊十米，由今日崇文門飯店前那十字路口起，一直擴闊到玉蜓橋；第二期再擴至廣渠門，即今日夕照寺到珠市口，以十字路口為中心點，覆蓋面積 2.5 平方公里。我問老總：「你只顧修路，

撥地起樓的問題還未談妥，到時建成的樓房是否賣得好，還是未知之數啊！」老總回答：「這些你先不要管，若果不去拉直崇文門大街，你無辦法做到大城配套，你怎樣幫到住在危房的市民呢！」

我們去到天津也一樣，市政府開放舊城改造工程，即和平、紅橋、南開三個最古老的城區，老總看過規劃圖後，一樣要求先修建五條路，搞好三個區的交通和大城配套。香港有人形容老總是「沙膽彤」，他不同意：「我不是憑膽識來撿便宜的，我是為市民老百姓做一些事的。」

對於為低下層市民興建可負擔的房屋，老總一直慷慨支持。新世界第一個項目就是武漢的常青花園。那裡本來是雜草叢生的魚場，我效法新世界在香港儲蓄農地的方法，向市政府要這片魚塘，佔地 4,500 畝，給拆遷漁民戶的賠償，市政府計價每畝 1 萬 2 千元，我向老總匯

報，豈料惹來一番責備：「你怎麼搞的呀？市政府已經幫大忙（意思是低價撥地），人家又那麼窮，你還要壓價！」我心裡喊冤，這數字是跟市長和主任一起議定的。老總繼續：「你答覆人家，每畝加至 1 萬 5 千元。」4,500 畝地共支付拆遷賠償金 6,750 萬元。其實市長擔心自己叫價太高，已經與我協議，萬一老總不接納這價錢，願意減價至每畝 9,600 元。我回到武漢向市長轉達老總的回覆，他聽罷立即向南方大拜：「我代表武漢人民和東西湖的養魚工，謝謝你呀。」

老總認為對待老弱病殘、孤兒寡婦，應該用慈善，對待貧者要扶貧，但公司的利益也要照顧到，因此以長線投資的項目去支援落後的地方。一個例子是青四路工程，投資額不大，以新世界的實力是綽綽有餘，但公司內部評估過，當地車流太低，不值得投資。廣東省政府打電話過來，這是省政府的扶貧項目，希望新世界可以幫一把。既然新世界內部已否決，要有新決定便要找老總了。老總聽罷匯報，說：「人家窮當然無車流，若要求對方十年還清本息，做得到嗎？」說罷便走出辦公室，我急起來，問：「那麼我們是幫還是不幫？」他敲了我的鼻樑一下，說：「我是上市公司主席，明知投資無保證，你還叫我去簽約？」我明白老總意思，起碼要保障本金和利息。我仿效老總一件換一件的方法，與廣東省政府談妥提高珠江電廠的回報來交換這條虧本的公路，拉上補下，既保障公司利益，又可參與扶貧。

「與祖國同行」

鄭裕彤的中國故事由酒店業開始，既為新世界發展發掘投資機會，亦為中國引入現代技術和管理知識；在廣州投資公路和電廠，藉此參與中國經濟發展所需的基礎建設；1989年後不撤資，展示他對中國前景的信心；在北京、南京、武漢、天津、廣州、瀋陽等大城市的老城區，參與舊城改造和安居工程，為城市建設和改善民生出一分力。

然而，這番良好願望是需要很大承擔的。以北京崇文區重建項目為例，1993年，新世界與北京市政府簽訂崇文區舊城改造的合作協議，1995年開始施工，政府劃出崇文區內第二、三、四、五、六區給新世界進行大片改造，至2008年，第六區仍然未完成，鄭裕彤不諱言，當年投入的人民幣100多億元，只能保住利息，但資金仍未有回報。62

崇文區這個項目一做便十多年，期間經歷過1998年亞洲金融風暴，新世界亦在2001年遇上財困，但對崇文區的投資一直沒有減少，至2005年時已經投資了超過135億港元，當時新世界從香港的市場供股融資63億元，計劃全部用於內地房地產業務，其中特別撥出32億元用於崇文區的拆遷補償方面。有本港報章把新世界這番行動稱為「南水北調」，從過去十年來新世界在內地投資的回報看來，認為這不是明智之舉。63

面對投資者的質疑、同業的批評，鄭裕彤的堅持是為了什麼？2006 年，
鄭裕彤被記者這麼一問，有這一番解說：

> 「這些不是商業性的，為什麼呢？我認為一方面，我要幫助北京
> 市政府把道路改好些，將一些破舊的房子拆掉了建新的。北京
> 作為重要的精神形象，如果不把它建漂亮點，外國人來了，看
> 起來就不那麼像樣，所以我有這個心。另一方面，我本身是香
> 港人，是中國人，幫助我們國家，這件事我認為做得很對。」64

1989 年鄭裕彤退任董事總經理之職，由長子鄭家純繼任。2005 年，
鄭家純亦曾講過與乃父鄭裕彤一樣的說話：「新世界進入祖國內地
20 餘年來，黨和政府給予了很多幫助與支持，新世界將一如既往地
與祖國同行。」65

1999 年，新世界中國改組上市，定名為新世界中國地產有限公司（續
簡稱新世界中國），作為新世界發展在中國房地產業務的旗艦，以新
的口號「創建中華」定位，鄭家純在新世界中國上市後第一份年報，
以主席兼董事總經理的身份就這個定位作出詮釋。

> 「……我國領導人明白到提高人民生活水平乃國家經濟及社會
> 成就的基石，而新世界集團正是抱著為改善人民生活水平之遠
> 見創立了新世界中國地產有限公司，發展中國房地產業務。創
> 建中華的構想源自中央政府為改善中國人民生活水平提出各項

住房改革計劃。……」66

這番說話是否同時表達鄭裕彤的心聲？回顧鄭裕彤由 1980 年開始參與中國經濟開放改革的投資，亦可謂與中國政府同步，尤其當政府需要外資支援城市基礎建設、舊城改造、為中下層市民開展安居工程時，無論政治、經濟環境的順逆，鄭裕彤都保持不離不棄的態度。究竟這是為了個人榮辱、公司利益、支持政府，抑或幫助有需要的中國人民？從上述幾個故事看來，我們相信每個因素都有一些。

有關個人榮辱方面，蘇鍔談了一個頗堪玩味的小故事。

> 「1994 年，中央準備安排老總出任政協常委，以便將來升任政協副主席，但是他一直推搪，私下他跟我開玩笑講過：『我普通話不靈光，若果到投票時：『反對的舉手』，我不知就裡舉了手，豈非成為反革命？唔好搞我。』因此，中央安排他出任全國工商聯副主委，相當於副部級，享受國家二級保安待遇。」

中華全國工商業聯合會（簡稱全國工商聯）是商會組織，協助政府與私營企業之間的溝通，鄭裕彤只出任了兩屆常務委員，除此之外，他在中國從來沒有擔任過任何官方職位。

**鄭裕彤的
足跡**

鄭裕彤生於廣東順德，在倫教鎮讀書、長大，13歲到澳門學做生意，20歲到香港發展，他的中國視野必然含有「省港澳」的觀念，明白香港與廣東、澳門這些鄰近地區有文化、人情、經濟和政治的連繫，因此，當機會到來的時候，他充滿信心重返中國大地。然而，他的中國視野並不囿於家鄉、南中國的界線，投資遠達廣州、北京、武漢、天津、瀋陽等多個主要城市；他在中國的投資策略是長線的，樂於將香港的經驗和模式引入，以發揮最好的效果。在中國的鄭裕彤，他的視野是與中國國情同步，願意以一個香港商人的身份為國為民效力。

註釋

1　何賢是澳門著名商人，曾任澳門中華總商會理事長，兄長何添是香港的恒生銀行創辦人，兒子何厚鏵是澳門第一任行政長官。何賢與中國政府關係密切，1956 年獲增補為第二屆政協全國委員會特邀委員，曾獲毛澤東接見；1978 年出任第五屆政協全國常委；1983 年被選為人大常委會委員。

2　廣東的土地改革運動於 1950 年 10 月至 1953 年 4 月間在農村地區進行，以群眾運動的方式，沒收富有階級的土地，分配予無地少地的貧農，經濟目的是提升農民的生產積極性和發展農業經濟的條件，政治上目的是改變農村的權力組織和完成人民民主專政的任務。參考黃勛拔：〈廣東的土地改革〉（1995 年）。

3　參考李順威：〈怡和大撤退的今昔比較〉（1984 年）。

4　參考順德檔案館館藏，檔案編號 38-A12.2-114-031，頁 38。

5　參考王惠玲、莫健偉：〈孫杏維口述歷史訪談〉（2017 年 4 月 20 日）。

6　毛澤東在中共七屆二中全會的講話：「為了使落後的經濟地位提高一步，中國必須利用一切於國計民生有利而不是有害的城鄉資本主義因素，團結民族資產階級，共同奮鬥。」與外國資本及與國民黨政府牽連的資本家及企業則被視為有害的因素。參考《毛澤東選集》第四卷，頁 1431。節錄自陳文鴻：〈從上海的解放經驗看香港回歸中國的問題〉（1983 年）。

7　鄭敬詒被指於 1946 至 1949 年曾任倫教鎮曬莨業工業同業公會監事長；1948 年當選倫教鎮商會理事；1952 年被鬥爭過。另一鄭氏族人鄭覺生於 1952 年土改運動中被槍決，罪名包括是國民黨黨員，並擔任黨部工作，1948 至 1949 年曾任倫教鎮長和倫教鎮商會會長。參考順德檔案館館藏，〈敵偽人員清查登記表〉。

8　參考王惠玲：〈林淑芳口述歷史訪談（2018 年 3 月 27 日）。

9　參考順德檔案館館藏，〈敵偽人員清查登記表〉。受到中央政府批評廣東土改進展太慢，廣東的土改隊迅速發動政治鬥爭，集中打擊大地主、惡霸和反革命分子，可能在這情況下鄭敬詒曾遭到更多肉體傷害。參考黃勛拔：〈廣東的土地改革〉（1995 年）。

10　參考順德檔案館館藏，檔案編號 82-A12.5-009-008，頁 48。由順德縣革命委員會落實僑改政策辦公室發出通知書，通知書顯示：「鄭敬詒於土改時劃為公堂地主成份，經審查證實於 1955 年提前變為工商業成份。」

11   參考順德檔案館館藏檔案，檔案編號 100-G1-2-1-108。文件顯示：「該房屋屬『文化大革命』中，因租給群眾居住，每月收回租金叁元，因此，公社 (70) 第 24 號文件通知接管。為了做好華僑港澳同胞私房清退工作，現根據縣委順字 (84)27 號文件的通知第一條第一點的規定，應全部退還給業主。」文件發出日期為 1990 年 6 月 21 日。

12   參考鄭裕培編纂：《鄭裕安堂：締造與繁衍》（2005 年）；順德檔案館館藏，檔案編號 18-A12.4-069-001，頁 83。鄭裕培登記個人簡歷，1946 年在廣州市光復路 18 號三泰紗綢莊當備工，至 1951 年在倫教鎮經營紗綢布疋生意，1954 年 12 月到香港受僱於周大福珠寶金行至今；參考王惠玲：〈林淑芳口述歷史訪談（2018 年 3 月 27 日）。鄭裕培太太林淑芳憶述 1946 年認識鄭裕培時，知道他為父親鄭敬詒在廣州打理紗綢莊的生意。《鄭裕安堂》一書記載，三泰紗綢莊是鄭敬詒與朋友合資的店舖。

13   參考順德檔案館館藏檔案，檔號 3-A3.12-029-002，頁 13。

14   這 30 年間有記錄的捐助項目共 178 項，每筆捐款由人民幣幾千至一百萬元不等，關顧老弱孤寡，細微如為老人院加菜，向貧困戶派米和棉被，資助貧困學生的學習費等，大則用於興建幼兒園、小學及中學校舍。參考周大福慈善基金提供資料。

15   參考王惠玲、莫健偉：〈鄭錦超口述歷史訪談〉（2016 年 5 月 4 日）。

16   參考王惠玲：〈羅國興口述歷史訪談〉（2019 年 1 月 18 日）。

17   參考王惠玲、莫健偉：〈黎子流口述歷史訪談〉（2018 年 8 月 16 日）。

18   參考黎子流：〈深化改革擴大開放千方百計把經濟工作搞上去〉（1990 年）。

19   四個現代化是指工業現代化、農業現代化、國防現代化、科學技術現代化。在香港的招商活動主要針對工業現代化這方面，故投資方向集中在工業項目。參考〈香港工商界的回歸熱潮〉，《信報財經月刊》，1979 年 2 月，頁 59-60。

20   參考同上。

21   參考廖美香：〈鄭裕彤「愛國投資」的矛盾情懷〉（2008 年）。

22   參考《新世界發展有限公司一九八七年年報》，頁 11。

23   當時霍英東是香港地產建設商會主席，馮景禧是新鴻基證券有限公司董事長，兩人都與中國內地官方有聯繫。參考王惠玲、莫健偉：〈冼為堅口述歷史訪談〉（2019 年 5 月 10 日）。

24   參考趙國安、梁潤堅：〈鄭裕彤先生縱談地產旅遊股票投資〉（1978 年）。

25   參考同上。

26　　參考《新世界發展有限公司一九八零年年報》，頁 16。

27　　參考同上。

28　　參考廖美香：〈鄭裕彤「愛國投資」的矛盾情懷〉（2008 年）。

29　　參考孔銘：〈中國大酒店怎樣戰勝東方賓館〉（1985 年）。

30　　參考《新世界發展有限公司一九八三年年報》，頁 15。

31　　參考《新世界發展有限公司一九九二年年報》，頁 82。七間由新世界管理的酒店包括：廣州中國大酒店、杭州黃龍飯店、桂林桂山酒店、西安古都新世界大酒店、上海揚子江大酒店、北京京廣中心飯店、蘇州雅都大酒店。

32　　14 個沿海城市包括大連、秦皇島、天津、煙台、青島、連雲港、南通、寧波、福州、湛江、上海、溫州、北海、廣州。參考唐任伍、馬驥著：《中國經濟改革 30 年》（2008 年），頁 56-59。

33　　三個三角洲包括長江三角洲、珠江三角洲和閩南廈漳泉三角地區，加上沿海多個市、縣，使中國東部沿海地區形成了一條長 1.8 萬千米的沿海對外開放前沿地帶。參考唐任伍、馬驥：《中國經濟改革 30 年》（2008 年），頁 59-63。

34　　參考《新世界中國地產有限公司一九九九年年報》，頁 44。

35　　參考王惠玲、莫健偉：〈蘇鄂口述歷史訪談〉（2018 年 8 月 14 日）。

36　　例如，1989 年底，獲批的外資金額是 340 億，而實際流入金額為 150 億 4 千萬。參考鄭至莊：〈中國經濟——九十年代持續增長〉（1991 年）。

37　　參考沈鑒治：〈從國際經濟大氣候評估六四前後的中國經濟〉（1990 年）。

38　　參考《新世界發展有限公司一九九零年年報》，頁 59。

39　　有關協興建築有限公司，詳見第五章。

40　　參考《新世界發展有限公司一九九零年年報》，頁 59。

41　　據前新世界中國執行董事蘇鄂的憶述，鄭裕彤最早參與的發展項目中，還包括在深圳設自來水廠，作為廣東省供水工程的一部份，希望可惠及香港居民。可惜無法找到相關檔案資料予以闡述。

42　　參考《新世界發展有限公司一九九五年年報》有關中國部分。

43　鄧小平南巡講話中常被引述的內容：「改革開放的膽子要大一些，敢於試驗，看準了的，就大膽地試，大膽地闖。改革開放邁不開步子，不敢闖，說到底就是怕資本主義的東西多了，走了資本主義道路。要害是姓『資』還是姓『社』的問題。判斷的標準，應該主要看是否有利於發展社會主義社會的生產力，是否有利於增強社會主義國家的綜合國力，是否有利於提高人民的生活水平。」參考〈鄧小平南巡講話〉，《中國共產黨新聞》，http://cpc.people.com.cn/BIG5/33837/2535034.html。

44　參考唐任伍、馬驥：《中國經濟改革 30 年》（2008 年），頁 63-70。

45　措施包括推行住房公積金、租金改革、出售公有住房、放寬市場交易、低息貸款、抵押貸款、停止實物分房等。參考楊繼瑞編：《中國經濟改革 30 年：房地產卷》（2008 年），頁 102-106；317-322。

46　參考同上。

47　參考王惠玲、莫健偉：〈蘇鍔口述歷史訪談〉（2018 年 8 月 14 日）。

48　參考〈新世界中國地產：一顆中國心兩條經營道〉，《第一財經日報》，2007 年 9 月 28 日。

49　例如，前後多年投入 18.7 億元於崇文門至玉蜓橋 3 公里道路、廣安大街磁器口至幸福大街北口 800 米道路改建擴建及拆遷工程。參考〈北京 10 年一商圈，新世界 32 億元投入北京舊城改造〉，《21 世紀經濟報道》，2005 年 4 月 8 日。

50　參考同上。

51　參考〈新世界中國地產：不做單純地產商，要做城市建設者〉，《羊城晚報》，2007 年 11 月 23 日。

52　參考王惠玲、莫健偉：〈蘇鍔口述歷史訪談〉（2018 年 11 月 7 日）。

53　「古代，從武漢循長江水道行進，可西上巴蜀，東下吳越，向北溯漢水而至豫陝，經洞庭湖南達湘桂，故有『九省通衢』之稱。有人說是泛指武漢向外界的交通非常便利，並非實指九個省；也有人說是實通過水陸交通，武漢可與四川、陝西、河南、湖南、貴州、江西、安徽、江蘇以及湖北九省相通。不論是泛指抑或實指，九省通衢之說是形容武漢處於中國腹地的交通樞紐位置。」引自〈中國號稱四省通衢，五省通衢，九省通衢，十省通衢的都是哪座城市〉，http://k.sina.com.cn/article_5872927184_15e0dc1d0020001lxn.html。

54　至 1994 年，新世界在武漢的早期項目包括天河機場、機場公路、長江二橋、製冷廠、開關廠、華美達酒店、新世界百貨、東西湖土地開發、國際貿易中心大廈附樓、「居者有其屋」計劃。參考《新世界發展有限公司一九九三年年報》，頁 19。

55　參考同上。

56　　據蘇鍔的記憶，每平方米需要 150 萬元興建。

57　　參考《新世界發展有限公司一九九五年年報》，頁 95。

58　　2005 年，佔地 4,000 畝的常青花園已建成綜合性的住宅區，集居住、商務、金融、行政、文化、娛樂、教育、交通、衛生等功能，園內最大特色是有多個綠化帶，引入智能家居管理。參考〈輝煌新世界──武漢常青花園　武漢新世界康居發展有限公司〉，《市場報》，2001 年 3 月 6 日。

59　　參考《新世界發展有限公司一九九三年年報》，頁 80。

60　　參考房樂章：〈貫徹落實決定加快深化房改〉（1994 年）。

61　　參考《新世界發展有限公司一九九五年年報》，頁 109。

62　　參考廖美香：〈鄭裕彤「愛國投資」的矛盾情懷〉（2008 年）。

63　　參考〈北京 10 年一商圈，新世界 32 億元投入北京舊城改造〉，《21 世紀經濟報道》，2005 年 4 月 8 日。

64　　參考〈鄭裕彤不喜歡立刻就賺錢〉，《市場報》，2006 年 8 月 16 日。

65　　參考〈「新世界」的北京財富故事〉，《北京日報》，2005 年 6 月 6 日。

66　　參考《新世界中國地產有限公司一九九九年年報》，頁 6。

第七章

公益與教育

1977 年，香港中文大學校長李卓敏為中大主持一個酒會，

與會者有中大商學院的教職員，

酒會中李校長向與會者介紹兩位嘉賓 —— 鄭裕彤和馮景禧，

感謝兩位商界名人，

慷慨捐助中大商學院主辦的三年制 MBA 課程。

1977 年是特別的一年，鄭裕彤一口氣進行了三件與教育相關的行動。除了捐助中大商學院，這年，他還決定接辦地利亞修女紀念學校旗下五間中學；同年，他和恒基地產創辦人李兆基決定聯合捐助擴建順德華僑中學。1977 年以後，鄭裕彤設立個人慈善基金繼續捐助社會公益，地域由香港擴展至澳門、加拿大、美國等，亦由家鄉順德擴展至全國各地。

以地域而言，鄭裕彤的捐助行動較集中在香港和內地，他在廣東出生、成長，對家鄉和國家有鄉情和愛國之情；他發跡在香港，有「取諸社會、用諸社會」的商人道德。

商人與社會公益的連繫，自明清時代已有記錄，例如，居住在揚州的徽州商人捐資救濟孤貧、買米賑糧、修理河道、重修書院、支持詩社文會，甚至支持搜集圖書、編輯出版等。[2] 然而，社會上對商人的慈善行為，正反意見參差。有人認為是炫耀財富、沽名釣譽；有人說是「發財立品」，實情是先發財，後立品；也有人相信富人做善事是「取諸社會、用諸社會」的義舉。無論背後動機如何，所謂「積善餘慶」[3]，行善積德、福有攸歸，這是中國民間流傳的道德信念。

至於學術界，學者多從政治角度分析，例如徽商學者認為明清時代的商人階層呼應地方政府的號召，以討好政權來維護自身利益；[4] 清末的實業家興辦實用學校訓練從業者，是為了促進工農業和經濟發展，為強國興學，也有功利和實用的目的；[5] 在香港，對於 19 世紀

至戰前的香港慈善活動，有學者認為華人商家代替殖民地政府照顧
孤寡老弱，透過慈善鞏固華商在社會上的影響力。6

至於鄭裕彤，他將個人財富用於教育、醫療、扶貧、賑災、文化藝
術科技等範疇上，要發掘他是出於何種心態，我們已無法證明他是
為了沽名釣譽、討好政權，抑或鞏固個人影響力。反之，我們透過
他捐助的對象、捐助的背景等，去理解這位商人透過捐助和投資，
解決了什麼社會問題，為社會帶來了什麼創新的變化；最後，我們
透過他的講話致詞，了解這位商人慈善家的倫理觀和社會觀。

接辦私立中學

我們發覺在尚未以慈善捐獻的形式參與公益之前，鄭裕彤已不忘初
衷，以商人的身份興學，回饋社會。由 1977 年接辦地利亞修女紀念
學校至今，鄭家一直是地利亞學校的辦學機構。鄭裕彤雖然以投資
辦學，但幾十年下來，鄭家在教育的角色和演變值得細讀。

1977 年，私立中學地利亞修女紀念學校易手，由鄭家純接任校監
之職。地利亞修女紀念學校於 1965 年由艾文士夫婦（Mr & Mrs
Edmonds）所創辦，1977 年，創辦人打算移居美國，故物色願意接
手學校轄下五間分校的繼任人。7

這時，新世界發展有限公司的梁志堅正與美孚新邨的發展商洽購美

孚新邨全部商用物業，地利亞有兩間分校設於美孚——吉利徑分校及百老匯分校，因而結識了艾文士夫婦。梁志堅記得老闆鄭裕彤曾憶述兒時的遭遇，因自小離家外出打工，失去就學機會，他的父親鄭敬詒曾叮囑他若將來事業有成，一定要興教辦學。因此梁志堅向鄭裕彤報告有關地利亞的消息。

> 「真可謂因緣際會，我知道校監兼創辦人想移民，他問我們有沒有興趣接辦，我心想新世界不是辦學團體啊！但回想起彤哥（鄭裕彤）曾經講過他父親的說話，加上我知道山林道分校是地利亞物業，這物業的土地原是屋地，可用來興建住宅。彤哥的生意頭腦很敏銳，詢問這是否蝕本生意；我請他放心，學校做得不錯，而學位需求很大，唯一問題是要找地方安置山林道分校。」8（梁志堅，2018 年 8 月 21 日）

鄭裕彤接納了梁志堅這個一舉兩得的構思，全資購入地利亞修女紀念學校，在觀塘協和街興建新校舍以安置山林道分校的學生，新校舍比其他分校更寬敞、更完備。

不單是地產，教育本身也是一盤生意。戰後香港人口持續增加，政府資助的學位卻嚴重不足，絕大部分中小學生是在私立學校就讀的；9 雖然自 1950 年代起政府資助的小學學額顯著增加，10 但中學的資助學位卻持續短缺，至 1978 年政府實施九年免費教育時，仍有七成中學生在私校就讀。11 從滿足需求而言，辦私立中學的確是一盤生意。

然而，當鄭裕彤於1977年接辦地利亞時，私校開始面臨困境。1974年
政府公佈將從1978年起推行九年免費教育，增加官津中學學位，[12] 這
意味私立中學將會被淘汰。不過政府建校的速度太慢，於是向私校
買位以填補學位不足之數，私立中學暫時得以維持。統一分配學位
制度下，學生有三種學位選擇——官立、津貼、買位私校，成績較好
的學生通常被派到官立或津貼學校，成績較差的學生被派到買位私
校，造成私校辦學愈加困難，社會形象愈來愈差。[13]

至於鄭裕彤，雖然他在接辦地利亞時從生意角度著眼，為求生意不
蝕本，他從行政和財務管理方面入手，交付長子鄭家純出任校監，
梁志堅和新世界財務總監周宇俊兩位專才擔任校董；但在教學方面，
鄭家父子給予校長和老師最大的信任和支持。[14] 此外，地利亞學生大
多來自中下階層家庭，家長的職業背景有65%是勞工階層，[15] 為此，
鄭家在學校設立以鄭裕彤父親命名的「鄭敬詒基金」，家境清貧的學
生可獲減免學費。[16]

1980年代中後期，私立中學的處境更差，政府於1986年宣佈終止
向條件和質素欠佳的學校買位，多間私立中學選擇停辦。[17] 反觀鄭家
辦學，卻是逆流而上；1985至1986年間，鄭家再接辦兩間私立中
學——太古城的聖約翰教育機構和觀塘利瑪竇書院。私立中學倒閉潮
中，有分析認為地產市道蓬勃是原因之一，有學校因業主大幅加租
而倒閉，有學校把自置的校舍轉售圖利。[18] 鄭裕彤是地產商人，不會
不懂計算經濟上的利弊，卻能在私校倒閉潮中接辦學校，足見鄭家

鄭敬詒紀念堂

1979 年 1 月 24 日，地利亞觀塘月華分校舉行「鄭敬詒堂」揭幕典禮。左起：
校監鄭家純、鄭裕彤母親、校長、司儀。（圖片由地利亞教育機構提供）

對辦學的熱忱，願意作出更大承擔。

1990 年起政府推行直接資助計劃，讓符合標準的私立中學轉為直資學校，打算在 2000 年完全取消向私校買位前，只向符合標準的私校買位。在新政策下，陸續有私校停辦，條件較佳的申請轉為直資學校。地利亞選擇了向直資轉型的方案，先於 1990 年起與政府簽訂全校買位合約，接受政府的監管和評核。1999 年四間分校獲批為直資學校，2000 年再多一間分校獲批，更於 2006 年新辦一間直資小學。

直資學校必須是非牟利學校，現任地利亞教育機構行政總監左筱霞認為鄭家是非常樂於行善的辦學者。

> 「地利亞有兩間小學，一間是直資，另一間是私立，鄭家純先生亦決定把私立小學轉為非牟利學校，現在辦理程序中。鄭家當年接辦地利亞是以真金白銀買入的，現在所有學校轉做非牟利，盈利投放於學校發展。鄭先生非但不介意，反而認為兩間學校的學生有不少是少數族裔，是弱勢社群，他們接受教育成才後可以回饋社會，對社會是一件好事。」19（左筱霞，2019 年 1 月 16 日）

地利亞是英語教學的學校，自創校以來一直接受非華語學生入讀。香港的南亞裔人口不斷增加，地利亞是少數願意接納南亞裔學生的學校，而且學費廉宜，以 2019 年為例，中一至中三免學費，中四至中六每年學費 3,000 元，這是中低層家庭可負擔的水平。20

直接資助計劃鼓勵學校發揮多元化的特色，地利亞為非華語學生提供的幼、小、中學教育，正是多元文化和多元社會中的最大特色，包括發展一套「中文作為第二語言課程」，設立獎助學金幫助畢業生升讀大專課程及參加海外交流活動等。[21]

在內地興學

投資辦學是鄭裕彤參與教育的最早一步，隨後他透過個人基金，以捐獻形式促進香港、澳門和內地的教育發展。「鄭裕彤慈善基金」（簡稱鄭裕彤基金）於 1980 年註冊為非牟利有限公司，鄭裕彤將個人財富透過這個慈善機構，主要捐助作教育及醫療用途；2012 年「周大福慈善基金」註冊為慈善機構，財政資源來自周大福的企業收益及鄭裕彤基金的撥款，由眾子女合力打理，可視為家族的慈善基金，傳承鄭裕彤的公益活動。

1977 至 2012 年，鄭裕彤基金捐款合共港幣約 11 億 8 千 5 百萬元，用於扶貧、賑災及支持教育、醫療、科技、文化藝術等方面的發展，當中約 80% 用於教育及人才培訓，尤其在興辦學校、支持高等教育、促進醫學教育等方面。我們曾經與相關項目的負責機構進行訪談，了解這些項目的成立背景、緣起、項目的內容，以探討鄭裕彤對社會公益的倫理觀念，他的捐助在相關領域中發揮了何種意義。

我們在第六章已討論過鄭家捐助家鄉的社會建設，如何反映了鄭家

的愛鄉之情。我們細看鄭家在順德家鄉的捐獻內容，發現以學校為主，令倫教和順德有完整的學校系統（詳見表 1）。

也是 1977 年，鄭裕彤與李兆基由何賢引領下，到順德大良會見時任縣委書記的黎子流。此行目的是讓鄭李二人了解家鄉的狀況，結果兩位應允每人捐款人民幣 150 萬元，指明用於擴建順德華僑中學；22 1995 年順德政府決定重建順德華僑中學，遷址大良新城區，1998 年鄭裕彤再捐款人民幣 2,000 萬元，今日順德華僑中學已發展為優秀中學。23 1982 年順德華僑中學舉行開幕典禮，鄭裕彤於新校舍開幕儀式上致詞，宣佈成立「鄭敬詒獎學金」，資助華僑中學及順德縣的學生完成大學課程。24

在家鄉倫教，鄭裕彤及三弟鄭裕培捐助興辦小學、中學至職業技術學院。1982 年起，鄭裕培捐助倫教鎮學校（1993 年起改稱倫教小學）建校、圖書館設施及日後的維修和擴建，倫教鎮學校的前身是南湖書塾，是鄭裕彤及鄭氏子弟昔日接受啟蒙教育的地方，捐贈亦可說是回饋母校。1987 年鄭裕培捐助倫教中學興建校舍，鄭裕彤則於 1987 至 1994 年期間捐贈倫教中學獎助學金，1996 年，他捐助重建倫教中學，易地而建的新校舍設備達到省一級學校標準。1989 年鄭裕培捐資興建培教中學，25 2003 年，學校易名為培教職業技術學校，至 2006 年，倫教街道辦政府籌集到人民幣 9,000 萬元，包括鄭裕彤基金捐贈的 1,390 萬元，依國家級重點中等職業學校的標準，易地重建新的校舍，定名為「鄭敬詒職業技術學校」。這所中專學校

倫教中學舊貌

倫教中學於 1958 年創辦，初時沒有正式校舍，1971 年校方於荔村蠶房舊址興建正式校舍（見圖）。正門門樓對正一排，是由蠶房改成的六個教室，中間較小的房屋是化學實驗室，最右邊是禮堂和飯堂，最左邊是兩層高的校務處；連同新增於兩側的房屋、門樓及大門兩翼，學校有了完整的校舍。三棵挺拔的紅棉樹，是當年倫教中學的標記。當時學校是兩年制高中，學生來自倫教鎮面（包括荔村、羊額、熹涌、新塘、北海），校門前是羊大路和羊大河，學生在河裡上游泳課和學習划艇；校務處前面有雙、單槓和沙池等體育設施。門樓右翼曾經是校辦工廠，學生以布碎做成可用來清潔金屬表面的「威士」（布碎球）。畫中左側房舍前有一座手扶拖拉機，是學生上農業技術課的實習工具。

鄧培文是 1977 至 1978 年舊生，他難忘當時校務處設了一部 16 吋黑白電視機，1978 年世界盃決賽當晚，家中沒有電視的老師和學生一起興奮地觀賞直播。（畫作及資料由鄧培文提供）

表 1：鄭裕彤捐贈予家鄉倫教的教育項目（人民幣）

年份	教育項目	款額
1978	捐建順德區華僑中學	1,5000,000
1982-1995	華僑中學鄭敬詒獎學金	630,000
1987-1994	倫教中學獎助學金	969,500
1994	順德市教育基金	1,500,000
1994	籌建鄭裕彤中學	80,000,000
1996	新倫教中學建校	2,000,000
1998	籌建順德市華僑中學	20,000,000
2000	順德大學建校（後定名為順德職業技術學院）	50,000,000
2002	捐助倫教鎮教育基金	1,000,000
2004	順德鄭裕彤中學獎學金	300,000
2004-2006	鄭敬詒職業技術學校建校	13,900,000

◯ 資料來源：周大福慈善基金內部記錄。

的特色是配合經濟發展培訓人才，包括與企業合作辦學、以函授提供大專至本科課程、與社區合作，為下崗工人提供再就業培訓等。[26]

在順德大良，1994 年鄭裕彤捐助人民幣 2,000 萬元予順德市政府增建中學，新校命名為「鄭裕彤中學」，是一所設備齊全的寄宿學校；2002 年，鄭裕彤捐助人民幣 5,000 萬元予廣東省及順德市政府，興建一所專上院校，名為「順德職業技術學院」。[27]

至此，透過鄭裕彤的捐助，順德的小學、中學、中專職業技術學校、

專上技術學院齊備，此外，以獎學金方式資助有經濟需要的學生完成中學及大學課程，讓倫教以至順德的學生有機會接受完整的教育，既滿足了當年父親對他的囑咐，又為順德的經濟發展培訓人才。

自 2004 年起，鄭裕彤基金捐助改善偏遠地區的基礎教育和學校危房，在內地國家級貧困縣 [28] 和偏遠地區資助建校項目，至今支援的學校工程約 190 個，包括興建希望小學、加建教學樓及各種學校設施，特別集中在西北地區，尤其甘肅省。[29]

鄭家為何會走出倫教，在順德以至廣東省以外的地區捐助興辦學校？羅國興受僱於周大福，長期在倫教上班，除負責周大福倫教廠的工作，還協助鄭家的公益活動。他記得鄭裕培開始關注順德以外的學校問題，是由於一名在順德做船員的羅定縣人向他求助。

> 「有一個羅定縣來的人在順德行船，他知道鄭裕培是善長，請三叔（鄭裕培）到羅定走一趟。我們抵達羅定，發覺這是一個小城市，但離開市區便是很落後的鄉村，鄉村的學校只有一、二年級，學生升讀三年級的話，要步行兩小時到市內上學。本來我們打算捐錢在各鄉建學校，問題是師資不足，每鄉只有一、兩位老師。三叔唯有以鄭裕彤基金名義捐錢擴建原來那四間鄉村學校。」[30]（羅國興，2019 年 1 月 18 日）

由羅定的鄉村學校，鄭家開始關心其他落後地區的教育問題。

中大 MBA

也是在 1977 年，香港中文大學校長李卓敏教授接觸鄭裕彤，請他支持中大商學院籌辦中的三年制工商管理碩士課程，鄭裕彤慷慨應允。香港中文大學於 1963 年成立，1966 年，商學院推出工商管理碩士（簡稱 MBA）課程，是兩年全日制授課式碩士課程，課程結構與英式傳統的研究式碩士學位不同，故此未能獲得大學教育資助委員會（UGC）的支持；為了尋求資源，當時的中大校長李卓敏向「美國嶺南基金會」戮力游說，31 幸而得到基金會支持，成為香港第一所開設 MBA 課程的大學。

據曾於 1987 至 1993 年出任中大 MBA 課程主任的李金漢教授的憶述，開始時大家對 MBA 的認識不多，第一年只得 6 個學生，第二年得 12 個。李金漢是 1967 年畢業的中大工商管理本科生，畢業後升讀中大 MBA，當時由三位來自美國加州大學柏克萊分校的工商管理教授向這 18 個學生授課。1976 年，基於社會對 MBA 的需求愈來愈殷切，中大商學院計劃推出晚間兼讀的三年制 MBA 課程，與當年的情況一樣，商學院依然得不到 UPGC（當時已改名為大學及理工教育資助委員會）的支持，唯有再向外尋求支援。

李卓敏教授未就任中大校長之前，原是柏克萊的工商管理教授，他認為香港的工商業正蓬勃發展，需要培養這方面的人才，1966 年中大商學院籌辦 MBA 課程時，他積極推動使其得以成功；1977 年中

鄭裕彤支持加拿大工商管理學院

鄭裕彤除支持中大商學院外,亦與加拿大西安大略大學毅偉商學院(Richard Ivey School of Business)合作,在香港會議展覽中心設立「鄭裕彤工商管理學院」,供該學院舉辦亞洲的行政管理培訓。圖為 1990 年鄭裕彤工商管理學院命名儀式。(圖片由星島日報提供)

大商學院推出三年制 MBA 課程，他再次出馬，這次沒有再向美國嶺
南基金會求助，而是接觸商界人士，結果得到鄭裕彤和馮景禧兩位
商人的支持，開始了中大與商界的合作關係。

中大開設 MBA 課程不獲 UPGC 的支持，並非偶然，當時香港是英
國殖民地，大學教育制度承襲自英國傳統，工商管理教育不受重視。
全球第一個 MBA 課程是 1908 年由哈佛商學院提供；至 1950 年在
加拿大才有美國本土以外的 MBA 課程；1955 年巴基斯坦卡拉奇大
學以美國課程為藍本，提供第一個亞洲 MBA 課程；1957 年法國成
為首個提供 MBA 課程的歐洲國家，差不多同一時間，澳洲墨爾本大
學商學院提供第一個澳洲 MBA 課程。這時，英國仍然未有 MBA 課
程，32 香港在 1966 年推出首個 MBA 課程，步伐不算太慢。

由於缺乏政府的支持，鄭裕彤和馮景禧各捐助 250 萬港元，鄭裕彤
不單捐款支持，還借出周大福的辦公室用作新生面試和上課之用。
1976 年，李金漢已獲美國西北大學博士學位，回中大擔任商學院講
師，參與三年制 MBA 課程招生的工作。

> 「當年入馬料水中大，路途非常隔涉（遍遠不方便），你想想，
> 當年的火車是一小時一班的柴油火車；校舍不足也是一個問
> 題，當年的中大商學院在崇基書院 E 座和博文苑，博文苑有六
> 層，每層有兩個單位，上面是老師宿舍，二樓是辦公室，下面
> 的課室供全日制 MBA 學生上課，晚上的部分時間課程，怎麼

辦呢？山長水遠，你讓人家下班後到馬料水上課嗎？最好的安排是在外邊另覓教學地點，未有市區教學中心前，鄭裕彤博士讓我們用周大福的辦公室，員工下班後辦公室是空著的嘛，我們借來暫時用作面試場地，開課後用作教室。33（李金漢，2019 年 3 月 26 日）

當時周大福的辦公室在萬宜大廈 14 樓，第一屆 700 多名申請者，中大取錄 45 名，就在周大福的會議室上課，不久鄭裕彤捐款讓商學院在尖沙咀東海大廈購置教學中心；尖沙咀是香港的商業中心之一，東海大廈離紅磡火車站不遠，方便中大老師從馬料水到市區上課。34

李金漢留意到，鄭裕彤並非只是捐錢了事，他還會繼續關心課程的發展。商學院設立 MBA 顧問委員會，鄭裕彤一直擔任主席，以商界的經驗支持 MBA 課程的持續開發。35

後來，鄭裕彤與中大商學院再有合作機會。1998 年中大商學院創立酒店管理學院，學院創建計劃中包含興建教學酒店，中大以公開招標方式邀請酒店業界合作，結果由新世界發展成功投得合約。36 當時出任創院院長的李金漢教授很高興得到這個結果，因為學院的構思最早得到鄭裕彤支持並給予寶貴意見，他相信教學酒店由鄭裕彤旗下的機構承辦，可以有良好的教學效果。37 可惜遇上 2003 年「沙士」襲港，新世界發展亦處於艱難時刻，教學酒店的工程未能如期動工。2004 年劉遵義教授出任中大校長，經過溝通和磋商後，教學

酒店工程於 2005 年啟動，2010 年落成，讓學生可以在現場應用所學理論，比常用的範例教學模式更進一步。38 劉遵義與鄭裕彤見過面後，認為鄭裕彤對教育是有心人，對他參與推動中大商學院的發展表示尊敬和欣賞。

「我與鄭裕彤博士第一次見面是 2004 年，在一次由中大其中一位校董冼為堅博士安排的晚宴上，出席者有鄭先生夫婦、李兆基夫婦和榮智健夫婦。鄭先生和李先生對教育事業都非常支持，所以兩位於 2005 年每人捐贈 3,000 萬元予中大的教研發展。有人以為與教學酒店計劃有關，其實這是兩回事。我感受到鄭博士對教育的支持是來自他的中國傳統文化素養，我舉個例子，古時村裡有人要上京考科舉，全村人齊集盤川資助他上京應考；又或者一個富人請了老師在家裡教導孩子，亦歡迎同村的兒童來一起上課。鄭博士就是有這種興學的思想。」39（劉遵義，2019 年 9 月 27 日）

李金漢亦認為新世界參與教學酒店的項目，可視為企業的社會投入。因為承辦者不單要負責酒店的營運和管理，還要配合教學需要安排相關人手，亦要承擔營運虧蝕的風險。40 鄭裕彤於新世界興建教學酒店期間，亦為商學院興建新的教學樓，故此中大將之命名為「鄭裕彤樓」，反映雙方的良好合作關係。

鄭裕彤與中大酒店及旅遊管理學院學生合照

中大教學酒店由構思至落成歷時超過十載。2011年1月4日，教學酒店正式開幕，院長李金漢引領鄭裕彤參觀酒店設施，步行至酒店餐廳外，穿著整齊西服的學生，突然一窩蜂跑出來迎迓，鄭裕彤驚訝之餘，興高采烈地與學生合照。（圖片由李金漢提供）

2001年，中大教學酒店的動土禮。前排左起：中大校長李國章、司庫林李翹如、鄭裕彤、李金漢。（圖片由李金漢提供）

李金漢

商學教授談鄭裕彤的商業倫理與觸覺

李金漢，香港中文大學商學院榮休講座教授。1967年中大商學院本科畢業，1969年中大MBA畢業，1969年出任中大商學院副講師，1975年美國西北大學工商管理哲學博士畢業，1975年重返中大續任講師之職，1987至1993年擔任MBA課程主任，1993至1999年擔任商學院院長，1998至1999年以及2001至2012年退休前擔任中大酒店及旅遊管理學院院長。

1988 年初，一次 MBA 校友會午餐會上，我們邀請鄭裕彤先生演講，分享他做生意的成功秘訣。作為課程主任，我向鄭先生發出邀請，他立即應允，並安排在麗晶酒店舉行。麗晶酒店是新世界發展的物業，座落尖沙咀海邊，而鄭先生是在中環新世界大廈辦公的，中午時他乘天星小輪過海，從天星碼頭步行至麗晶酒店，幾個新世界的職員陪在他身邊，麗晶酒店的管理層早已在門外守候。

出乎意料，鄭先生講的是商業道德。他的喪禮上有一份 24 字真言：「做事勤懇、飲水思源、不可見利忘義……」[41] 正是他當日演講的內容。這樣一個走在時代尖端的商人，成功秘訣是商業道德，由鄭先生這位成功商人談道德，遠比我在課堂上講的理論更具說服力。

不少信奉新古典經濟學派的經濟學家認為商業與道德是互不相干的，我認為這是錯的。道德絕對影響經營成本。商業活動最基本的一環就是買賣，兩個人做生意，由互不相識、商談斟酌、做決定、簽約、完成交易、有錢落袋，過程中每個步驟都有交易成本。如果買賣雙方沒有互信，擔心被對方蒙騙，每樣細節都要核查清楚才敢落實的話，你付出的交易成本一定很高。如果有一個人做事「牙齒當金使」（一諾千金），他答應過的事一定辦妥，你會放心簽約，事情辦妥後，你又毋須擔心會最後被他「裝彈弓」（設陷阱加害於你），交易成本便低得多了。

另一個概念是「代理成本」。如果你是一位注重道德操守的人，提倡「飲水思源，不可見利忘義」，你講得出做得到，你的代理成本就會降低。什麼意思呢？若你不相信道德品格的重要，你終日擔心員工是否信得過，會不會「穿櫃桶底」（虧空公款）？監視員工所花費的代理成本一定很高。

我相信鄭先生沒有讀過商學院，但他的一套商業道德觀卻蘊含最根本的商

業理論。

1993 至 1999 年我出任中大商學院院長，當時香港正受到 1997 前途問題困擾，資金和人才外流，加上製造業北移，香港經濟正面臨空殼化的危機。作為商學院院長，我認為必須鞏固本地經濟，尤其是旅遊業，它牽連酒店、航空、飛機餐、飲食、零售、郵輪、主題公園等相關行業；我認為首要培養領導人才，於是先向著名的康奈爾大學酒店管理學院取經，然後將新學院的計劃書提交大學資助委員會（UGC），又再被拒絕，理由是目前的職訓學員只有 10% 就業率，開辦學院等於製造失業。

1995 年，我向鄭裕彤先生講解培養酒店旅遊業管理人才的想法，鄭先生一句「商界一定全力支持」使我重拾信心。我繼續向中大領導層游說，1996 年，即將就任中大校長的李國章教授約鄭先生午宴，我們再向他取經。

鄭先生竟然帶了一隊人過來，我印象中有七、八個人，都是新世界的成員，李校長先向鄭先生說明新學院的理念，鄭先生間中回應了一下；飯後，他說要上洗手間，回來後便滔滔不絕地向我們解說，你可以怎樣做，需要花多少錢，好像已經有全盤計劃似的，我心裡既驚訝又佩服。與鄭先生見面後，校方領導對新學院更加有信心，先爭取校董會批准，我們依照校董會要求撰寫了一個完備的財務和營運方案，再向 UGC 申請，1998 年新學院終於成立了。我非常感謝鄭先生一路的支持。

我觀察到鄭先生為人和藹、謙遜，他說話有一個特色，帶著順德口音、笑笑口，一句口頭禪常掛在嘴邊：「我唔識呀！」（我不懂啊！）我注意到他不單對我用這句口頭禪，對其他人也一樣。鄭先生這個態度，對我是一個提示：當你持守謙遜、凡事向人家請教的時候，人與人之間便可以和諧地相處。試問鄭先生怎麼會不懂呢？特別是商場上的事情，他

一定懂，但他選擇用這種方式與人相
處，令我有很深刻的印象。

另一個深刻的印象是，鄭先生對做學問
的人非常尊重。他是 MBA 顧問委員會
主席，但卻從沒有干預過我們的工作。
有些人被邀請擔任顧問，便自以為是，
胡亂發表意見，甚至指示，結果只會幫
倒忙。在我與鄭先生的相處裡，從沒發
生過這種情況，這種尊重學術自由的態
度是非常難得的。

培訓醫學人才

在鄭裕彤基金的捐助記錄中，有一個相當獨特的項目——內地的醫學人才培訓。孫耀江醫生是鄭裕彤的女婿，亦是資深的家庭醫學醫生，他一直代表鄭裕彤參與捐助內地醫療的活動，見證著鄭裕彤基金所擔當的角色。

1987年，鄭裕彤開始資助內地醫生前往美國加州大學三藩市分校（簡稱 UCSF）醫學院接受培訓，當時中國剛推行開放改革，醫學科技研究尚處於低水平，鄭裕彤希望可以在這方面為內地作出貢獻。

1987 至 1996 年間，鄭裕彤基金共捐助 55 名內地醫生赴美學習。當時的培訓計劃要求學員學成後返回原來的醫學院服務三年，以發揮所學所得，然而這期間北京發生學生運動，部分出國醫生不願回國，令鄭裕彤感到非常失望，認為捐贈的效果是白費心機；42 當時第一屆學員中只有兩位學員回國，其中一位是曾任北京協和醫學院校長的劉德培。

> 「我記得劉德培是其中一位堅持回國的學員，他是從北京協和
> 醫學院畢業的博士，在 UCSF 跟隨著名的血液科教授簡悅威完
> 成博士後研究，簡教授是東亞銀行的後人，對內地醫學教育積
> 極參與。劉德培重返協和醫學院的崗位後，表現非常出色，很
> 快便升任教授，更升任協和醫學院校長。另一位也是協和出身

的，是耳鼻喉專科，他亦成為協和的教授。」43（孫耀江，2019 年
6 月 16 日）

出於對拒絕回國的學員的失望，1996 年鄭裕彤於與 UCSF 的合作協
議完結時停止資助，但劉德培是他心目中的成功例子，44 使他對支
持內地的醫學人才培訓仍抱有期望。通過孫耀江的穿針引線，鄭裕
彤與香港大學醫學院教授梁智仁見面，交流對促進中港兩地醫學人
員交流和培訓的意見。梁智仁於 1985 至 1990 年曾任港大醫學院院
長，一直留意港大醫學院與內地醫學界之間的交流和溝通。

> 「當時每個學系各自與內地的大學或者醫院有聯繫，內地的學
> 者亦渴望來香港進修，比如骨科發現了一位很好的人選，我們
> 首先要找獎學金。我想如果有一個綜合式的獎學金就最好不過
> 了。鄭裕彤博士這個獎學金的好處是醫學院各學系可以一齊
> 做，比較有系統、有規模。」45（梁智仁，2019 年 6 月 21 日）

1997 年，雙方協議在香港大學醫學院成立「鄭裕彤博士獎助金」（簡
稱獎助金），資助內地的醫學人員到港大醫學院進行學術交流，參與
基礎科研項目，在指導下接受培訓。港大醫學院設立獎助金管理委
員會，1997 至 2003 年由梁智仁出任主席，孫耀江代表鄭裕彤擔任
委員，其餘委員均是醫學院的教授。委員會負責遴選學員，每年三
名委員更親自到內地與申請者面見，46 就醫學理論水平、研究題目
的可行性及英語能力挑選合適學員，申請者視乎其資歷分為訪問教

授、訪問學者、研究員、研究助理等。完成培訓後必須返回原來的
醫學單位發揮所學，鄭裕彤堅持這條款維持不變。

1998/1999 年度至 2015/2016 年度期間，共有 317 位內地醫生接受
過資助，來自北京、上海、廣東、天津等主要省市和沿海城市的有
67.2%，其餘來自中國北部、中部和西部等偏遠地區。鄭裕彤曾表示
希望較偏遠地區的醫生都有機會接受培訓，故此學員中有來自雲南、
貴陽、瀋陽、新疆等地區的醫學院；鄭裕彤亦提議給予有潛質的研
究助理進修高級學位的機會，自第一屆至今共有 24 位學員在香港大
學醫學院完成博士課程，7 位完成碩士課程。[47]

獎助金管理委員會主席梁智仁教授認為獎助金的效果是成功的。例
如，第一屆學員中有一位來自上海交通大學醫學院上海生物材料研
究及測試中心的李綺文醫生，到港大矯形及創傷外科學系受訓，在
呂維加博士 [48] 的指導下，研發了一種新的骨科生物材料，動物試驗
結果證實此物料可與人工關節產生生物活性黏合，若用於人體關節
換置，可增長人工關節的使用期。[49]

獎助金對香港醫學界帶來什麼影響？陳應城教授是管理委員會第二
任主席，據他的觀察，與其說是培訓，他認為以「同行者」來形容
港大的角色更為貼切。以陳應城的經驗為例，2001/2002 年度他負
責督導來自西安第四軍醫大學的張富興醫生，兩人的師徒同行和日
後的合作，對陳應城的科研有一定啟發和幫助。

中國偏遠地區的社區設施

周大福慈善基金關心中國落後地區的民生需要，在醫療項目以外，亦包括社區建設、教育及民生項目。這是雲南省紅河州元陽縣的大瓦遮村，不少貧窮家庭因房子失修或隨意接駁電力，容易釀成人命傷亡意外。一慈善機構的項目團隊為這些家庭更換電線及開關總掣，並教導村民進行安全維修，長遠提高他們相關的知識和能力。照片攝於 2014 年。（圖片由無止橋慈善基金提供）

「我的研究方向是腦部的學習和記憶能力，我研究如何使迷路
的動物恢復辨認方向的能力，其實是與中樞神經系統的可塑性
和腦幹細胞有關，應用到醫學上，可以幫助腦退化症的病人改
善認路能力。做腦部實驗的話，需要手術技巧精細的研究員。
第四軍醫大學的西京醫院是中國西部的頂尖醫院，病人流量
多，醫護人員因此都具有豐富的實踐經驗，張富興以他扎實的
理論基礎和純熟的手術技巧，為我解決了不少實證上的問題，
證明我的理論假設和構想是成功的。」50（陳應城，2019 年 5 月 24 日）

陳應城教授與中大的李金漢教授不約而同地有同一觀察，就是鄭裕
彤不單只捐款，更對捐贈項目保持關心，陳應城以細心和善心來形
容鄭裕彤的態度。周大福珠寶金行九龍城分行樓上是周大福物業，
鄭裕彤將單位改建成學員宿舍，使學員之間可互相照應，不至感覺
孤單，大家一起生活過，將來返回各自的機構後，在內地可以形成
很好的人際網絡。

「每年我們都舉辦迎新茶會，鄭博士必定來與學員見面，有一
年他已經來到樓下了，下車時感覺身體不適，陪同的孫耀江醫
生勸他回家休息。誰知三幾個星期後，他主動聯絡我們，問是
否方便再與學員見面。因為他明白內地人很重視人情，渴望與
捐贈人見面道謝；我亦知道多年來鄭博士數度親身上宿舍探望
學員，跟他們閒話家常。」51（陳應城，2019 年 5 月 24 日）

內地基層醫療人才培訓

內地的衛生醫療改革自 1980 年代開始，2005 年國務院在《中國醫療衛生體制改革的評價建議》中有「改革是不成功的」的評語，其中一個問題是資源配置不均，優質醫療資源集中在大型綜合醫院，社區醫院在人員、技術、設備和管理等方面都比較薄弱，造成大城市的大醫院超負荷；52 社區醫院在硬件設備、醫療水平上與大醫院差距甚遠，城鎮居民對社區醫院缺乏信心，90% 的市民看病仍選擇大醫院，社區醫院的使用率低，甚至有閒置現象。53

2006 年國家衛生部的工作會議決定落實社區基層醫療服務，至 2006 年底已在全國 278 個城市（佔城市總數 98.2%）設置共 23,036 間社區衛生服務機構。54 當時的衛生部副部長黃潔夫與香港醫院管理局（簡稱醫管局）聯絡，希望醫管局為內地培訓社區醫療人才，以借鑑香港社區醫療體系的成熟經驗；醫管局於是聯絡鄭裕彤尋求贊助。

鄭裕彤又再派出孫耀江醫生了解情況，經溝通後鄭裕彤爽快地答應做捐贈人。2007 年 11 月 2 日，國家衛生部、香港醫管局和鄭裕彤基金三方簽訂協議，合作推行「社區醫療新世界——社區衛生及基層醫療管理培訓計劃」。國家衛生部負責統籌招募學員，醫管局進修學院承辦課程，鄭裕彤基金贊助資金。

培訓計劃分成兩個部分，決策人員及管理人員了解香港醫管局和社區健康中心的制度和運作；對於現職基層醫療的醫生，學員到醫管局分區的門診部觀察診症情況；學員需參與評核，合格者獲發證書。項目實施三年後醫管局曾嘗試推行現場指導，由醫管局派出顧問醫生到內地的社區診所，與當地醫生一同會診，曾經在北京和蘭州推行試驗，可惜未能持續發展。55 至 2014 年，合作三方與北京衛生部門在北京豐台區設立方莊社區衛生服務中心，56 作為長遠的師資培訓中心。

項目為期十年，每三年進行大型總結討論會，分別在烏魯木齊、杭州、上海舉行，讓學員分享實踐進度和成效，並提出實務和政策的建議。十年已過，最後一期的總結會決定，將剩餘的資金用於大灣區的社區醫療發展，特別在當中較偏遠的地區例如肇慶、江門、潮汕、廣東西部等，培訓當地的基層醫生。57

澳門的高等教育

繼中大商學院之後，鄭裕彤於 1980 年代再捐助高等教育，對象是他學習從商的澳門。1987 年他捐贈 500 萬港元予澳門的東亞大學，30 年後再捐贈 3,000 萬港元予由東亞大學轉型的澳門大學，兩項捐款都發生在東亞大學和澳門大學的關鍵時刻，追溯兩項捐贈的前因和背景，可理解鄭裕彤的捐款所發揮的歷史意義。

中國農村公共衛生培訓

除了大型的醫療人才培訓計劃,周大福慈善基金亦深入偏遠貧窮村落,支持當地的醫療衛生教育。圖為重慶市彭水縣保家鎮溪口村的一所小學,負責的項目團隊正指導農村孩子基本而重要的個人健康衛生常識。照片攝於 2015 年。(圖片由無止橋慈善基金提供)

澳門大學的前身東亞大學，於 1981 年由三位來自香港的商人和專業
人士推動成立，58 他們與澳門政府簽署租用協議，在氹仔觀音岩興
建校舍，因以澳門、香港及東南亞學生為招生對象，故取名「東亞
大學」。創校的經費，除了三位創辦人的個人資金外，主要由商人捐
助，例如，經國務院港澳辦主任廖承志的引薦，創辦人獲當時的澳
門中華總商會會長何賢捐助和支持，以及由曾任香港中華總商會會
長的王寬誠捐助興建圖書館。因資金不足，校園建設分三期進行，
第一、第二期的主要捐贈者有何賢、何鴻燊、馬萬祺等澳門商人。59

鄭裕彤於 1987 年捐出 500 萬港元予東亞大學興建第三期的學生宿
舍，這一年正是東亞大學轉型的關鍵一年。同年 3 月中葡雙方在北
京簽署《中葡聯合聲明》，決定將澳門主權於 1999 年歸還中國政
府。1987 至 1999 年的過渡期內，為了培訓澳門的本地人才，政府
計劃將私立的東亞大學收購並轉型為公立大學，1987 年底由澳門政
府設立的澳門基金會以 1 億 3 千萬港元收購東亞大學的業權。1987
至 1991 年東亞大學過渡至澳門大學這段期間，大學方面以新的資金
增建校舍設施，就在這個背景下，鄭裕彤捐款協助興建第三幢宿舍，
完善了大學的宿舍設施。

1991 年，東亞大學易名澳門大學，原來東亞大學的理工學院獨立為
公立的澳門理工學院，研究生院和公開學院分離出來成為東亞公開
學院，澳門大學則集中提供全日制本科課程和研究生課程，並為了
培訓所需人才，加設了科技學院、教育學院和法學院。1999 年澳門

東亞大學第三期學生宿舍揭幕

1987 年 10 月 6 日，鄭裕彤與何鴻燊出席宿舍大樓揭幕儀式。

主權回歸中國，這時，澳門特區政府認為澳大應踏上新的發展階段，使之成為一所符合國際標準的新型大學。60

2001年，從香港浸會大學退休的謝志偉教授，獲邀出任澳門大學校董會主席，主持澳門大學的改革。謝志偉於澳門出生及長大，1963年到香港浸會學院就讀，後負笈美國獲取博士學位，畢業後返母校浸會學院任教，1971年升任校長之職。1983年浸會學院獲得UPGC的資助，1994年升格為大學，謝志偉是積極的推動者。他以澳門人的身份、深厚的高等教育經驗，正是合適人選。2006年澳門立法會通過的第一條法律，就是澳門大學新的章程。

確立了新的制度後，下一步是尋覓新地以擴大校園設施，方便推行新猷。

「2006年7月，我帶著校董會一班委員去橫琴視察地方，第一次站在這土地上。嘩，一時間失神了，感覺非常強烈，整個澳門就在面前，我覺得這裡最適合興建澳大的新校園。2009年，特首崔世安通知我，這幅地辦妥了。61 有了這幅偌大的土地，我最大的心願是建造一個既追求專業，又有博雅教育的校園，學生既要學習專門知識，亦要培養人際關係和品德，即是全人教育的理念，所以我們設計了住宿式書院系統。」62（謝志偉，2019年6月10日）

2014年，澳大由氹仔搬到橫琴時，新校園已建成了八間住宿式書院，其中包括「鄭裕彤書院」。

> 「當時我建議找商界捐款興建書院，必須找一些與澳門有關係，又有經濟實力的人。在我腦海裡立即浮出八個人的名字，除了一位，其餘七位都是澳門的重要人物，鄭裕彤博士就是其中一位很突出的人物，我相信我可以說服他捐贈澳大的書院。」63（謝志偉·2019年6月10日）

鄭裕彤的確與澳門有深厚的關係，他年少時離開順德倫教的家鄉，便是前往澳門投靠父親的好友周至元，加入澳門周大福由後生做起，在澳門學習營商之道；1945年他從澳門到香港創立個人事業，1961年周大福珠寶金行有限公司註冊時，澳門周大福是其中一間分行；1982年鄭裕彤買下澳門娛樂公司13%股權；1997年又開始經營澳門自來水有限公司等。

謝志偉深信他能夠說服鄭裕彤捐助澳大的書院，除了他對書院的構想充滿信心，還有他們兩人的舊交情。謝志偉是澳門著名珠寶金飾店「謝利源」的後人，謝利源創辦人謝瑜堂是他的祖父，謝志偉的父親再生和叔父永生是第二代接班人。鄭裕彤和謝利源的東家熟稔，謝志偉常聽父親和叔父憶述，鄭裕彤在澳門時經常到謝利源探訪和閒聊。

2009 年，謝志偉從澳門前赴香港中環新世界大廈，與鄭裕彤見面。

> 「他對書院的構思非常贊成，鄭博士很坦白，他說：『我自己無
> 機會讀書，以前在中國的生活很艱苦，要挺出頭。』所以他覺得
> 讓年輕一輩有最好的教育是一件好事。」64（謝志偉，2019 年 6 月 10 日）

當天鄭裕彤親自接見謝志偉，並應允捐助書院的建立，相信這是他
最後一次親自見面承諾的公益捐獻。在澳門這個少年時學習從商的
地方，他捐助興辦全人教育的大學書院，在他的公益人生上，可說
是劃上一個圓滿的休止符。

據鄭裕彤書院現任代院長李偉權所說，這所書院的特色是，書院與
捐贈人的關係最為密切，自 2014 年成立以來，每年夏天，周大福均
派員從書院挑選十位學生，到周大福中國總部實習，學習商業管理
知識。鄭家不單止給予資助，還提供學習機會予書院的學生。這可
說是秉承鄭裕彤的人文關懷精神，社會公益不單只是捐錢了事，還
要關心對象的需要。

香港的高等教育

1970 年代捐助中大商學院的三年制 MBA 後，至 1990 年代，鄭裕彤
基金才再捐贈香港的高等教育機構，捐贈的類別可分為教研經費和
教學建築。教研經費方面，最早是於 1991 年與李兆基聯合捐贈 600 萬

美元，予香港中文大學亞太研究所與耶魯大學東亞研究委員會共同
策劃的「中國研究計劃」，為探討兩岸三地的發展動向，以增強香港
的競爭力及促進南中國與鄰近地區的合作關係；65 1992 年他應商界
朋友林思齊的邀請捐贈 100 萬港元，以興建浸會學院林思齊東西學
術交流研究所。66

鄭裕彤於千禧年代對香港各大專院校有更多捐助。我們向三間大專
院校的校方高層做過專訪，他們分別從不同角度敘述鄭裕彤對公益
和教育的想法。

香港大學教研發展基金於 1995 年成立，以慈善團體形式註冊，為大
學籌款，當時的港大校長王賡武教授預料政府將縮減對高等教育的
資助，在港大舊生黃乾亨倡議和協助下成立基金會，以長遠方式鼓
勵私人領域支持高等教育的發展；67 成立伊始，基金向 1,000 多位大
學的朋友、舊生和社會賢達發出信函，邀請他們加入為創會會員。68
鄭裕彤是首批支持基金會這個創新概念的 14 位創會榮譽會長之一。69
自 2001 至 2009 年出任香港大學校務委員會主席的馮國經博士對商
界人士擔任創會會員有這樣的看法：

> 「鄭裕彤先生是第一批捐贈者，不但直接捐助香港大學，還樹
> 立良好的榜樣，讓我們繼續接收到很多捐款。人們大多以為高
> 等教育是政府的責任，而港大很早已提倡以私人資源支持教育
> 這個理念，香港大學教研發展基金一直做了很多推動的工夫，

鄭先生是最早表示支持的商界賢達，對香港大學推動這個潮
流，擔當了很重要的角色。」70（馮國經，2019 年 9 月 20 日）

對於香港大學來說，鄭裕彤參與成為香港大學教研發展基金的創會
會員，象徵商界不單止以捐款方式表示支持，而是以長期友好方式
持續支持大學的發展，從鄭裕彤對香港大學教研活動的持續支持可
見一斑。71 一項特別重要的支持是他在 2008 年捐贈 4 億港元予香港
大學，用於大學興建百周年校園及法律學院的教研發展，大學將法
律學院大樓以「鄭裕彤教學樓」命名。馮國經對鄭裕彤熱心港大的
發展有這樣的見解：

「坦白說，鄭先生不單止是支持港大，而是支持整個香港高等
教育持續地提升水平，他認同教育並非只是政府的責任，也是
社會的責任，他認為有能力的人應該為教育作出貢獻。所以，
當他知道哪裡需要資源，他便樂意作出捐助。」72（馮國經，2019 年
9 月 20 日）

商界與大專學界的合作，早已見諸於 1977 年鄭裕彤支持中大三年制
MBA 的故事。當時，鄭裕彤借出周大福寫字樓做臨時教室，捐助中
大商學院購置尖沙咀校舍，自己亦擔任 MBA 顧問委員會主席等。其
後新世界發展投得中大教學酒店的管理權，為中大商學院興建教學
酒店和教學樓，更深入地形成大學與商界的合作夥伴關係。

鄭裕彤捐贈香港大學興建百周年校園

香港大學於2008年3月19日舉行捐贈儀式。左起：校委會主席馮國經、鄭裕彤、校長徐立之。（圖片由香港大學提供）

由這理念出發，我們不難理解為何鄭裕彤向更多大專院校捐助，例如，2010 年捐助 9,000 萬港元予香港科技大學興建教學及研究大樓，大樓亦以「鄭裕彤樓」命名。

有人可能認為港大、中大、科大都是香港著名的大學，自然吸引到商界的捐助。2007 年鄭裕彤捐贈 3,500 萬港元予香港公開大學擴建第二期校舍，時任公開大學校長的梁智仁教授認為鄭裕彤以行動打破這種偏見。

鄭裕彤捐贈公大的時候，正值公大籌建第二期校園的關鍵時刻。公大於 1989 年由政府立法成立，[73] 讓未能入讀正規大學或理工學院的成人有機會接受專上教育。教學模式是遙距教學，[74] 學生以在職者為主，[75] 他們自行安排進修時間，修滿學分及考試合格，便可獲大學頒授認可的資歷。[76] 香港的專上教育向來不足，對於只有中學程度的成人來說，公大可說是提供了社會流動的階梯。

踏入 2000 年代，公大有新的發展，2001 年開辦首個全日制副學位課程，2003 年加設首個全日制榮譽學位課程，2006 年加入「大學聯合招生辦法」（JUPAS），展望未來將有更多全日制學生在公大校園上課。遙距課程毋須很多校舍設施，但提供全日制課程不同，首要條件是擴建校舍，校方於是籌劃興建第二期校園。

2006 年公大獲政府撥款 1.2 億元興建新校舍，校長梁智仁親自籌募

鄭裕彤捐贈香港公開大學興建新校舍

公大於 2008 年 1 月 22 日舉行「鄭裕彤樓」命名典禮，梁智仁校長致送紀念品
予鄭裕彤。（圖片由香港公開大學提供）

餘下的經費，從社會上共籌得 2.8 億港元，77 其中 3,500 萬港元來自
鄭裕彤基金的捐贈。

> 「鄭裕彤博士非常慷慨，捐助了 3,500 萬元。鄭博士捐款很迅
> 速，很多時候捐款者會提出很多條件，但鄭博士不同，我覺
> 得他對我們非常信任，相信我們需要這筆捐款，而且會用得很
> 好。我們安排了一個午餐，有兩三圍賓客，他就坐在我旁邊，
> 飯後他從西裝的裡袋掏出一個信封，直接交給我，他捐款就是
> 這樣簡單。」78（梁智仁，2019 年 6 月 21 日）

公大將何文田校園高座命名為「鄭裕彤樓」，梁智仁解釋原因，是希
望學生和市民都注意到，公大雖非前列的著名大學，但當公大做出
成績來，香港的富豪一樣會捐助支持，冠名是要提醒公大的老師和
學生繼續為社會作出貢獻。

2012 年成立的周大福慈善基金，是鄭裕彤的子女繼承了父親關心社
會公益的理想，79 除了支援弱勢社群，基金會亦關注香港和內地大
專教育的需要。例如，2013 年捐資予香港理工大學建設生物醫藥研
究實驗室；於 2008 至 2012 年，向北京清華大學共捐贈 9,800 萬人
民幣配對大學捐款興建醫學院大樓，大樓於 2014 年落成，命名為「鄭
裕彤醫學樓」。

過去鄭裕彤較多捐助硬件設施如興建教學大樓，新一代繼承人則直

接針對人才培育方面，並將捐款投放到具創意的社會服務上。例如，2012 年起分別捐助港大和中大，鼓勵大學生通過參與社會服務培養人文關懷的情操；2013 年捐助北京清華大學成立「鄭裕彤法學發展基金」，鼓勵法學院師生提升國際視野，並協助法學院畢業生到偏遠貧困地區參與基層社區的法治工作；2016 年鼓勵醫、社、商界以跨學科模式支持專科醫療服務，紓解青少年的精神健康問題等。基金會亦繼承鄭裕彤的公益精神，不單止捐款了事，並以夥伴身份推動協同創效益的模式，鼓勵不同持份者的參與和合作，共同應對社會的多元需要。

典禮致詞

慈善捐贈的典禮儀式上常有出席嘉賓致詞環節，聽說鄭裕彤最樂於出席與教育有關的典禮，以身教言教，向出席者尤其下一代傳達他的理想和處世心得。我們從蒐集到的鄭裕彤演詞中理解他的社會倫理觀，包括成功之道在毅力和恆心；自己對興學的抱負是為社會和國家盡力；寄語學生也要回饋社會、報效國家。

以下是相關的節錄片段。

> 「世界上任何事成功，都要經過艱苦的嘗試。我們做事，不要知難而退。只要有毅力和恆心，勇往直前，自然可以達到成功的希望。」(1989 年) 80

「本人一直以興辦學校，培育人才為己任，希望可以為社會，為國家略盡棉力。」（2007年）81

「基金的工作重點一向以培養人才為首要目的，並深信藉著提升醫療人才，可以加強醫療服務素質水平，進一步保衛國民的健康，使國家更富強興盛。」（2007年）82

「達至成功並沒有任何捷徑，也沒有肯定的秘訣，最實際的答案就只有『努力』二字。『努力求上進』是我畢生遵行的格言，我不僅時常以此自勉，也經常以此教導年輕一輩。」（2008年）83

「香港大學法律學院成立了39年，人才輩出，造就了無數法律專才。我今次的捐贈亦希望能幫助法律學院的發展，培育本地人才之餘，更加為祖國的法治及繁榮作出貢獻，為人類的和平進步共同努力。」（2008年）84

「投資教育可以為國家培養優秀的領袖人才，為社會福祉作出貢獻，意義重大。……我們希望為學生創造優越的書院環境和設施，讓他們全力在知識的海洋裡上下求索，學有所成，回饋社會，報效國家。」（2010年）85

「周大福植根香港80多年，一直十分關注培訓社會的下一代，故此積極資助中港兩地的教育項目。是次與香港科技大學合作

興建鄭裕彤樓，希望能夠為科大的學生提供更優良的學習環境
及設施，讓他們努力汲取知識，好好裝備自己，發揮所長，
繼而實踐『取諸社會，用諸社會』的理念，積極回饋社會。」

（2012年）86

**鄭裕彤的
足跡**

鄭裕彤出身貧寒，當事業有成之時，秉承父親的叮囑興學
育才，故此，他的公益慈善多著眼於教育和人才培訓，這
亦可理解為他視公益為社會投資，他所追求的不是短期的
濟貧救苦，而是長遠的社會效益。他希望自己少時無法得
到的，青年一代能夠得到。鄭裕彤參與公益的態度並非捐
錢了事，他樂意捐出非物質能換取的關心和愛護。鄭裕彤
亦不會有頤指氣使的姿態，對於接受一方，他總以信任和
鼓勵的態度待之。他捐贈的，不單止是金錢，還有做人處
事的榜樣。

註釋

1   馮景禧是香港商人，1963 年與郭得勝和李兆基等共八人成立新鴻基企業有限公司
    （即新鴻基地產公司前身）；1969 年離開新鴻基地產，成立新鴻基證券及新鴻基
    財務；1978 年成立新鴻基（中國）有限公司，1982 年獲香港政府發出銀行牌照，
    易名新鴻基銀行。參考朱立群：〈白手起家的十大富翁（連載八）——「金融巨頭」
    馮景禧〉（1998 年）。

2   參考馬麗：〈區域社會發展與商人社會責任的歷史研究：基於明清徽商捐輸活動的
    考察〉（2012 年）。

3   「積善餘慶」，來自《易經・坤卦》：「積善之家，必有餘慶；積不善之家，必有餘殃。」

4   參考馬麗：〈區域社會發展與商人社會責任的歷史研究：基於明清徽商捐輸活動的
    考察〉（2012 年）。

5   參考吳玉倫：〈清末實業教育興辦中的商人及商人組織〉（2006 年）。

6   參考 Sinn, 2003.

7   學校以聖母無原罪修女傳教會的來華傳教修女「地利亞」命名，以紀念艾文士先生
    年幼時曾接受傳道會所辦的教育。地利亞學校始創時校舍設於亞士厘道一幢十層高
    大廈，1970 年創辦人購入山林道一所書院舊址改建為分校，1971 年在美孚吉利徑設
    置女校，1972 年於百老匯街設置男校，1973 年亞士厘道的小學和幼稚園遷至百老
    匯街校舍，1975 年創辦人在觀塘月華街自建設備完善的校舍。參考《地利亞修女紀
    念學校十五週年校慶特刊》，頁 7。

8   參考王惠玲、莫健偉：〈梁志堅口述歷史訪談〉（2018 年 8 月 21 日）。

9   戰後初期（1946/1947 年）就讀私校的中小學生約有 6 萬人，佔全部學生 60.7%，
    1956/1957 年私校中小學生約 18 萬，雖然官津學校數目增加了，但私校學生仍佔
    全部學生 60.2%；以上數字摘錄自教育署年報。參考譚萬鈞：〈香港的私立學校〉
    （1999 年）。

10 自 1950 年代中政府增建官立小學和津貼小學，私立小學學生佔全部小學學生的比
    例逐漸下降，1958 年佔 45%，1975 年只有 15%，1985 年起一直保持在 10%。參考
    同上。

11 參考同上。

12 參考教育委員會：《香港未來十年內之中等教育白皮書》，1974 年 10 月。

13　　1950 至 1970 年間，有被指摘為「學店」的私立中學，辦學人只為牟利，提供極低質素的教學，成績差的學生在資源不足、辦學人缺乏理想的學校就讀，難有接受良好教育的機會。參考黃康顯：〈私校存在的需要〉，《明報》，1987 年 1 月 22 日。

14　　參考王惠玲：〈左筱霞口述歷史訪談〉（2019 年 1 月 16 日）。

15　　家長職業統計：

職業分類	百分比
專業、技術及相關人員	5.5
行政及管理人員	8.9
文職及相關人員	5.9
銷售人員	9.7
服務業人員	12.7
農業、畜牧、漁業、林業人員	1.0
生產及相關人員及勞工	32.2
運輸從業員	9.7
軍人及其他（包括失業、退休）	14.4

　　參考《地利亞修女紀念學校十五週年校慶特刊，1965-1980》，頁 232。

16　　參考王惠玲：〈左筱霞口述歷史訪談〉（2019 年 1 月 16 日）。

17　　例如，於 1986 年停辦的學校中有崇文書院，該校已有 36 年歷史。參考黃康顯：〈私校存在的需要〉，《明報》，1987 年 1 月 22 日。

18　　參考〈私校成為地荒下獵物〉，《信報》，1989 年 5 月 21 日。

19　　參考王惠玲：〈左筱霞口述歷史訪談〉（2019 年 1 月 16 日）。

20　　參考同上。

21　　設置的獎學金供考獲兩岸大學、香港副學士或高級文憑課程取錄的學生完成學業。參考王惠玲：〈左筱霞口述歷史訪談〉（2019 年 1 月 16 日）。

22　　款項於 1980 年捐出，縣政府於華僑中學的原址擴建教學大樓、科學樓、禮堂等共四座樓宇，並修建了運動場，增添教學、實驗室、圖書室等設備，新校舍於 1982 年落成。

23　　順德華僑中學始創於 1957 年，從香港、澳門、柬埔寨、南非、新加坡、馬來西亞等地的華僑籌集資金興建，是順德現代教育史上最早的兩所設有高中級別的完整中學之一，目前學校被評為順德區區屬重點公辦高級中學、廣東省國家級示範性普通高中、廣東省教學水平評估優秀學校、廣東省一級學校、廣東省教育技術實驗學校、廣東省綠色學校。〈僑中歷史〉，順德華僑中學，http://www.sdhqedu.net/content.aspx?page=qiaozhonglishi

24   參考〈順德縣華僑中學開幕禮鄭裕彤先生致詞草詞〉，1982 年 12 月 28 日。順德檔
      案館館藏檔案，檔號：19-A12.16-033-008，第 13 頁。

25   參考王惠玲：〈羅國興口述歷史訪談〉（2019 年 1 月 18 日）。

26   參考鄭敬詒職業技術學校，http://www.zjyzx.sdedu.net／；百度百科，https://baike.
      baidu.com/item/ 郑敬诒职业技术学校

27   順德職業技術學院位於廣東省佛山市順德德勝東路，是一所經教育部批准成立，廣
      東省和順德市政府共建的高級職業院校。順德的技術訓練始於 1984 年 5 月成立的
      廣東廣播電視大學順德分校；1998 年 6 月，順德永強成人學院、順德李偉強護醫學
      校、順德成人中專學校及順德教師進修學校四校合併，籌建為順德職業技術學院；
      1999 年 3 月，教育部正式同意建立順德職業技術學院；2002 年，學校遷入位於德
      勝東路的新校園。參考百度百科，https://baike.baidu.com/item 顺德职业技术学院

28   1986 年開始有所謂國家級貧困縣的認定，由國務院扶貧開發領導小組辦公室認定，
      1985 年人均純收入低於 150 元的縣、低於 200 元的少數民族自治縣、低於 300 元
      的老區縣，都被認定為國家級貧困縣，至 1989 年認定有 331 個；1994 年首次作
      出調整，以 1992 年人均純收入低於 400 元的縣，全部納入國家級貧困縣，確定
      了 592 個貧困縣；根據 2012 年國家扶貧開發工作重點縣名單，全國 592 個重點縣
      之中，西部地區有 375 個，中部地區有 217 個；其中少數民族省區有 232 個。重
      點縣數目較多的有雲南、陝西、貴州、甘肅、河北、四川、山西、內蒙古、河南
      等，參考國務院扶貧開發領導小組辦公室，http://www.cpad.gov.cn/art/2012/3/19/
      art_343_42.html

29   鄭裕彤基金所到地區包括四川、甘肅、雲南、貴州、陝西、江西、河北、內蒙古、
      廣西、廣東等不同地區。

30   參考王惠玲：〈羅國興口述歷史訪談〉（2019 年 1 月 18 日）。

31   美國嶺南基金會前身是嶺南大學信託基金，1893 年於美國紐約成立，目的是協助在
      中國廣州設立一所高等學院，即後來的廣州嶺南大學。1949 年後，嶺南大學文學院
      和理學院合併入中山大學。1954 至 1979 年，嶺南基金會支持新亞書院、崇基書院、
      聯合書院在香港的設立和運作，這三所書院於 1963 年合併為香港中文大學，基金
      會繼而支持香港的嶺南學院，為香港的華人學生提供高等教育。參考美國嶺南基金
      會，http://lingnanfoundation.org/history/

32   參考 Australian Institute of Business，https://www.aib.edu.au/blog/mba/5-things-didnt-know
      -history-mba/；TopMBA，https://www.topmba.com/why-mba/history-mba-mba-friday-
      facts

33   參考王惠玲、莫健偉：〈李金漢口述歷史訪談〉（2019 年 3 月 26 日）。

34　2005 年，中大出售尖沙咀的物業，在中環美國銀行中心購入新的市區教學中心，使 MBA 教學中心得以設置於香港的金融商業心臟地帶。時任中大校長劉遵義親訪鄭裕彤，交代有關構思，鄭裕彤亦深表贊同。劉遵義憶述這事時，認為這是互相尊重的做法，亦符合中國人重視信義的價值觀。參考王惠玲：〈劉遵義口述歷史訪談〉（2019 年 9 月 27 日）。

35　MBA 顧問委員會成員包括：馮景禧擔任副主席，李兆基和郭炳湘亦曾擔任顧問，其他成員有商學院的老師和學生代表。

36　參考〈中文大學興建全港首間教學酒店〉，《中大新聞發報》，2001 年 12 月 19 日。

37　參考王惠玲、莫健偉：〈李金漢口述歷史訪談〉（2019 年 3 月 26 日）。

38　李金漢舉了一個例子，學生在接待處與員工一起工作，但學生早已預備好五項檢視標準，留心接待員接聽電話時的表現，與檢視標準作對比，例如有沒有先講早晨和部門名稱，如何回答對方問題，學生便可將理論結合到現實中來學習。參考王惠玲、莫健偉：〈李金漢口述歷史訪談〉（2019 年 3 月 26 日）。

39　參考王惠玲：〈劉遵義口述歷史訪談〉（2019 年 9 月 27 日）。

40　教學酒店的地皮屬於中文大學，落成後的香港沙田凱悅酒店擁有權屬於中大，經營權和管理權屬於新世界發展。新世界發展負責教學酒店和教學樓的建築工程和建築成本開支，教學酒店經營虧蝕由管理方承擔，盈餘達某預定水平，中大可享分紅。因此，這項目含有捐助、商業經營和教商合作的元素。參考王惠玲、莫健偉：〈李金漢口述歷史訪談〉（2019 年 3 月 26 日）。

41　完整的 24 字訓言：「守信用，重諾言，做事勤懇，處世謹慎，飲水思源，不應見利忘義。」

42　參考廖美香：〈鄭裕彤「愛國投資」的矛盾情懷〉（2008 年）。

43　參考王惠玲：〈孫耀江口述歷史訪談〉（2019 年 6 月 17 日）。

44　劉德培，著名醫學分子生物學教授、中國工程院院士。安徽省蚌埠醫學院本科課程畢業，湖南醫學院碩士，1986 年獲北京協和醫學院博士學位，1987 至 1990 年在加州大學三藩市分校做博士後研究，歷任中國醫學科學院、北京協和醫學院副院長，2001 至 2011 年出任北京協和醫學院校長。參考中國醫學科學院、北京協和醫學院，http://www.pumc.edu.cn/ 首頁 / 院校概況 / 历任领导 -2/

45　參考王惠玲：〈梁智仁口述歷史訪談〉（2019 年 6 月 21 日）。

46　三位遴選委員包括管理委員會主席、孫耀江醫生及一位委員，親自到北京、上海等內地城市，面見經篩選的申請者。北京以協和醫學院、上海以復旦大學醫學院為面見場地，申請者從全國各地前來應試。

47　　參考香港大學醫學院提供的資料。

48　　呂維加教授是骨科生物學專家，於 1995 年加入港大矯形及創傷外科學系，推動設
　　　立骨科研究中心並擔任中心主任至今，研究興趣包括骨科生物學研究、骨科生物材
　　　料和生物納米技術、臨床生物工程教學與研究。參考〈呂維加〉，香港大學矯形及
　　　創傷外科學系，https://www.ortho.hku.hk/biography/lu-weijia-william/

49　　參考王惠玲：〈梁智仁口述歷史訪談〉（2019 年 6 月 21 日）。

50　　參考王惠玲：〈陳應城口述歷史訪談〉（2019 年 5 月 24 日）。

51　　參考同上。

52　　例如，1990 年中國衛生總經費的 32.8% 用於城市醫院，12.5% 用於縣醫院，10.6%
　　　用於衛生院；2004 年用於城市醫院的衛生總經費上升至 53.5%，用於縣醫院和鄉鎮
　　　衛生院的比例分別下降至 8.1% 和 7.2%。參考任玉嶺：〈中國醫療改革回顧與展望〉
　　　（2014 年）。

53　　參考〈10 年推進社區醫療培訓　借鑑香港社區醫療模式〉，《南方日報》，2007 年
　　　11 月 6 日。

54　　參考同上。

55　　參考王惠玲：〈孫耀江口述歷史訪談〉（2019 年 6 月 17 日）。

56　　方莊是北京第一個整體規劃的住宅區域，其位於東南二環，屬於豐台區，始建於
　　　1990 年代。方莊地區有十條主要大街，分為芳古園、芳城園、芳群園、芳星園、紫
　　　芳園、芳城東里六個小區；除漢族外，還有蒙、回、壯、侗、布依、朝鮮、滿、苗、
　　　彝、納西、瑤等民族，外來人口 0.8 萬。方莊有成熟的醫療、教育、體育設施，由
　　　於建設得早、規劃整齊，已經成為一個非常適合於居住的人文小區。參考百度百科，
　　　https://baike.baidu.com/item/ 方庄

57　　參考王惠玲：〈孫耀江口述歷史訪談〉（2019 年 6 月 17 日）。

58　　三位創辦人是胡百熙、黃景強及吳毓璘。胡百熙於 1962 年獲得律師資格，父親和
　　　姊姊亦是律師，1969 年是遠東交易所創辦人之一；黃景強於 1968 年從香港大學工
　　　程學院畢業，1970 年獲香港大學土木工程碩士學位，1972 年獲加拿大皇后大學
　　　哲學博士學位；吳毓璘於 1958 年獲香港大學文學士學位，1961 年獲香港大學文學
　　　碩士學位，1980 年獲美國加州佩珀代因大學（Pepperdine University）MBA 學位。
　　　參考李向玉、謝安邦主編：《澳門現代高等教育的發軔——東亞大學的創立和發展
　　　（1981-1991）》（2017 年）。

59　　參考同上，頁 50-51。

60　參考〈大學歷史〉，澳門大學，https://www.um.edu.mo/zh-hant/about-um/history-milestones/history.html

61　2009 年 6 月 26 日，在第十一屆全國人民代表大會常務委員會第九次會議上通過了《國務院關於提請審議授權澳門特別行政區對橫琴島澳門大學新校區實施管轄的議案》。

62　參考王惠玲、莫健偉：〈謝志偉口述歷史訪談〉（2019 年 6 月 10 日）。

63　八位人士包括何鴻燊、曹光彪、霍英東、陳瑞球、呂志和、馬萬祺、鄭裕彤、孔憲紹。孔憲紹並非澳門人士，他是浸會學院的主要捐贈人，與謝志偉熟稔。參考王惠玲、莫健偉：〈謝志偉口述歷史訪談〉（2019 年 6 月 10 日）。

64　參考同上。

65　當時主要研究項目有南中國社會文化之形成與變遷、上海之改革開放及其對香港廣東之影響、改革開放時代之市政管理、廣東企業精神，及廣州地區之傳播行為研究。參考吳倫霓霞：《邁進中的大學：香港中文大學三十年，1963-1993》（1993 年）。

66　林思齊東西學術交流研究所於 1991 年 11 月成立，原名「香港東西文化經濟交流中心」，1993 年易名，其東西學術定位正好配合當時的浸會學院開辦的中國研究和歐洲研究學位課程。參考黃嫣梨、黃文江編著：《篤信力行：香港浸會大學五十年》（2006 年）。

67　基金會以籌募 5 億港元本金為初步目標，以後藉本金帶來每年的利息收益，加上其他的捐助，支持港大的發展。參考《香港大學教研發展基金 1996 年報》，頁 4-6。

68　參考徐詠璇：《情義之都：由港大到香港的捐贈傳奇》（2014 年），頁 222。

69　創會會員共 333 人，捐款達 500 萬港元或以上者屬於榮譽會長，第一年籌得 1.5 億港元捐款。參考《香港大學教研發展基金 1996 年報》。

70　參考王惠玲、莫健偉：〈馮國經口述歷史訪談〉（2019 年 9 月 20 日）。

71　鄭裕彤對香港大學的捐助除了自 1997 年起在醫學院設立的「鄭裕彤博士獎助金」外，2002 至 2004 年捐贈 1,000 萬人民幣予香港大學與北京清華大學，設立「鄭裕彤博士清華—港大醫學教育基金」，支持兩地教授交流，並供清華醫科學生到香港學習和進修，亦設立「鄭裕彤客座教授」職位，贊助港大教授到清華醫學院講學。此外，2005 年捐贈 500 萬港元予香港大學教研基金。

72　參考王惠玲、莫健偉：〈馮國經口述歷史訪談〉（2019 年 9 月 20 日）。

73　政府接納教育統籌委員會的建議，於 1987 年宣佈將成立公開進修學院，利用遙距教育方式，為本港提供更多高等教育的機會。1989 年政府立法成立香港公開進修學院，1997 年易名香港公開大學。參考《香港公開進修學院籌備委員會報告》，1989 年9 月；《創新教學二十年：香港公開大學二十周年校慶》。

74　透過印刷的教材、影音材料、電視節目、電子圖書館、網上資料、定期的導修課、學生之間的學習組等形式學習。參考《創新教學二十年：香港公開大學二十周年校慶》；《多元教育展潛能：香港公開大學 25 周年》。

75　以 2007/2008 年度為例，在職者佔 97.2%，當中經理及專業人士佔 42.4%，文員及秘書佔 20.2%，技術人員佔 9.3%，服務業佔 2.8%，通訊、運輸及其他佔 2.2%，其他行業佔 20.3%。參考《香港公開大學 2007-2008 年報》。

76　香港公開大學於 1993 年獲香港學術評審局評審，通過 17 個學位課程，1996 年獲政府賦予自我評審課程的資格；公開大學的資歷包括證書、文憑、高級文憑、副學士或學士學位。參考〈二十年大事紀〉，《創新教學二十年：香港公開大學二十周年校慶》，頁 16-23。

77　其他主要捐贈者有李兆基捐贈 5,000 萬港元，郭得勝基金捐贈 4,000 萬港元，何鴻燊捐贈 1,500 萬港元，楊雪姬捐贈 1,000 萬港元。參考《創新教學二十年：香港公開大學二十周年校慶》，頁 30。

78　參考王惠玲：〈梁智仁口述歷史訪談〉（2019 年 6 月 21 日）。

79　周大福慈善基金的宗旨是致力與不同的非牟利慈善團體合作，藉著撥款支持慈善公益項目，為有需要的群體提供資源及發展機會，提升個人能力，累積社會資本，期望可推動社會持續發展。

80　1989 年 12 月 18 日順德倫教鎮十項教育福利工程建設開幕典禮，鄭裕彤以主禮嘉賓身份講話。參考順德檔案館檔案，編號 82-A12.15-003-010，頁 33-34。

81　1997 年，鄭裕彤捐贈支持順德聯誼會興辦中學，新校定名為「順德聯誼會鄭裕彤中學」。2007 年，鄭裕彤於十年校慶出席主禮及獻詞。參考《順德聯誼總會鄭裕彤中學十周年校慶》，2007 年 9 月 7 日，頁 3。

82　2007 年 11 月 2 日鄭裕彤出席「社區醫療新世界」的合作備忘錄簽署儀式上致詞。參考〈醫院管理局簽署備忘錄　培訓內地社區醫療專業人員〉，《醫管局新聞稿》，2007 年 11 月 2 日。

83　香港公開大學將何文田校舍高座命名為「鄭裕彤樓」，2008 年 1 月 22 日鄭裕彤出席命名典禮時致詞。參考《創新教學二十年：香港公開大學二十周年校慶》，頁 36。

84   鄭裕彤捐助 4 億港元支持香港大學興建百周年校園，港大將法律學院大樓命名為「鄭裕彤教學樓」。2008 年 3 月 19 日港大舉行捐贈儀式，鄭裕彤親自出席並致詞。〈鄭裕彤博士捐贈四億港元予香港大學〉，2008 年 3 月 19 日，https://www.hku.hk/press/press-releases/detail/c_5742.html

85   2010 年 8 月 3 日，澳門大學發展基金會舉行捐贈儀式，向鄭裕彤捐助澳門大學興建住宿式書院致謝。鄭裕彤在儀式上發言。參考〈周大福鄭裕彤基金捐三千萬澳門元予澳大發展住宿式書院培養優秀領袖人才〉，https://www.gov.mo/zh-hant/news/83340/

86   香港科技大學以「鄭裕彤樓」命名新建的科學研究大樓。2012 年 4 月 25 日大樓進行動工儀式，鄭裕彤出席並致詞。〈香港科技大學舉行鄭裕彤樓動土典禮〉，2012 年 4 月 25 日，https://www.ust.hk/zh-hant/news/major-events-campus/hkust-holds-groundbreaking-ceremony-cheng-yu-tung-building

跋：寫在傳記之後

《鄭裕彤傳》的研究、書寫及出版工作歷時近四年之久。開始時，作者對鄭裕彤的生平事跡認識極為浮淺，對他的印象只停留在媒體報道所展示的形象；通過細心研究，作者重新認識傳記主人翁的人生歷程，捕捉到書寫的角度。對於兩位作者來說，這次書寫的經驗就像走過了一趟發掘傳主人生的探索之旅。

重新認識，是這趟旅程的關鍵所在。第一個認知層面的鄭裕彤，是一位於香港戰後崛起的商人、金飾珠寶業及地產業大亨、上市公司新世界發展的創辦人、愛國商人和慈善家。這種坊間非常流行的敘述，無疑是鄭裕彤營商致富的一個面貌。但一個成功商人的人生面貌是否就只有商業的部分，而沒有其他的面相？即使關於他的營商之道，是否就只有成功這一個角度？我們認為需要追尋更多方面，才能確立傳記人物的敘述角度。

作者的書寫過程，就是重構鄭裕彤人生經歷的過程。我們追查鄭裕彤走過的地方，在不同階段做了什麼事情，遺下哪些足跡；與其親戚、朋友、合作夥伴、重要的員工、因工作際遇而認識的人進行訪談，記錄他們對鄭裕彤的印象和評價；探索鄭裕彤的事業在怎樣的社會環境下建立，又留下什麼事跡和貢獻供後人回憶。作者嘗試從不同

面向和主題重述鄭裕彤的人生故事，在重述及書寫過程中，作者對鄭裕彤的為人及生平事跡有了更深入的認識，箇中的體會及對鄭裕彤的記述已融入書中各章節，於此不再贅言了。

傳記完書，我們卸下作者的身份，換上讀者的視角再細閱傳記一遍，嘗試追尋傳記中所呈現的鄭裕彤人生。

鄭裕彤並非出身自大富之家，他幼年在鄉下順德倫教成長，時代的顛簸使他少時便要出外打工，離開家鄉到澳門、香港開展他的謀生之旅。時局動盪、家族鄉情深厚的聯繫，以及刻苦的生活伴著鄭裕彤成長，並在他的人生旅程上留下印記，塑造了他的道德品行。鄭裕彤的人生或許遇到一點幸運，父親鄭敬詒與周至元的友好情誼，推動他踏出了第一步；岳父周至元對他眷顧有加，促成了他的事業基礎、婚姻和家庭。背負著長子身份的鄭裕彤，事業有成後仍然敬孝父母，照顧晚年患病的岳父，家中幾位弟弟也在他的庇蔭下各展所長，在其逐步建立的事業王國中擔當重要角色。鄭裕彤對家中長輩、親屬、友好的愛護和眷顧，或許是其成長的時代背景和人生經歷所糅合而成的個人性格。

鄭裕彤的發跡故事與香港戰後的發展也密切相關。戰後香港的經濟環境呈現生機，不少行業如黃金業、珠寶首飾業及地產市場，從1960 至 1970 年代，雖然期間有起有跌，但總的來說，市場環境主要是高速發展，處處出現機會。鄭裕彤能抓緊市場的動態，有時甚

至趕在市場的浪頭前，引領先端。在傳統金舖業務，鄭裕彤重新打造周大福金舖，讓一眾為金舖出力、共建江山的親屬、夥伴和員工成為股東，既為金舖作出貢獻，也可共享努力的成果；他擴展金舖分行、設立金飾工場，使周大福順著市場起伏適時擴張，及後他支持現代化管理，為周大福引入系統化的物流、生產和管理制度；他經營金舖的手法重誠信、以客為本、服務靈活多變，例如在金飾業界開拓銷售 9999 金的先河，可說是改變了金飾業零售市場的規則。鄭裕彤還看到珠寶首飾的前景，他大幅擴展周大福的鑽石業務，甚至收購南非的鑽石廠，打造周大福集團綜合原料採購、首飾生產、批發出口、門市零售的業務，建立了整合的珠寶金飾業務，因而贏得「珠寶大王」的美譽。於 1960、1970 年代，鄭裕彤同時抓著香港戰後地產市場方興未艾的發展機會，積極投資房地產市場，逐步築起他的地產王國。鄭裕彤投資地產的取態謹慎但並不保守，從開始時的單個項目，到後來夥拍關係密切、值得信賴的夥伴，遇到合適的機會絕不輕易放過，投資的規模愈做愈大，最終創立新世界發展，開拓多個地產項目如碧瑤灣、新世界中心、麗晶酒店、會展中心等標誌性項目。

營商及投資方面的成功，使鄭裕彤建立了一個橫跨多領域的事業王國，從金飾、珠寶、房地產、建築到酒店及物業管理等不同行業，都有鄭裕彤參與的足跡，可見他是個精力充沛，投資眼光廣闊的投資者。不過，鄭裕彤回顧他的商業成就時，絕少侃侃而談其成功之道，是個低調而務實的商人。在鄭裕彤的營商事跡裡，他展示的個

性和面貌並不限於一個模樣，在摯友和夥伴的回憶裡，他是個思考敏捷、頭腦靈活、眼光獨到、大膽卻不乏謹慎，而且與人為善的決策者；在下屬的記憶裡，他是個重承諾、顧念情誼、樂意放權和賞識才幹的領航人。這些憶記豐富了有關鄭裕彤富人情味的敘述。

細讀本傳記，我們也領略到鄭裕彤對家鄉、社會和國家的觀念。來自順德倫教的鄭裕彤，縱使香港是其發跡地，但他始終眷顧家鄉，從中國改革開放之初，他對家鄉的支持持續至今，在順德設廠、建酒店，提升當地經濟發展；家族基金持續支持順德的教育事業、醫療和長者服務，以改善當地民生，這些貢獻體現了鄭裕彤對家鄉的情誼。他在香港逐利，對香港始終滿懷信心，愛惜年輕一代的人才，他的慈善事業從不缺乏對本地教育、栽培下一代的關懷。鄭裕彤的家族雖受過政治磨難，但他對國家前景的信心和愛護並非單純出於利益的算計，他重返中國以後，動輒以十數億元投資到地方基礎建設項目，為不同省市地區的現代化進程作出貢獻。箇中不單顯示鄭裕彤對國家前途的信心，還體現他盡力為中國現代化作出貢獻的決心。鄭裕彤在營商之路以外，為香港、家鄉和國家留下的貢獻，體現了其超越商人身份的寬懷胸襟和廣闊的視野。

讀者細閱這部傳記可能會有不同的理解和演繹，體會之處也非必與我們上述的想法一致，但書中內容若能勾起讀者的思緒，緬懷鄭裕彤的事跡，甚至重新認識他的個性和面貌，我們相信這是紀念一位曾在香港有過舉足輕重影響力的商人的最佳方式。

附錄一：口述歷史受訪者

	受訪者	訪談日期	訪談時身份	引述章節
	一、鄭裕彤家族成員			
1	周建姿	2017 年 10 月 4 日	周氏家族成員	第二章、第四章
2	周桂昌	2018 年 12 月 18 日； 2018 年 12 月 31 日； 2019 年 5 月 8 日	周氏家族成員； 前周大福珠寶金行地產部員工； 前新世界發展有限公司董事	第二章、第三章、 第四章、第五章
3	周翠英	2018 年 3 月 27 日； 2018 年 7 月 26 日	鄭裕彤太太	第二章
4	周耀	2017 年 3 月 1 日	周氏家族成員； 周大福珠寶金行區域總監（澳門區）	第四章
5	林淑芳	2018 年 3 月 27 日	鄭氏家族成員	第一章、第六章
6	鄭玉鶯	2017 年 6 月 13 日	鄭氏家族成員	第一章
7	鄭哲環	2017 年 10 月 17 日； 2018 年 2 月 1 日	鄭氏家族成員； 周大福珠寶金行生產部經理	第一章、第四章
8	鄭錦超	2016 年 5 月 4 日	鄭氏家族成員	第六章
9	鄭錫鴻	2018 年 12 月 17 日	鄭氏家族成員； 周大福珠寶金行董事	第三章、第四章
	二、金飾生意相關			
10	何伯陶	2016 年 12 月 19 日； 2017 年 1 月 6 日	周大福珠寶金行有限公司董事會 名譽顧問	第一章、第二章、 第三章、第四章
11	何鍾麟	2019 年 4 月 17 日	福群珠寶首飾製造有限公司 鑲石組組長	第四章
12	李杰麟	2017 年 12 月 12 日	周大福珠寶金行原料採購部 （珠寶）經理	第四章
13	冼為堅 博士	2016 年 8 月 19 日； 2018 年 10 月 10 日； 2019 年 5 月 10 日	萬雅珠寶有限公司董事長； 協興建築有限公司榮譽主席	序四、第三章、 第五章、第六章
14	郭儉忠	2017 年 10 月 17 日	周大福珠寶金行石房副經理	第四章
15	郭寶康	2019 年 1 月 4 日	前周大福珠寶金行南非珠寶廠總經理	第四章
16	陳志堅	2017 年 12 月 12 日	周大福珠寶金行原料採購部 （珠寶）經理	第四章
17	陳曉生	2017 年 10 月 11 日	周大福珠寶集團執行董事	第四章

18	許爵榮	2017 年 9 月 5 日	前香港鑽石會主席； 香港珠寶玉石廠商會永遠名譽會董	第三章
19	黃大傑	2018 年 12 月 13 日	前周大福珠寶金行營銷經理	第三章
20	黃志明	2017 年 6 月 20 日	前澳門福興金舖金飾師傅； 前澳門周生生金舖金飾師傅	第二章
21	黃紹基	2019 年 1 月 4 日	周大福珠寶集團董事總經理	第四章
22	馮漢勳	2018 年 11 月 14 日	周大福珠寶金行區域經理	第三章
23	鄭志令	2018 年 10 月 29 日	前萬年珠寶公司經理	第一章、第四章
24	薛汝麟	2018 年 12 月 13 日	前周大福珠寶金行營銷經理	第三章
25	羅國興	2019 年 1 月 18 日	周大福珠寶金行退休顧問	第六章、第七章
三、地產生意相關				
26	梁志堅	2018 年 8 月 21 日； 2018 年 10 月 25 日	前新世界發展有限公司執行董事及 集團總經理	第五章、第七章
27	梅景澄	2018 年 5 月 11 日	前協興建築有限公司執行董事	第五章
四、中國內地事業相關				
28	孫杏維	2017 年 4 月 20 日	前倫教小學教師	第一章、第六章
29	黎子流	2018 年 8 月 16 日	前廣州市委副書記兼市長	第六章
30	蘇鄂	2018 年 8 月 14 日； 2018 年 11 月 7 日	前新世界中國地產有限公司執行董事	第六章
五、社會公益事業相關				
31	左筱霞	2019 年 1 月 16 日	地利亞教育機構行政總監	第七章
32	李金漢 教授	2019 年 3 月 26 日	香港中文大學商學院市場學榮休教授； 香港中文大學酒店及旅遊管理學院 市場學講座教授	第七章
33	孫耀江 醫生	2019 年 6 月 17 日	聯合醫務集團有限公司主席兼 行政總裁	第七章
34	梁智仁 教授	2019 年 6 月 21 日	醫院管理局主席	第七章
35	陳應城 教授	2019 年 5 月 24 日	香港大學李嘉誠醫學院副院長 （學院發展及基建）	第七章
36	馮國經 博士	2019 年 9 月 20 日	馮氏集團主席	序五、第五章、 第七章
37	劉遵義 教授	2019 年 9 月 27 日	前香港中文大學校長	第七章
38	謝志偉 教授	2019 年 6 月 10 日	前澳門大學校董會主席	第七章

附錄二：參考資料

中文資料

香港歷史檔案館館藏 （依檔案編號排序）

檔案編號 HKRS41-1-5107，〈Gold Sales. Returns of .... by scheduled goldsmiths under the possession of Gold (Goldsmiths) Order, 1949.〉。

檔案編號 HKRS41-1-6706，文件標題 FLOATING SHEET Schedule "A", Schedule "B", Schedule "C"。Schedule "A", "B", "C" 轄下金舖名單及地址。

檔案編號 HKRS41-1-6708，〈Gold Sales, 1951. Returns of...... by scheduled goldsmiths under the possession of Gold (Goldsmiths) Order, 1949.〉。

檔案編號 HKRS156-1-1728，〈Squatters at top end of Blue Pool Road just below Tai Hang Road - Removal of〉。

檔案編號 HKRS156-1-3770，〈Blue Pool Road – Closing of Part of -〉。

檔案編號 HKRS163-1-309，文件編號 47，呂興合長記銀莊致函副財政司 K.M.A. Barnett, Esq. 回覆有關該公司的背景和 1936 至 1948 年間黃金買賣的記錄。

檔案編號 HKRS163-1-309，文件編號 104，〈胡百全律師致函副財政司代大行珠寶行申請輸入黃金的許可牌照〉。

檔案編號 HKRS163-1-309，文件編號 130，〈周大福金舖致函財政司申請輸入黃金的牌照〉。

檔案編號 HKRS163-1-309，文件編號 142，〈Memo. From Colonial Secretariat. Sec. Ref. Sub-file "A" in 8/5001/46s. Continuation of my memo of 13th August: Importation of Gold: Fresh applications, p.2. (2) Chow Tai Fook Goldsmith & Jewellery Co.〉（23rd August, 1949）。

檔案編號 HKRS939-4-57，文件編號 20，〈港九珠石玉器金銀首飾業聯會會員芳名錄（中華民國三十六年度）〉。

順德檔案局館藏 （依檔案編號排序）

案卷級檔號 1-1-0231 （民國 35 年）（1946 年），附檔：〈順德縣倫教鎮商會章程草案〉、〈順德倫教商會公會會員、商店會員人名總冊〉（民國 35 年 10 月 11 日名單）、〈順德縣倫教鎮商會理監事略歷表〉。

檔號 3-A3.12-029-002，頁 13，1979 年 2 月 24 日，〈受理華僑、外笈人、港澳同胞捐贈報批表〉。

檔號 12-A12.4-008-024，頁 227，1999 年 1 月 28 日，〈推薦廣東省「熱愛兒童」先進個人華僑、港澳台同胞名單〉。

檔號 18-A12.4-069-001，頁 83，1998 年 2 月，〈順德市第十屆政協委員基本情況登記表〉。

檔號 19-A12.16-033-008，頁 13，1982 年 12 月 28 日，〈順德縣華僑中學開幕禮鄭裕彤先生致詞草詞〉。

檔號 38-A12.2-114-031，頁 38，〈原工商業者不區別為勞動者的人員審查表〉。

檔號 82-A12.5-009-008，頁 48，〈僑改戶花名冊〉。

檔號 82-A12.15-003-010，頁 33-34，1989 年 12 月 18 日，〈順德倫教鎮十項教育福利工程建設開幕典禮〉。

檔號 100-A12.2-046-004，頁 42，約 2000 年，〈華僑、港澳同胞捐贈情況統計表〉。

檔號 100-G1-2-1-108，〈地籍檔案袋：順德區倫教鎮大松坊 13 號〉。

檔號 136-FZ.3-28，頁 27-51，李泰初：《廣東絲業貿易概況》（民國 19 年出版）。

廣東省檔案館館藏 （依檔案編號排序）

檔案編號 004-001-0235-053~062，1944 年 8 月 10 日，〈國民政府經濟部及財政部關於非常時期銀樓業管理規則咨文〉。

檔案編號 004-001-0235-086~088，1939 年 2 月 3 日，〈廣東省政府關於財政部函知規定監督銀樓業辦法的訓令〉。

檔案編號 004-001-0235 -112~113,15-140，1947 年 2 月 26 日，〈廣東省建設廳關於銀樓業登記名冊的公函〉。

檔案編號 006-002-2299-053,055，1946 年，〈大成號申請發銀樓業許可執照事項表〉。

書籍 （依出版日期排序）

考活布士維：《南中國絲業調查報告書》（廣州：嶺南農科大學，1925 年）。

黎子雲、何翼雲編：《澳門遊覽指南》（澳門：何超龍發行，1939 年）。

姚啟勳：《香港金融》（香港：姚啟勳，1940 年）。

王敬羲：《香港億萬富豪列傳》（香港：文藝書屋，1978 年）。

伍連炎：〈香港英籍銀行紙幣流入廣東史話〉，《銀海縱橫：近代廣東金融》。廣東省文史資料研究委員會編，《廣東文史資料》第 69 輯，頁 26-37（廣州：廣東人民出版社，1992 年）。

吳倫霓霞：《邁進中的大學：香港中文大學三十年，1963-1993》（香港：中文大學出版社，1993 年）。

順德市地方志辦公室編：《順德縣志（1853 年）》（廣州：中山大學出版社，1993 年）。

順德市地方志辦公室編：《順德縣續志（1929 年）》（廣州：中山大學出版社，1993 年）。

夏衍：〈廣州在轟炸中〉。廣州市政協文史資料委員會編，《廣州文史》第四十八輯，頁 413-417（廣東人民出版社，1995 年 7 月 1 日）。

順德市地方志編纂委員會編：《順德縣志》（北京：中華書局出版社，1996 年）。

黃德鴻：《澳門新語》（澳門：澳門成人教育會，1996 年）。

藍潮：《鄭裕彤傳（上）、（下）》（香港：名流出版社，1996 年）。

龍炳頤：〈香港的城市發展和建築〉。王賡武編，《香港史新編》，頁 211-279（香港：三聯書店，1997 年）。

香港聯合交易所：《百年溯源》（香港：香港聯合交易所，1998 年）。

譚萬鈞：〈香港的私立學校〉。顧明遠、杜祖貽主編，《香港教育的過去與未來》，頁 547-565（北京：人民教育出版社，1999 年）。

顧明遠、杜祖貽主編：《香港教育的過去與未來》（北京：人民教育出版社，1999 年）。

施其樂：〈深水埗：從村落到工業城市的綜合〉。《歷史的覺醒》，頁 197-233（香港：香港教育圖書公司，1999 年）。

馮邦彥：《香港地產業百年》（香港：三聯書店，2001 年）。

傅玉蘭編：《抗戰時期的澳門》（澳門：文化局澳門博物館，2002 年）。

馮邦彥：《香港金融業百年》（香港：三聯書店，2002 年）。

楊志雲：《楊志雲回憶錄》（香港：楊氏家族，2002 年）。

盧受采、盧冬青：《香港經濟史》（香港：三聯書店，2002 年）。

王文達、劉羨冰、伍華佳：《澳門掌故》（澳門：澳門教育出版社，2003 年）。

陳雨：《黃金歲月：鄭裕彤傳》（香港：經濟日報出版社，2003 年）。

何佩然：《地換山移：香港海港及土地發展 160 年》（香港：商務印書館，2004 年）。

植子卿：〈廣州的金鋪和十足金葉〉。林亞杰編。《廣東文史資料存稿選編》第 4 卷，頁 627-633（廣州：廣東人民出版社，2005 年）。

錢華：《因時而變：戰後香港珠寶業之發展與轉型（1945-2005）》（香港：香港中文大學哲學博士論文，2006 年）。

黃嫣梨、黃文江編著：《篤信力行：香港浸會大學五十年》（香港：香港浸會大學，2006 年）。

鄭宏泰、黃紹倫：《香港股史 1841-1977》（香港：三聯書店，2006 年）。

利冠棉、林發欽：《19-20 世紀明信片中的澳門》（澳門：澳門歷史教育學會，2008 年）。

唐任伍、馬驥：《中國經濟改革 30 年》（重慶：重慶大學出版社，2008 年）。

楊繼瑞編：《中國經濟改革 30 年：房地產卷》（成都：西南財經大學出版社，2008 年）。

金國平：〈抗戰期間澳門的幾個史實探考〉。吳志良、金國平、湯開建主編，《澳門史新編》第二冊，頁 297-304（澳門：澳門基金會，2008 年）。

吳志良、湯開建、金國平：《澳門編年史》第 5 卷（廣州：廣東人民出版社，2009 年）。

周大福企業文化編制委員會編：《華：周大福八十年發展之旅》（香港：周大福，2011 年）。

梁炳華：《深水埗風物志》（香港：深水埗區區議會，2011 年）。

穆志濱、柴娜：〈「沙膽大亨」鄭裕彤：從珠寶大王到地產大王〉。《香港十大企業家創富傳奇》，頁 193-228（台北市：廣達文化事業，2011 年）。

張家偉：《六七暴動：香港戰後歷史的分水嶺》（香港：香港大學出版社，2012 年）。

歐陽偉廉編：《流金歲月：香港金業史百年解讀》（香港：新人才文化，2013 年）。

湯開建：〈二十世紀二十至四十年代澳門工業的街區分佈〉。林廣志、呂志鵬編，《澳門街道：城市紋脈與歷史記憶學術研究會》，頁 14-45（澳門：民政總署文化康體部，2013 年）。

徐詠璇：《情義之都：由港大到香港的捐贈傳奇》（香港：天地圖書，2014 年）。

鄭寶鴻：《默默向上游：香港五十年代社會影像》（香港：商務印書館，2014 年）。

梁操雅：《匠人・匠心・匠情繫紅磡——承傳變易》（香港：商務印書館，2015 年）。

鍾寶賢：《太古之道：太古在華一百五十年》（香港：三聯書店，2016 年）。

李向玉、謝安邦主編：《澳門現代高等教育的發軔——東亞大學的創立和發展（1981-1991）》（北京：高等教育出版社，2017 年）。

趙稷華：〈憶香港回歸交接儀式背後的中英博弈〉，《紫荊花開映香江——香港回歸二十周年親歷記》（香港：三聯書店，2017 年）。

鄭棣培編，傅厚澤記述：《傅德蔭傳》（香港：傅德蔭基金有限公司，2018 年）。

期刊文章　　　　　　　　　　　　　　　　　　　　　　　　（依出版日期排序）

李振院：〈廣東絲業概況及其復興對策〉，《農聲匯刊》，第 13 卷 190 期，1935 年 11 月 30 日，頁 1-9。

本室調查股：〈粵省淪陷區絲業概況〉，《廣東省銀行季刊》，第 1 卷 1 期，1941 年 3 月 31 日，頁 187-194。

鍾斐：〈廣東順德紗綢織造業調查報告〉，《廣東建設研究》，第 1 卷 2 期，1946 年 11 月 1 日，頁 59-64。

〈管制黃金令（四則）〉，《一九四九年香港年鑑》，1949 年，第三回中卷，〈法令規章〉，頁 19-20。

香港經濟導報社：〈珠寶玉石業〉，《1960 年香港經濟年鑑》，第一篇，頁 118-119。

留津：〈香港億萬富豪列傳之八：珠寶大王——鄭裕彤〉，《南北極》，1977 年，第 84 期，頁 40-44。

趙國安、梁潤堅：〈鄭裕彤先生縱談地產旅遊股票投資〉，《信報財經月刊》，1978 年 8 月，第 17 期，頁 53-56。

張國雄：〈香港的政治前途與投資前景——泰盛發展主席香植球訪問記〉，《信報財經月刊》，1982 年 12 月，第 69 期，頁 6-9。

陳文鴻：〈從上海的解放經驗看香港回歸中國的問題〉，《信報財經月刊》，1983 年 1 月，第 70 期，頁 4-7。

羅保：〈解除束縛暢論港人對協議的期望〉，《信報財經月刊》，1984 年 4 月，第 85 期，頁 70-80。

李順威：〈怡和大撤退的今昔比較〉，《信報財經月刊》，1984 年 5 月，第 86 期，頁 29-31。

司馬義：〈榮耀全歸鄧小平的香港前途談判〉，《信報財經月刊》，1984 年 10 月，第 91 期，頁 5-48。

孔銘：〈中國大酒店怎樣戰勝東方賓館〉，《信報財經月刊》，1985 年 5 月，第 98 期，頁 60-61。

伍鳳儀、蔡克：〈香港人才及資金外流的現況〉，《信報財經月刊》，1990 年 1 月，第 154 期，頁 19-22。

沈鑒治：〈從國際經濟大氣候評估六四前後的中國經濟〉，《信報財經月刊》，1990 年 6 月，第 159 期，頁 40-46。

黎子流：〈深化改革擴大開放千方百計把經濟工作搞上去〉，《開放時代》，1990 年第 1 期，頁 13-16。

鄒至莊：〈中國經濟——九十年代持續增長〉，《信報財經月刊》，1991 年 6 月，第 171 期，頁 96-98。

房樂章：〈貫徹落實決定加快深化房改〉，《北京房地產》，1994 年 5 期，頁 19-22。

黃勛拔：〈廣東的土地改革〉，《當代中國史研究》，1995 年第 1 期，頁 37-45。

朱立群：〈白手起家的十大富翁（連載八）：「金融巨頭」馮景禧〉，《農經》，1998 年第 3 期，頁 46-47。

吳玉倫：〈清末實業教育興辦中的商人及商人組織〉，《史學月刊》，2006 年第 3 期，頁 121-123。

廖美香：〈鄭裕彤「愛國投資」的矛盾情懷〉，《信報財經月刊》，2008 年 7 月，第 376 期，頁 30-35。

馬麗：〈區域社會發展與商人社會責任的歷史研究：基於明清徽商捐輸活動的考察〉，《社科縱橫》，2012 年 1 月，總第 27 卷第 1 期，頁 136-139。

任玉嶺：〈中國醫療改革回顧與展望〉，《中國市場》，2014 年第 36 期，總第 799 期，頁 3-11。

《香港經濟年鑑》（香港：經濟導報社，歷年）。

新聞媒體資料 （依出版日期排序）

〈金銀首飾商會議決 暫時停止營業四天 金飾售價及來源問題待請示〉，《工商日報》，1949 年 4 月 16 日。

〈黃金的來源與銷路〉，《工商日報》，1951 年 5 月 15 日。

〈尖沙嘴「地王之王」〉，《工商日報》，1971 年 12 月 4 日。

〈香港工商界的回歸熱潮〉，《信報財經月刊》，1979 年 2 月，第 23 期，頁 59-60。

黃康顯：〈私校存在的需要〉，《明報》，1987 年 1 月 22 日。

〈私校成為地荒下獵物〉,《信報》,1989 年 5 月 21 日。

〈六四事件後看上市公司遷冊熱潮〉,《信報財經月刊》,1989 年 8 月,第 149 期,頁 28-31。

〈輝煌新世界——武漢常青花園　武漢新世界康居發展有限公司〉,《市場報》,2001年3月6日。

〈中文大學興建全港首間教學酒店〉,《中大新聞發報》,2001 年 12 月 19 日。

〈北京10年一商圈,新世界32億元投入北京舊城改造〉,《21世紀經濟報道》,2005年4月8日。

〈「新世界」的北京財富故事〉,《北京日報》,2005 年 6 月 6 日。

〈印傭大廈星光熠熠〉,《壹週刊》,2005 年 11 月 10 日。

〈鄭裕彤不喜歡立刻就賺錢〉,《市場報》,2006 年 8 月 16 日。

〈最後的愛國商人,疍家仔變富豪商人之路〉,《明報》,2006 年 11 月 2 日。

〈新世界中國地產:一顆中國心兩條經營道〉,《第一財經日報》,2007 年 9 月 28 日。

〈醫院管理局簽署備忘錄　培訓內地社區醫療專業人員〉,《醫管局新聞稿》,2007年11月2日。

〈10 年推進社區醫療培訓　借鑑香港社區醫療模式〉,《南方日報》,2007 年 11 月 6 日。

〈新世界中國地產:不做單純地產商,要做城市建設者〉,《羊城晚報》,2007年11月23日。

〈陳錦靈先生 BBS 獲追頒「法國最高榮譽騎士勳章」〉,《新世界發展有限公司集團新聞》,2010 年 1 月。

〈「沉香大王」周樹堂一生迷醉木中鑽石〉,《信報》,2019 年 11 月 25 日。

政府資料　　　　　　　　　　　　　　　　　　　　　（依出版日期排序）

政府新聞處、天天日報有限公司:《香港一九七三:一九七二年的回顧》(香港:政府印務局,1973 年)。

教育委員會:《香港未來十年內之中等教育白皮書》,1974 年 10 月。

《香港公開進修學院籌備委員會報告》,1989 年 9 月。

公司註冊處網上查冊中心公司資料檔案。

香港年報。

香港差餉物業估價署年報。

香港教育署年報。

機構刊物　　　　　　　　　　　　　　　　　　　　　（依刊物筆劃排序）

《多元教育展潛能:香港公開大學 25 周年》(香港:香港公開大學,2014 年)。

《地利亞修女紀念學校十五週年校慶特刊,1965-1980》(香港:地利亞修女紀念學校,1980 年)。

《玫瑰崗校刊 1966/67》。

《協興建築有限公司》專刊，2001 年。

《香港公開大學 2007-2008 年報》。

《香港玉石製品廠商會 30 周年特刊》（香港：香港玉石製品廠商會，1995 年）。

《創新教學二十年：香港公開大學二十周年校慶》（香港：香港公開大學，2009 年）。

《順德聯誼總會鄭裕彤中學十周年校慶》（香港：順德聯誼總會鄭裕彤中學，2007 年）。

《新世界中國地產有限公司年報》，歷年。

《新世界發展有限公司年報》，歷年。

網上資料 　　　　　　　　　　　　　　　　　　　　（依網頁筆劃排序）

〈大學歷史〉，澳門大學，https://www.um.edu.mo/zh-hant/about-um/history-milestones/history.html

中原地產，http://estate.centadata.com/

中國醫學科學院、北京協和醫學院，http://www.pumc.edu.cn/ 首页 / 院校概況 / 历任领导 -2/

〈中國號稱四省通衢，五省通衢，九省通衢，十省通衢的都是哪座城市〉，http://k.sina.com.cn/article_5872927184_15e0dc1d0020001lxn.html

〈方庄〉，百度百科，https://baike.baidu.com/item/ 方庄

〈呂明才基金回顧〉，基督教週報，1999 年 5 月 16 日，http://christianweekly.net/1999/ta1723.htm

〈周大福鄭裕彤基金捐三千萬澳門元予澳大發展住宿式書院培養優秀領袖人才〉，澳門大學，https://www.gov.mo/zh-hant/news/83340/

〈油麻地社區記憶〉，香港記憶，http://www.hkmemory.org/ymt/text/index.php?p=home&catId=787&photoNo=0

〈香港大學明德教授席〉，香港大學，https://www.daao.hku.hk/ephku/cn/Professorship-Detail/105-Cheng-Yu-tung-Professorship-In-Sustainable-Development.html

香港大學矯形及創傷外科學系，https://www.ortho.hku.hk/biography/lu-weijia-william/

〈香港科技大學舉行鄭裕彤樓動土典禮〉，香港科技大學，https://www.ust.hk/zh-hant/news/major-events-campus/hkust-holds-groundbreaking-ceremony-cheng-yu-tung-building

美國嶺南基金會，http://lingnanfoundation.org/history/

國務院扶貧開發領導小組辦公室，http://www.cpad.gov.cn/art/2012/3/19/art_343_42.html

〈集團歷史〉，周大福珠寶集團，https://www.ctfjewellerygroup.com/tc/group/history.html

〈順德職業技術學院〉，百度百科，https://baike.baidu.com/item 顺德职业技术学院

〈僑中歷史〉，順德華僑中學，http://www.sdhqedu.net/content.aspx?page=qiaozhonglishi

〈鄧小平南巡講話〉，中國共產黨新聞，http://cpc.people.com.cn/BIG5/33837/2535034.html

〈鄭裕彤博士捐贈四億港元予香港大學〉，香港大學，2008 年 3 月 19 日。
https://www.hku.hk/press/press-releases/detail/c_5742.html

〈鄭敬詒職業技術學校〉，百度百科，https://baike.baidu.com/item/ 郑敬诒职业技术学校

鄭敬詒職業技術學校，http://www.zjyzx.sdedu.net/

英文資料

書籍 （依字母排序）

Abercrombie, Patrick (1948). *Hong Kong Preliminary Planning Report*, 1948. Hong Kong.

Braga, Stuart (2008). "Hong Kong 1945: Future Indefinite." *Journal of the Royal Asiatic Society Hong Kong Branch*, Vol. 48, pp.51-67.

Bristow, Roger (1984). *Land-use Planning in Hong Kong*. Hong Kong: Oxford University Press.

Johnson, David (1998). *Star Ferry: The Story of a Hong Kong Icon*. Auckland, New Zealand: Remarkable View Ltd.

Kann, Eduard (2011). *The Currencies of China: An Investigation of Silver and Gold Transaction Affecting China*, reprint of 1927 edition. New York: Ishi Press.

Kwok, Siu Tong (2003). *Co-prosperity in Cross-culturalism: Indians in Hong Kong*. Hong Kong: Chinese University Press.

Lai, Wai-chung Lawrence (1999). "Reflections on the Abercrombie Report 1948." *The Town Planning Review*, 1 January, Vol.70 (1), pp.61-87.

Leeming, Frank (1977). *Street Studies in Hong Kong*. Hong Kong: Oxford University Press.

Lo, York. (2019). "Yan Kow（甄球）and Hip Hing Construction（協興建築）." *The Industrial History of Hong Kong Group*, https://industrialhistoryhk.org/yan-kow-%e7%94%84%e7%90%83-and-hip-hing-construction-%e5%8d%94%e8%88%88%e5%bb%ba%e7%af%89/.

"New World Development Co. Ltd. (1972)." *Hong Kong Stock Market Archives & Artifacts Collection* (HKSMAA), Special Collections, The University of Hong Kong Libraries.

New World Development Co. Ltd. (1972) Prospectus.

Research Department, Hong Kong Trade Development Council (1987). *Hong Kong's Jewellery Industry and Exports*. Hong Kong : The Department.

Schenk, Catherine (2001). *Hong Kong as an International Financial Centre: Emergence and Development 1945-1965*. London; New York: Routledge.

Schenk, Catherine (1995). "Hong Kong Gold Market and the Southeast Asian Gold Trade 1950s." *Modern Asian Studies*, Vol.29(2), pp.387-402.

Sinn, Elizabeth (2003). *Power and Charity: A Chinese Merchant Elite in Colonial Hong Kong*. Hong Kong: Hong Kong University Press.

Sitt, Robert (1995). *The Hong Kong Gold Market*. London: Rosendale Press.

Szczepanik, E. (1958). *The Embargo Effect on China's Trade with Hong Kong*. Hong Kong: Hong Kong University Press; London: Oxford University Press.

Wong, Siu-lun (1988). *Emigrant Entrepreneurs: Shanghai Industrialists in Hong Kong*. Hong Kong; New York: Oxford University Press.

政府資料 （依字母排序）

Census and Statistics Department. *Hong Kong Annual Digest of Statistics*. Hong Kong: Government Printer.

Census and Statistics Department. *Hong Kong Statistics, 1946-67*. Hong Kong: Government Printer.

Census and Statistics Department. *Hong Kong Trade Returns*. Hong Kong: Government Printer.

網上資料 （依字母排序）

Australian Institute of Business, https://www.aib.edu.au/blog/mba/5-things-didnt-know-history-mba/

TopMBA, https://www.topmba.com/why-mba/history-mba-mba-friday-facts

鄭裕彤傳

—— 勤、誠、義的人生實踐

責任編輯	寧礎鋒
書籍設計	李嘉敏

作　　者	王惠玲、莫健偉
出　　版	三聯書店（香港）有限公司
	香港北角英皇道四九九號北角工業大廈二十樓
	Joint Publishing (H.K.) Co., Ltd.
	20/F., North Point Industrial Building,
	499 King's Road, North Point, Hong Kong
香港發行	香港聯合書刊物流有限公司
	香港新界大埔汀麗路三十六號三字樓
印　　刷	中華商務彩色印刷有限公司
	香港新界大埔汀麗路三十六號十四字樓
版　　次	二〇二〇年六月香港第一版第一次印刷
	二〇二二年十月香港第一版第四次印刷
規　　格	十六開（170mm × 230mm）四〇〇面
國際書號	ISBN 978-962-04-4631-3（平裝）
	ISBN 978-962-04-4632-0（精裝）

三聯書店
http://jointpublishing.com

JPBooks.Plus
http://jpbooks.plus